A General Introduction
to Psychoanalysis

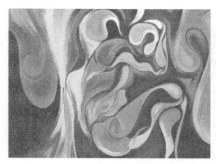

精神分析引论

（奥）西格蒙德·弗洛伊德 著
（Sigmund Freud）
郑永智 （译）

江西人民出版社

图书在版编目（CIP）数据

精神分析引论 /（奥）西格蒙德·弗洛伊德著；郑永智译 . —南昌：江西人民出版社，2017.6

ISBN 978 - 7 - 210 - 09378 - 7

Ⅰ.①精…　Ⅱ.①西…②郑…　Ⅲ.①精神分析　Ⅳ.① B84-065

中国版本图书馆 CIP 数据核字（2017）第 095433 号

精神分析引论

（奥）西格蒙德·弗洛伊德 / 著

郑永智 / 译

责任编辑 / 王华　冯雪松

出版发行 / 江西人民出版社

印刷 / 北京阳光印易科技有限公司

版次 /2017 年 6 月第 1 版

2017 年 6 月第 1 次印刷

规格 /710 毫米 ×1000 毫米　1/16　19.75 印张

字数 /290 千字

书号 /ISBN 978 - 7 - 210 - 09378 - 7

定价 /38.00 元

赣版权登字—01—2017—336

目录

译者
前言

1884年，弗洛伊德与J·布洛伊尔合作治疗一位名叫安娜的歇斯底里症患者，这次治疗使三个当事人的命运发生了重大转变。病人安娜在治疗过程中爱上了自己的医生布洛伊尔，而弗洛伊德则爱上了精神分析。此后，弗洛伊德经过长时间的观察和实践，创立了精神分析学。

弗洛伊德自幼聪颖，而且非常勤奋。17岁时，他以全优成绩考入维也纳大学医学院。大学毕业后，从事了一段时间的科研工作。1881年，开设了私人门诊，担任临床神经专科医生。1884年之后，开始全力投身于精神分析理论研究。

弗洛伊德对精神分析学说的主要贡献，大致有4点：第一，将人的意识分为3个层次，即意识、前意识和潜意识；第二，将人格结构分为3个层次，即本我、自我和超我；第三，将人格发展分为4个阶段，即口唇期、肛门期、生殖器期和生殖期；第四，在心理治疗方面，提出了几种具体的方法，即自由联想、梦的解析、感情转移作用以及阻抗作用。

以上各个层面的内容，本书几乎全部涵盖。

本书是弗洛伊德在维也纳精神病院的演讲内容的汇总。与其他精神分析著作不同，《精神分析引论》是按照演讲稿的方式呈现出来的，因此非常通俗易懂。阅读本书，就像是直接面对作者，听其深入浅出地为我们讲述精神世界的有趣事情。

本书中的很多理论，学界一直存在极大争议。事实上，作为一个学派的创始人，弗洛伊德恐怕是争议最多的一位。

其中的原因很多，大都是因为他的观点超出了人们的一般认知，比如儿童也有性生活、几乎人人都有恋母情结等。当然，这些争议之所以无法平息，最重要的一点，应该是精神分析学无法像其他很多学科那样，可以通过一些具体现象，或者通过对比试验等，得出确切无疑的数据及结论。

关于精神分析学的争议实在太多，也太过激烈，所以学者们对于弗洛伊德在心理学史上的地位，至今莫衷一是。不过，从弗洛伊德对心理学界带来的冲击和震撼来讲，他毫无疑问是现代心理学发展史上举足轻重的人物，甚至是最重要的一位。他的理论或许真的不够准确，不够系统，但是他向我们揭开了精神分析的神秘面纱，就像他在本书中所说的："我只是想作为一个引路人，让大家关注精神分析。"

序言

本书名为《精神分析引论》，其绝不是向公众概括叙述关于这门学科的所有已出版的学说。之前出版的书籍，各具特色，比如希切曼所著的《论弗洛伊德的精神病症学说》（1913年，第二版），福斯塔所著的《精神分析方法论》（1913年），雷·开普勒所著的《精神分析纲要》（1914年），雷吉与埃斯内尔合著的《关于精神官能症与精神病的精神分析》（1914年，巴黎），艾特弗·F·梅伊所著的《精神病症的精神分析治疗》（1915年，阿姆斯特丹）。本书以我在1915年至1916年冬季学期，以及1915年至1917年冬季学期演讲的讲义原文为内容。当时的听众包括医生、非专家以及一般的男女听众。

出于下述原因，读者可能会对这部作品感到讶异。由于每次演讲长达2小时，演讲者必须照顾到听众的精神疲劳，另外，考虑到每个时间段的演讲效果，演讲者不得不反复强调同一个主题，因此，叙述的时候难以保持学术性论文的冷静严谨。比如之前谈到过梦的解析，后来讲到精神病症的时候，又联系其中的问题进行了说明。另外，在内容排列的时候，没有办法在一个地方完全阐明一个重要的论题，比如潜意识，为了等补充一些知识之后再进行说明，我总是会在几次谈到之后又搁置不谈。

对于熟悉精神分析文献的人来说，在其他的更加详尽的出版物中，一定也见到过这本入门书籍中提到的事情。不过，为了便于综合说明，本人在几个问题中也提到了之前没有发表过的内容（比如歇斯底里症中的性幻想能够引起焦虑不安）。

弗洛伊德

1917 年于维也纳

第一篇

过失心理学

生活中，我们经常犯一些"莫名其妙的错误"：比如，
话到嘴边却说不出来，叫错很熟悉的人的名字等等。
弗洛伊德认为，或许是"精神"出现了问题。

第一讲·绪论

诸位！你们中间的一些人可能已经从传闻或阅读中了解了一些有关精神分析的知识。但是，因为我要讲的题目是"精神分析引论"，所以，我必须假设在座的诸位对这个理论一无所知，从最基础的部分向大家讲述。

不过，我在演讲的时候，也会假设你们知道一些理论。你们可能知道，精神分析是一种治疗精神失常的方法，而这种方法相对于一般医疗来说，会有一些不同的地方，有些做法甚至是相反的。比如说，一般的医疗方法在治疗患者的时候，都会想办法使患者觉得自己接受的治疗很简便，而且非常可靠。我认为，普通医疗的这种做法是有道理的，因为这样做能够提高治疗的成功率。

而精神分析治疗就不一样了，我们在治疗精神官能患者的时候，会事先提醒他们，让他们知道治疗的过程会出现一些困难，耗时较长，而且需要做出各种努力和牺牲。另外，关于治疗的效果，我们也不会做出明确的保证，因为精神治疗的效果有赖于患者的表现，他们的态度优劣、顺从与否、耐心程度都会影响治疗的结果。另外，我们有理由来解释这样的做法，诸位会在以后的理论中了解到。

现在，我要请求在座的各位原谅我，因为我刚才一直把我们所有的人当作是

精神官能症患者。我还要奉劝各位一点，那就是下次不要听我演讲了，因为你们从我这里得到的将只是一些片段，而很难对精神分析形成自己独立的判断能力。我会把整个精神分析训练的趋势告诉你们，那就是习惯性思维会让你们下意识地成为一个精神分析的反对者，如果想要克服这种敌对感，你们需要改变自己的一些想法。我不能保证你们在听我讲了之后会明白多少精神分析的知识，但可以肯定的是，你们在这里学习之后，仍旧没有能力进行精神诊察或治疗。

在座诸位中，如果有人对只能了解精神分析的大概感到不满，还想进一步将精神分析作为自己的职业追求，那我奉劝你们，甚至警告你们不要这么做。因为这样的想法如果得以实施，你们将会失去原本的就业机会，可能会当不成大学教授，或者说即使你很优秀，成为了医生，社会也会敌对你，这种敌对会激发出你内心的罪恶。你们可能不相信，那么就去看看目前欧洲战争引发的疯狂大屠杀是怎么来的吧！

当然了，还有一些人是因为被精神分析的知识所吸引，他们经历很多困扰之后会记得这些知识。如果这些人无视我刚才的劝告，仍旧来听我的演讲，那么我依然是欢迎的。我之所以奉劝大家下次不要听我演讲，就是觉得各位有必要知道精神分析理论的疑难之处。

首先，人们在教授和说明精神分析的时候就会遇到一些困难。比如在医学教学中，人们依赖于用眼睛去学。你们看到解剖的标本，化学反应发生的沉淀，肌肉的神经性痉挛，或者是跟病人接触，感受他们的症状。综合各种现象，甚至仅凭一种现象，你们就能够明白病人的病情。这就像是外科手术，你们能够亲眼看到或者亲自体验怎样拯救病人。但是，在精神治疗中，病人表现出来的各种表情、言行，都会投射到你的眼里，给你留下深刻印象。这么说来，医学老师通常是作为一个指引者，他们会带领你们像参观博物馆一样观察病人，让你们和病人发生接触。这样一来你们就会觉得自己通过对新事物的体验，获得了新的知识理念。

但是，精神医学中，这种体验是没有的。精神病人与医生对话的时候，不允许第三者在场，诊断和治疗的过程也难以分开。当然了，在上精神医学课的时候，教师往往会让一些衰弱性精神官能症患者或者歇斯底里性精神官能症患者站在学生面前，讲述他们的感受，但也仅此而已。事实上，他们只会在同医生有了特殊情感之后，才会打开心扉，如果看到陌生人在场，他们必然会沉默，不会给出有效的信息。这是可以理解的，因为他们所要讲的东西往往是个人的感觉，他们与社会的格格不入是不愿意向外人说的，有些甚至是他们自己都不愿意面对的。

所以，你们没有办法参加真正的精神分析治疗，只能通过别人的转述去了解。这样的话，你们就很难做出判断。另外，你们对转述者的依赖程度，对判断结果也有很大影响。

现在做个假设，如果你们今天听的不是精神分析，而是历史学，我讲的是亚历山大大帝的一生经历以及宏图大业，那么，你们对我信任的基础是什么？历史学的演讲看上去更加难以相信，因为我和你们一样，没有参与过亚历山大的任何事迹。精神分析者至少还有过扮演一些角色的体验，但是历史教授演讲的根据是什么呢？他们主要是用一些有待考证的、年份与事件年份差不多的人写的著作，譬如迪奥德鲁斯、普鲁塔克或者艾里安的著作。或者他们会向各位展示一下现在还留存的国王货币，或者一些雕像的复制品，或者从庞贝出土的伊索斯之战的壁画图片。事实上，这不过是因为关于亚历山大的其人其事已经深入人心，而各位可以根据这些东西重新评判一下亚历山大而已。通过评判你们可能会觉得关于亚历山大的故事，不一定每一件都是真的，还有很多细微之处需要求证。即使如此，你们也不会怀疑亚历山大其人的真实性，不会因为细节上的怀疑而离开讲堂。

各位之所以为这么做判断，是基于两方面原因：第一，既然演讲者这么讲，一定是他自己相信，有他自己的道理；第二，你们所信任的其他作者，记载的结果跟他讲的差不多。然而，仅仅是这样还不够，你们需要根据原典，判断出作者的动机，进而印证亚历山大的事迹，这样做可以尽量避免受到摩西或者尼莫罗德的误导。明白了这些，你们也就能够了解精神分析会产生什么样的疑问。

现在，你们或许会问，既然精神分析无法客观证实，又不能在过程中观摩，那该怎样去学习印证呢？确实，想要学习印证精神分析非常之难，很少有人能够做得很好。不过，也不是没有办法。精神分析是从自我反省开始的，通过剖析自我而进行研究。当然了，自我反省这个词是不准确的，目前我们没有更合适的词汇，只能暂且这么称呼。如果有人想获得一些方法性知识，倒是可以参照一些通俗的、广为人知的精神现象资料，这些资料有助于自我分析。这些资料可以帮助我们确定精神分析治疗和精神分析概念的真实性，虽然这种帮助极其有限。一个人必须跟从一位精神分析的专家，亲身经历一些分析工作，通过全面观察专家的做法，才能够更进一步。不过这种方法只适用于个人，不适用于全班的学生。

精神分析的第二个困难，并不是客观条件的不足，而是由你们自己主观上的态度引起的。到现在为止，你们对于做学问所持的态度都是从医学学习中得来的，这与精神分析学习所需要的态度很不一样。你们之前所学的，是通过解剖来确定有机体的功能障碍表现，通过化学和物理学来推断原理，然后通过生物学做出判断。你们从没有注意到精神层面的东西。然而，有机体之所以复杂得令人惊叹，就是因为其精神世界发达到了极致。所以，你们对精神分析学习应有的态度一无所知，你们持怀疑态度，觉得它就像是普通人、诗人、玄学家或者哲学家的理论那么不科学，而这种认识，限制了你们在这个领域的成就。当你接触到精神病人的时候，你首先要做的是跟他们进行精神交流，就像是人际交往一样。这时候，你们恐怕会后悔当初放弃了对江湖医生、玄学或者信仰治疗法的学习，以前的轻视让你们现在的学习困难重重。

我非常清楚你们之前所学习的课程的弊端，在那些课程中，既没有辅助你们职业学习的哲学，也没有思辨哲学、描述心理学，甚至没有感官心理学和有关的实验心理学。这些课程对你们现在的学习很有帮助，它们能够帮助你们了解精神世界和肉体之间的关系，能够告诉你们分析精神功能失常的方法。精神医学中，曾有一个专门描述认知精神障碍方法的分支，这个分支学说中，还有很多临床影片。然而，在这个分支最兴盛的时候，一些精神治疗家对自身产生了怀疑，他们觉得自己的理论性描述不够完美和科学。精神分析治疗学家们没有从影片中注意到那些精神障碍的起源、组织以及彼此的关系，我们只有找到某些官能疾病对精神层面造成不良影响的时候，才能够找到合适的治疗方案。

这个漏洞就是现在的精神分析研究想要努力填补的。这个漏洞的填补，能够帮助精神医学找到遗失的心理学基础，能够帮助我们掌握肉体与精神失常之间的联系，为此，学习精神分析的时候，必须抛开解剖学、化学和生理学中同精神分析无关的内容，完全从心理学的视角进行分析，正因为这样，我才担心你们在一开始会觉得陌生。

下面我要说的这个困难不是由你们自身造成的，而是由你们以前所受的训练和之前的学术态度决定。精神分析有两个理论信条冒犯了这个世界，以至于遭受围攻。第一条是和知识分子起了冲突，第二条则是招致了道德和美学的偏见。我们难以无视这些偏见围攻，它们是旧价值的残余，它们是人类进化避不开的阶段，这种情感的力量非常强大，难以抵抗。

令人难以满意的精神分析的主张之一是：精神世界的变化是在无意识的情况下进行的，意识有它自己的作用，只是心理的一部分。现在大家应该明白了，我们平时犯了一个错误，那就是将意识与心理等同看待。意识是直接界定精神生活特征的，很明显，心理学则是研究意识的内容，所以说意识的冲突对于我们没有什么价值，心理学不能消除这种冲突，也不能把意识和心理合并起来。心理学将精神定义为情感、思想和意向等心理活动的进程，其中包括无意识的思想和意向。与此同时，心理学从一开始就被其他严肃科学评判为投机取巧的学科，失去了其他学科的支持。我说"心理就是意识"这样的抽象观点是一种偏见，你们理解起来可能会有困难，但一定要仔细区分。你们一定想不到，即使无意识确实存在，人类进化的过程也似乎是对其否定的过程，虽然这种否定并没有什么益处；类似于争论精神生活是否可以看作是与意识共存，或者说是不是意识的延伸一样，我们没必要为此争吵，不过我在这里可以向你们保证，无意识的精神总有一天会被接受，那将会是科学进程中的一座里程碑。

我将要提出的精神分析的第二步，同前面所说的大胆的第一步之间有着密切的关系，因此相对来说不会让你们太过疑惑。接下来的一步，我们已经将其作为精神分析的发现而提出了，其中包括对冲动的解释，只能根据广义狭义的性的特征来进行说明，这个理论在神经和精神失常的关系链条中非常重要，之前尚未被重视过。噢，不是的，曾经比现在还重视过它，性冲动已经帮助人类心灵在文化、艺术以及社会发展中取得了很多成就。

在我看来，精神分析之所以会招致敌视，是因为它得出的结论被其他学科所厌恶，不知各位是否有兴趣了解我这个认识从何而来？我们知道，文明之所以能够确立，是因为人类为了生存而牺牲了原始冲动的满足；我们也知道，当群体中每一个个体一直不断地牺牲自身的快乐，为大家获得幸福，人类文明才能够发展延续。在这些牺牲的原始冲动中，性冲动就是其中之一：性本能被升华了，换句话说，就是人类的性本能从性转移到了其他方面，超越了性，具备了更高的社会价值。然而，基于这些建立的文明结构并不牢靠，因为性冲动很难控制；每一个参与社会文明进步的人，对于性冲动的转移都有本能的抵抗心理。多数人认为性堕落和性解放是对社会文明的最大威胁，因此，整个社会对于这个敏感的话题避而不谈，对于性本能不去加以认识，对于个人性生活的问题置之不理，有时候甚至加以惩治，以此促使性本能向其他方面转移。因此，精神分析将这个问题摆出来的时候，社会无法容忍，指责精神分析亵渎美学，违背道德。一旦反对精神分析的言论争不过科学探讨得出的客观结论的时候，他们就会在适当的时候运用学术用语加以辩驳。这就是人性的最重要的特征之一，把自己不认同的事情当作是虚假的，然后随便地找出一些证据加以反对，整个社会也因为不能接受而不承认精神分析的理论，通过各种逻辑和论点与精神分析辩论。不过，这些都是感情用事，心怀偏见、强词夺理而已。

可是，我要声明一点，那就是我们从来没有屈服，也绝不会收回我们的这些令他们不愉快的观点，我们只是想把我们苦苦求索出来的事实、结论说出来，即使现在不能确定精神分析研究的理论是否合理，我们也要宣布，并把所有的关于精神分析的理论无条件地纳入到科学领域中。

以上这些，就是你们对精神分析产生兴趣之后所要面临的困难。对于初学者而言，这有点多了。但是只有经受起这些考验，我们的讨论才能够继续下去。

第二讲·过失心理学

诸位！现在我们先不去假设美好的事物，而是研究一些案例。我们将会选取一些很平常、大家司空见惯而总被忽视的现象作为研究对象。这些现象和病症没什么关联，因为健康的人也会出现这种情况。事实上每个人身上都会有这些毛病，比如你想说什么话，但是到了嘴边却说错了，既语误（versprechen）；书写的时候也会有写错字的时候，只是有时候你察觉到（verschreiben），有时候没有察觉到。又比如你在读书的时候会念错字，这叫读误（verlesen），或者说耳朵没有毛病却听错了别人说的话，这叫听误（verhören）。还有一种情况是由暂时的遗忘导致的，比如你看到一个原本熟悉，一见面就认识的人，但是却叫不出对方的名字；或者你忘了要做某一件事，但是后来又想起来了，这就是暂时性遗忘（vergessen）。另外还有一种过失并不是暂时的，比如你放错（verlegen）了一件东西，后来一直找不到。这也是遗忘的一种，但是不同于普通的遗忘，对于这种遗忘，我们会非常懊恼却又难以理解。还有一些过失，虽然也是暂时的，却能够跟这种遗忘同等看待，比如你始终知道某件事不是真的，有时候却又相信了。诸如此类的现象还有很多。

观察这些过失的名词，我们会发现，它们在德文中拼写的时候，都是以"ver"开头的，从这里也能够看出，它们之间有着某种联系。它们大都是暂时性的，并不重要，在生活中影响不大。比如，丢失的某件东西其实是不重要的。所以，这些现象并没有引起我们的注意，激不起人们研究的兴趣。现在，我却要求你们去研究这些现象，你们也许会很不耐烦地说："这世上精神障碍方面需要解释的奥秘多得数不胜数，为这些无关紧要的现象浪费精力，实在是太无聊了。假如你们能够解释一个健康的人是怎样看到或者听到不存在的事物，或是解释一个人为什么突然怀疑自己受到了最亲密的人的陷害，或者运用最巧妙的理论证明一种连儿童都觉得荒谬的幻想你却认为是真的，那么，人们或许就会对精神分析另眼相看。但是如果精神分析只能够说明一个演说家为什么讲错了一个词，或者说一个家庭主妇为什么遗失了自己的钥匙等这些鸡毛蒜皮的事情，那么这些时间和精力就应该转换到别的更重要的事情上去。"

我却要说，不要着急，这样的批评是没有切中要害的。精神分析研究从来都不能说自己不屑于研究琐碎的事情，与之相反，精神分析研究的事情，一直都是被别的学科讥为不屑一顾的、平凡的、不重要的事情，甚至可以说是现象学研究的边角料。这样的批评想当然地以为，重要的事情一定会有重要的表现。但是，在某种条件下，某个时刻，重要的事情难道就不会通过一些琐碎的、不重要的事情表现出来吗？这种情况也是有例证的。例如，在座各位中的年轻人，你们怎样才能知道自己得到了心爱的人的关心呢？难道必须是他们给你一个热烈的拥抱吗？还是仅仅通过对方的一个秋波、一个手势，或者一次长达一分钟的握手。可能别人对这些小动作丝毫没有感觉，你们自己却已经幸福满满了，为什么会这样呢？又或者说你是一个侦探，正在试图侦破一桩谋杀案，你觉得凶手会在现场留下一张写上他名字和地址的照片给你吗？你难道不会因为查到一些蛛丝马迹就非常兴奋吗？所以，看上去细小的现象有着重要的价值，不允许我们无视。通过这些细小的现象，我们或许会有很重要的发现。当然，有一点我同意你们的观点，那就是社会中和科学上比较重大的问题，需要首先引起我们的注意。但是，假如你们一开始就投身于重大问题的研究，你们或许得不到确切的结果。接下来，你们或许就会不知所措。在科学研究中，眼前只要有一条路可以走，我们就必须义无反顾走下去。如果你心里没有偏见，一直往前走，你就可能会在看上去卑贱的工作中，因为一点运气，或者通过事物彼此关系的分析，取得重要的成果。

说这个观点，是因为我想让你们对于那些正常人的小过失产生研究的兴趣。现在，我想问一下不懂精神分析的人，对于那些细小的过失，该怎样解释呢？

很多人或许会不假思索地回答："那些毫无意义的小事情，根本就不需要解释。"这句话是什么意思呢？难道说小事情就不能跟别的事情发生因果关系吗？毫无影响吗？不管是谁，不管在什么地方，如果这样否认事物间的因果规律，那就说明他心里丝毫没有科学的世界观。我个人觉得，即使是宗教观，也绝不至于如此荒谬无理，因为在宗教观点中，一切事物现象都是上帝的旨意，也就是说"一雀落地也不是无因之果"。这么说的人，我想，也不会通过有逻辑的论证表达他们的观点，他们或许会说，假如自己真的勉为其难地研究那些事情，很快也会得出结论的。这种过失现象是由轻微的功能错乱导致的，是神经失调导致的精神问题，我的这个推断是可以论证的。一个人如果平时说话不错，那么，他说错话一定是因为疲劳、兴奋或者注意力转移导致的。这种情况很容易证明。疲劳、头痛或者偏头痛，经常导致患者说错话。记不起一些专有名词的现象也经常会在这个时候出现，很多人一旦记不起一些专有名词，就会觉得自己马上就要有偏头痛。当一个人处于兴奋之中的时候，也容易说错话、做错事。注意力分散或者注意力被其他事物吸引的时候，人们也容易忘记自己原本计划要做的事情。在幽默杂志《Fliegende Blatter》里面的教授就是一个典型的例子。当时他正在苦苦思索自己第二本著作中的问题，因此忘记了带上自己的雨伞，与此同时，他拿走了别人的帽子。我们自己也会有这样的体会，那就是当你专注于某一件事的时候，你会忘记自己原本计划要做的事情或者约定好的事情。

虽然难以引起我们多大的兴趣，但是关于过失的这种解释很容易理解，而且看上去值得相信。那么，再仔细研究一下解释过失的这个理论吧！过失发生的时候，具备的这些人所说的必备条件并不是完全相同的。循环系统不能正常运转导致的疾病，通常都是导致人体正常功能失常的原因。由此引发的疲劳、兴奋或者烦恼会引起注意力分散，从而使人们无法专注于某事。因此，人们做某事的时候，就会因为无法专注而产生过失。神经中枢的血液循环如果不正常的话，也会导致相同的结果，也就是导致注意力不集中而造成过失。总之，就是说生理上的原因能够引起注意力的分散，这就是过失形成的主要原因。

但是，这种解释对于精神分析研究没有帮助，我们必须舍弃这种观点。事实上，通过更深入的了解之后，我们会发现"注意力"一说与客观事实并不是完全相符的，通过"注意力"，不能够解释所有的那些现象。我们发现，很多人即使在正常状态下，没有疲劳或者兴奋感的情况下，也会出现过失或者遗忘。

还有的时候，人们犯了错之后不愿意承认，然后推说是自己过于兴奋了。关于这个问题，还有更复杂的一面，那就是即使注意力增强，事情也不一定能做到。即使注意力减弱，事情也不一定就会做错。人做出的很多动作都是自然的，不需要注意力的。比如走路，我们有时候不会去想怎么走过去，但是还是能够正确地走到目的地。这是非常常见的现象。善于演奏的钢琴家，可以不用去想，就能够弹奏出美妙的曲调。偶然的错误是没有办法避免的，假如注意力不集中的弹奏会增加失误，那么钢琴家锲而不舍地练琴，让自己的动作变成下意识的弹奏，岂不是会增加错误的几率？然而我们知道，类似这样的动作，其实越不集中注意力，越能够达到美好的境界；假如刻意留心，想要完美，反而容易出现差错。你们也许会说，那是因为兴奋过头了，那么我要问，为什么兴奋不会促使注意力更加集中呢？这就是我们难以解释的了。所以说，如果一个人在非常重要的讲话中说错了话，我们就无法通过心理、生理或者注意力是否正常解释原因。

人们平时出现的过失，还有一些特点也是这些理论难以解释的。比如，一个人暂时记不起另一个人的名字，他非常懊恼，努力回忆，但是仍旧难以想起。为什么这个人很懊恼，集中精力回忆仍旧没有结果？为什么那个人的名字已经到了嘴边，如果别人稍一提醒他就会说出，但是却无法记起呢？或者再说一个例子吧。人的失误有时候会增多，而且相互之间会有关联，也会互相转化。比如有一个人不经意间忘记了一个约会；而另一次，他记住了约会，但是却忘了约会的时间。又比如说一个人想尽办法要回忆起自己忘记的一个字，然而他在苦苦回忆的时候，却又忘了另一个相关的字。如果他接着回忆第二个字，就又会再忘记第三个字，以此类推忘记其余的字。排字时候出现的错误也是这个道理。据说某社会民主党的报纸上曾有一次排字错误。

该报记载一次节庆的时候，写道："到会者有呆子殿下"（His Highness, the Clown Prince）。第二天该报道歉，表示应该更正，但是他们改正为"到会者有公鸡殿下"（His Highness, the Crow-Prince）。又比如某将军以怯懦畏战闻名。有一次一个战地记者访问他的时候，在通信中将这位将军称作是"this battlescared veteran"（意思是临阵畏惧的军人）。第二天，这个战地记者道歉，将称谓改成"the bottle-scarred veteran"（意思是酗酒成瘾的军人）。这些错误是由于排字机中的怪物在作怪，这个比喻的意思中显然不包括心理和生理学上的理论。

还有一些错误可能是因受暗示而引起。现在我们举一个事例来加以说明。有一个新演员在《奥尔良市少女》一剧中扮演一个重要的角色，按照剧本，他应禀报国王说"The Constable sends back his sword"（意思是将军把宝剑送回去了）。预演的时候，主角跟他开玩笑，故意把他的台词念成了"The Komfortabel sends back his steed"（意思是独马车将马送回去了），而且念了好几遍。这个新演员被告诫不要说错，然而不幸的是，在公演的时候，他还是按照错误的版本将这句台词念了出来。

类似这样的错误，绝不是用注意力不集中就能够解释得了的，但也不是说这个解释完全是错的，如果这个解释经过补充完善，也许会得出一个令人满意的学说。不过，这些错误其实可以从另一个角度进行解释。我们可以以语误为例进行说明，当然了，笔误或者读误也都是一样的道理。我们需要明白的是，我们之前讨论的以及得出部分答案的，都仅仅是在什么时候什么情形下说错了话。现在我们需要考虑的是，为什么会出现这样的错误，而不是别的错误。这个问题要讨论的是错误的性质。大家需要明白，如果这个问题得不到回答，如果错误的结果得不到解释，那么即便是我们得出了生理方面的解释，也只能说明这种现象的发生纯属偶然。例如，我讲错了一个字，这个字其实可以有很多错误的可能，我能够找出一千多个字来代替这个正确的字，并且正确的字也不是唯一的。那么，为什么这么多错误的可能中，我却单单犯下了这个特殊的错误呢？这该怎么解释呢？

美琳哲以及美雅曾在1895年从这方面入手探究语误的问题。他们通过搜集事例，列举各种错误加以讨论。他们的讨论虽然不能算是准确的解释，但是我们可以根据他们的论述导向解释。他们将语误的可能性列举为五种，分别是倒置、预现、留置、混合和替代。现在我们分别举例说明。例如说"维纳斯的米洛斯"，可能会被错误地读成"米洛斯的维纳斯"，这就是互换倒置。又比如一个大家都很熟悉的旅馆茶房的例子。茶房敲大主教的门，大主教问是谁在敲门，茶房一下子紧张说成了"我的奴仆，大人来了"，这个可谓是互换倒置的典型例子。至于句中字母的"混合"，则有如传教士所说"我们经常会感到身体里有半热的鱼"（How often do we feel a half-warmed fish within us），其实应该是"我们经常会感觉到身体里的一些温暖。"又比如一些人说"这个想法深深藏在我的心里"（The thought lies heavily on my heart），却会说成是"这想法热烈地存在……"（The thought lies heavily……），这就是预现的例子。至于留置，是由于已经说出的发音影响了将要说出的发音所致，例如"诸位，请大家干杯（auzustossen）以祝我们领袖的健康"，可能会被误说成是"诸君，请大家打喷嚏（aufzustossen），以祝我们领袖的健康"。

又比如说议会的一位议员称另一议员"Honourable member for Central Hell"（意思是中央地狱里面的荣誉会员），其实是口误，把 Hull（地名）误说成 Hell（地狱）；再如一个士兵对朋友说："我愿我们有一千人败在山上"，其实是你将"守卫"（fortified）这个单词，错读成了"战败"（mortified）；这些都是读音留置的事例。比如第一例子说"ell"这个音是从前面的词"member for Central"中持续留置下来的；第二例子中"men"一词里"m"音持续留置就构成了"mortified"。这三个事例并不是太常见，比较常见的是混合的例子。例如一个男子问一位女士，可否"送辱"（begleit-digen）她一程；"送辱"（begleit-digen）这个单词的意思就是由"护送"（begleiten）和"侮辱"（beleidigen）这两个词混合而成（但是如果真是这样，那么这个年轻人就会显得非常鲁莽，便很难成功得到女人的青睐）。又比如一个可怜的女人说自己有一种无药可治的鬼怪病（incu-rable infernal disease），其实是内在的病（internal disease）的误读。或者如玛普罗夫人所说"男子很少重视女子所有的'无用的'价值（ineffectual qualities）"，其实 ineffectual 应该是 affectional，合起来应该是感情的价值。这些都算是替代的很好的例子。

梅林格和美雅两人对于这些事例的解释是难以令人信服的，因为他们认为，一个词的读音和音节有不相等的音值，较高音值的音可以影响到较低音值的音。

这个结论显然是以"预现"和"留置"的例子作为依据的，但是，这两种错误并不会经常发生。至于另外几种语误，其实是不受音值影响的。最经常出现的错误，其实是用一个词代替另一个相似词，很多人觉得这个相似之处，就是两个词混淆的原因。例如某位教授在讲课的时候说："我不愿评价我的前任教授的优点。"这个"不愿"（geneigt）其实就是"不配"（geeignet）的相似性语误。

然而，最普遍并且最值得注意的语误，其实是说了相反的话。这样的错误跟字词的相似性是没有关系的。于是，有的人就又认为两个意思相反的字之间，也是有某种牢固的概念关联的，同时，这和人的心理也有密不可分的关系。这种事例不胜枚举。例如某位国会议长在开会的时候说："诸位，今天开会的额定人数已经到齐了，因此，我宣布，散会。"

其他的字词之间的联想有时候也会起作用，让人说出与自己原意相反的话，从而令人不愉快。有一次，海尔默兹的儿子和工业界领袖及发明家西门子的女儿结婚，婚宴上，著名生理学家雷蒙德受邀发表贺词。他的一番演讲相当精彩，临结束的时候他举起酒杯说："愿 Siemens and Halski 百年好合！"可是 Siemens and Halski 是一个很有历史的公司的名称，柏林人全都非常熟悉，正像是伦敦人熟悉"Crosse and Black Well"那样。

所以，我们在考虑文字间的类同和音值的同时，也必须注意到字词的联想起到的作用。但是这样还远远不够。仅就以上的事例而言，我们想要完美地解释语误的原理，还需要逐一研究分析我们之前说过的或者想过的每一句话。根据美琳哲的理论，这些例子都可以被称作是"预现"，只是渊源更远而已。我不得不说，我现在的感觉是，我对于语误的了解仍旧非常浅显。

但是，在继续研究上面提到的事例之前，我希望我的判断是正确的，那就是我们的讨论需要更加深入。前面我们研究的，是引起语误的一般条件以及造成语误的各种影响，我们没有研究语误的结果。也就是说，语误的结果可能是一种有目的的心理活动，是一种具备内容和意义的表达。之前我们将那些现象称为过失，现在我们要说，那些过失在某种意义上讲，其实是正当的，之所以被称作是过失，只是因为它们在我们期望另一种动作的时候突兀地表现了出来。

在前面的一些例子中，造成过失的原意其实是很明显的。比如国会议长在会议开幕的时候说"散会"，我们从这个过失中可以推知，他可能觉得这次会议不会有什么意义重大的结果，还不如马上散会更让人舒心。又如某女士称赞另一女士的帽子："我知道这顶可爱的帽子一定是你绞成（cufgepatzt）的。"她原本想说的是"绣成"（aufgeputzt），之所以说成了"绞成"隐含的意思就是她觉得对方的帽子的做工实在是很拙劣。

又比如某夫人出了名的刚愎自用，她说："我的丈夫让医生帮他确定适合他的食物清单，医生说他不需要特殊的食品，只需要适合我的食物就行了。"这句话里面，医生弄错人称的失误其实也很容易明白。

现在，假设不是若干事例，而是大多数的语误和过失都有特殊含义，那么，过失的意义就应该得到人们的特别注意（现在尚未引起人们的注意）。而其他的原因不得不退居次要的位置。我们可以暂且不讨论生理和心理之间的条件关系，但是从纯粹的心理学角度研究过失的意义却是刻不容缓的事情。现在，我们就可以开始抱着这样的观点，对过失的材料和事例进行进一步的讨论。

在正式讨论之前，我还要向你们介绍一个重要的线索。诗人们经常会有意运用一些语误或者其他过失，增强自己作品的艺术表现力。这个线索表明，诗人们认为这些过失在作品中是有意义的，因为他们是刻意造成的。他们不会不经意间造成失误，让作品中的人物出现语误。相反，他们是希望自己的笔误能够表达更多的意思，可以有深层的含义，我们也能够了解到他们的用意——无论是他们想表现人物的心不在焉或者疲劳头痛。当然了，即便是诗人们真的想要通过失误来表达更多的意义，我们也不需要夸大这个线索的重要性。过失或许并没有深层的含义，而只是诗人精神世界的偶然变化，或者说即便是有深意，也是偶然的。但是诗人还是可以用这种手法赋予错误更多的意义，这样做对于作品帮助良多。

德国诗人席勒所著的《华伦斯坦》剧中的第一场第五幕中，就有一个过失的事例。在前一幕中，少年比克罗密尼曾送华伦斯坦公爵漂亮的女儿回到营寨。

这次护送让他明白了和平的重要，所以他热心拥护华伦斯坦公爵，力主和平。得知此事之后，比克罗密尼的父亲屋大维和朝臣奎德保大吃一惊，于是就有了第五幕的一段对话：

> 奎德保：天呐，怎么会这样？朋友，我们就任他被欺骗，让他离开我们吗？我们就不叫他回来，不在此刻帮他睁开眼睛看清楚吗？
>
> 屋大维（从沉思中惊起）：他已经打开了我的眼睛，我已经看清楚了。
>
> 奎德保：看清楚了什么呢？
>
> 屋大维：这个悲哀的旅程！
>
> 奎德保：为什么这么说？你指的是什么呢？
>
> 屋大维：朋友，来吧！我们现在需要顺着这个悲哀的预兆，用我的眼睛看个明白——你跟我来吧！
>
> 奎德保：什么？去哪里啊？
>
> 屋大维（急匆匆地说）：去她那里。
>
> 奎德保：去……
>
> 屋大维（更正了自己的话）：去公爵那里！走吧，我们一起去。

屋大维误把"去公爵那里"说成了"去她那里"，由此可见，屋大维对于公爵的女儿有一些爱恋。

著名心理学家兰克在莎士比亚的诗剧里，得到一个印象更深的事例。在莎士比亚的剧作《威尼斯商人》中，剧中主角巴索尼在选择那三个宝箱的一幕中，非常明显地表现出了这种语误。现在，我将兰克的原话引述下来：

"莎士比亚名剧《威尼斯商人》在表现诗的情感方面，对于语误技术的运用，是最灵巧而完美的，令人叹为观止。这个语误与弗洛伊德在他的《日常生活中的心理病理学》中所引《华伦斯坦》剧中的语误非常相似，都能够体现出诗人深知这种语误对于作品结构的影响和意义，而且他们假定一般观众也可以领会得到。伯提亚被她父亲的遗嘱束缚，因此在选择丈夫的时候，只能够依靠偶然的机会。她害怕巴索尼选错箱子，所以想告诉他，即使选错了箱子，她的爱情仍旧是属于他的，但是，由于事先承诺了父亲，伯提亚只能够采取暗示的办法来说明。在莎士比亚的描述中，她在内心激烈冲突的情况下，对巴索尼说了下面的一段话：

> 请等一下！再等一天或者两天再冒险吧！因为如果你选错了，我就会失去你的情谊；所以请你再等一下，我觉得我可能不愿意失去你（但这并不是爱情）……我或许可以告诉你怎样选择才是正确的，但是我受到誓约的牵绊，不能这么说，所以你可能会因此而失去我。一想到你或许会选错，我就想打破这个誓约。
>
> 别凝视着我好吗？你的眼睛已经征服了我，把我分作两半；一半是你的，另一半也是你的——可是我应该说是我自己的，但是既是我的，那自然也是你的，所有的一切都是你的。

她其实是想暗示他，在选择箱子之前，她已经是他的了，她已经对他芳心暗许，用情颇深，可是这个意思是不能明说的。诗人因此安排伯提亚出现了口误，用这个办法表达她内心的情愫；运用这个技巧，诗人还帮助巴索尼的爱人以及因为担心选择结果而紧张兮兮的观众，让他们解除内心的彷徨不安，让他们放松下来。"

大家还要注意，伯提亚在结束的时候，是如何巧妙地将自己说错的话和正确的话圆了起来，既让它们不矛盾，又能够掩饰自己的语误。

"但是既是我的，自然也是你的，所有的一切都是你的。"

一些医学界之外的学者，通过观察，揭开了过失的意义，他们似乎可以说是我们学说的先驱。你们都知道，李登保是一个非常有智慧的讽刺家，歌德评价他说："他若说笑话，背后一定隐藏了某个问题。"有时候，他的笑话中还会暗含解决问题的办法。有一次他讽刺某人说："他常将 angenommon（'当然'的意思）读作 'gamemnon'（荷马史诗中的人物），这是因为他读荷马读得太熟练了。"这句话可以作为语误的解释。

下次演讲的时候，我们将会讨论一下我们是不是可以认同诗人对于过失心理的看法。

第三讲·过失心理学（续）

诸位！在前一讲中，我们并没有探讨无意识过失和有意识的行为之间的关系，而是仅仅讨论了无意识的过失本身的问题。大家知道，在前面的那些例子里面，过失的背后似乎有某种意义。如果确实如此，那么我们就不再是研究过失的意义，而是探究其原因，这个研究方向听上去让人很感兴趣。

那么，我们该怎样解释心理作用的"意义"呢？我认为意义其实就是人们原本想要表现的"意向"（intention），或者说心理程序中想要表达的意向，希望大家能够认同这个解释。在前面我们讲过的那些事例中，"意义"一词所要表达的意思和"意向"、"倾向"等词相同。到底是由于过失造成的错觉，还是由于诗人对过失的夸大，才导致了我们相信过失是"意向"的表示呢？

现在，我们仍然以语误为代表，通过一些事例来探究这种现象的普遍意义。通过前面的研究，我们已经知道，这些例子里面，显然是有意义或者意向存在的，特别是说反话的例子，最为明显。例如国会议长在致开会词的时候说"我宣布散会"。这个语误的意义就是说我想要散会。换句话说，他的本意就是这样的。我们只需要相信他说出来的话。请你们不要说这种情况是不可能的，不要抗议或者反驳我。如果你们觉得，我们都应该明白，他要说的的确是"开会"而不是"散会"，认为这一点，他心里最清楚，那么，你们就忘记了我们讨论的本意，即"仅仅讨论过失本身"。至于过失与它所扰乱的意向之间的关系，留待以后再说。所以你们犯下了逻辑上的错误，那就是"偷换概念"（begging the question），你们在任意偷换我们要讨论的问题。

还有一个例子，讲话者的语误并不是跟他的原意完全相反，但是仍旧表现了相反的意思。例如"我不愿评价前任教授的优点"，其实讲话者要说的是"我不配评价前任教授的优点"。"愿"和"配"并不是意义相反的两个字，但是它们却明白地表现出了讲话者的本意，这与他们在当时的场合中需要说的客套话的意思恰好相反。

其他事例中的语误，只是在它们原来表达的意向之外，添加了第二层意思。于是，语误之后的句子看上去好像有许多句子浓缩而成的意义，例如前面那个刚愎自用的夫人所说的"只需要适合我的食物就行了"。这句话的另一个意思好像是说："他自然需要适合他的食物，但是他需要也没有用啊，吃什么是由我决定的。"语误经常会让人有这样的感觉，例如，一个解剖学教授讲授鼻腔的构造，讲完之后，他会询问学生是否完全记住了，如果得到了肯定的答复，他会接着说："我很难相信，因为在一个几百万人的城市中，对于鼻腔解剖有充分了解的人，或许仅仅只有一个……不，不，我的意思是仅仅只有很少一些。"这个浓缩而成的句子自然也有它原本的含义，那就是教授觉得懂得鼻腔解剖的人，其实只有他自己一人而已。

除了这些很容易就能了解其原本意向的语误之外，还有一些我们不够了解，跟我们原来的期望冲突明显的语误。例如一些专业名词的拼读错误或者一些没有意义的读音混乱，这都是很常见的，我们以这些为证据，也能够了解到过失是不是全部具有意义。现在，如果我们更加具体详细地研究这些事例，就可以轻易地发现引起过失的原因。实际上，这些看似很难理解的例子，跟前面所说的容易理解的例子相比，差别并不是很大。

有人问马的主人，马怎么样了，马主人回答说："啊！它还可'惨过'（stad）——再过一个月（It may take another month）。"那人再问他说的是什么意思，他说他觉得这是一件惨（sad）事，把"惨"（sad）和"过"（take）混合起

来就成了"惨过"（stad）。（见美琳哲和美雅书）

想必大家还记得那个年轻人说自己要"送辱"一个陌生女子的例子吧。这个词可以拆解成"护送"和"侮辱"，这个不需要什么证明，已经能够说明我们解释是可信的。由此可见，即使是不够明显的例子，也可以解释成两种不同的说话意向的混合。不同的是，第一种语误里面，说话人的心里的意思和要说的是相反的，因此，说了反话。第二种语误中，他们心里还有一个意思，这个意思影响或者修饰了另外的意思，因此造成无意义的字词混淆。

相信现在大家都已经能够明白语误的奥秘了，如果能够记住这一点，我们就能够了解以前不能明白的，非常难以领会的另一组语误的原因了。例如，虽然在名词交换的例子中，错误并不是由两个意思接近的名词冲突导致的，但是我们也可以很容易地看到隐含的第二个意向。

除了语误，名词的倒置互换是最常见的一种错误；这种倒置互换的原因通常是想要赋予名词贬义，将其贬低成为卑劣的东西；这是一种常见的骂人的方式，受过教育的人不愿意采用，却又不想舍弃。这件看似下流的事，有时候也可以以说笑话的方式表达出来。举个粗俗的例子吧，法国总统 Poincare（伯因卡）的名字曾被歪曲为"Schweinskarre"（意思是"猪的肥肉"）。我假定这样的讽刺隐含在因语误而扭曲的名词里，大致也是没有错的。这样一来，这样的解释也适用于因为语误而造成的看似非常可笑荒诞的例子中。例如，议会议员称另一个议员为"中央地狱里的荣誉会员"，原本安静的会场气氛，会因为这个可以令人发笑的不快的句子而被瞬间扰乱。这样的字词扭曲似乎带有讥讽的意味，因此我们不得不推断它们背后还存在另一个意思，那就是说："你们不要当真，我完全没有其他的意思。如果谁说有，那就让他去见鬼吧！"这个解释，在那些把原本无害的字词扭曲成为淫秽侮辱的例子中同样是适用的。

有些人会特意将没有恶意的字词扭曲成为粗俗污秽的字词，以此来娱乐，这种情况我们都深有体会。有的人说那是滑稽笑话，事实上，当你真正听到的时候，你会下意识地去问，这到底是特意讲的笑话，还是无意中造成的语误。

我们似乎已经非常轻易地揭示了造成过失的原因。过失并不是毫无因由地发生的，而是正式的心理活动；可能是由于两种意向相互结合或者是相互影响导致的。不过，我知道你们一定有很多疑问想要问我，我需要解释这些质疑，才能够正式确立我们研究的结果，并将这个结果推而广之，让更多的人知道。我绝不会轻率地糊弄你们。所以，请大家冷静下来，以严肃的态度按照次序进行讨论吧！你们的疑问都会是什么样的呢？我们讨论的解释能够说明一切的关于过失的事例，还是只能解释少数事例呢？关于语误的这个解释是不是能够扩展开来，适用于读误、笔误、遗忘、做错事或者遗忘物件呢？疲劳、兴奋以及注意力分散等这些因素在过失心理学中到底处于什么样的位置呢？另外，在导致过失的两种意向冲突中，显而易见的是，其中一种意向明显，另一种不明显。我们怎样才能够揣测后一种意向呢？假如我们能够揣测到，那么是不是可以证明这个隐藏的意向是唯一的而不是偶然的呢？另外，你们还有其他问题吗？如果没有，那么我就要继续我的演讲了。我只希望你们记住，我们研究过失，不仅仅是为了了解过失本身，还要了解其后的与精神分析有关的价值意义。所以，我也要提出两个问题：一种意向干扰了另一种意向，造成这种现象的原因是什么呢？干扰意向与被干扰意向之间存在什么样的关系呢？这些问题解决之后，我们就能够进入更深层的研究。

那么这就是关于所有的语误的解释吗？我想说的是，为什么强调"所有"呢？我们只需要确认一个例子，就可以说明问题。但是，我们还是不能证明所有的语误都是由于这个原因造成的。即使这样，也没什么关系；因为这一点对于我们的目的而言，是没有大的影响的。因为即使我们只能够解释通一小部分语误的原因，我们就能够得出有效的精神分析的结论；事实上，我们可以解释的，并不只是一小部分。第二个问题，关于语误的解释是否适用于其他的过失？我们可以先给出肯定的答复。将来我们研究其他过失的时候，你们自然会得到答案。现在由于技术方面的原因和叙述的限制，我想把这个问题搁置起来，我们研究透了语误之后，再讨论这个问题。

一些学者非常重视的原因，诸如循环系统的反常、疲劳、兴奋或者注意力分散等原因，是不是造成过失的重要因素呢？假如这些因素对于过失有影响，那么这个问题必须有更加具体的答案。大家都知道，我绝不会否认这些因素的作用。事实上，精神分析领域对于其他各方面的理念都是不排斥的。确实，有时候在以前被忽略掉的，在事件中占有举足轻重地位的部分，恰恰是精神分析补上的。

那些由于循环系统的反常、疲劳、兴奋而引起的生理反应当然可能会引起语误；仅仅凭借个人的生活经验，你们就能够了解到这一点。但是，承认这一点，并没有什么大的影响！因为非常重要的一点是，它们并不是引起过失的必要条件。人们在完全健康的情况下，也会发生一些语误。所以说，生理上的这些因素，充其量是补充性质的，只是能够促进或者增加心理因素对语误的作用。我们之前曾用一个比喻形容这个问题，现在找不到更合适的例子，就只有再次沿用了。假设我在一天夜晚，走到一个偏僻地方的时候，一个盗贼抢走了我的钱和手表，我当时并没有看清楚盗贼的面目，然后我在向警察报告的时候说："是黑夜和偏僻抢走了我的财物。"警察可能会告诉我："你对机械论的观点过于相信了，你应该这么指控：有一个我不认识的盗贼，在黑夜中的偏僻处，恶念顿生，抢走了我的财物。我觉得现在最需要做的是捉住那个盗贼，捉住了他，说不定还能追回财物。"

很明显，诸如兴奋、走神、注意力分散这些心理以及生理上的因素是难以解释这样的事情的。它们只是名词而已，抑或是一道幕帘，我们只有先看幕帘，才能够看到真相。我们需要知道的是，兴奋或者注意力分散究竟是缘何而起？音值、字词的相似性以及文字包含的联想，也是必须被承认的重要影响因素，因为他们也能够导致人们出现过失。然而，如果我面前有一条路，我就必须要顺着这条路走吗？其实，我需要一个动机，让我做出选择，并促使我向前走。因此，音值、字词的相似性以及文字包含的联想与身体的状况是一样的，只是促成过失的部分原因，而不是最终解释。试着想一下，我说出来的字词，或许与其他的一些字词读音相似，又或者还有一些关系密切的反义词或者相似表达，但是我却很少说错。哲学家翁德认为，原本的意向如果由于身体的疲劳而受制于相关的意向，那么这就会成为语误的原因。这个观点看上去很有道理，但与我们平时的生活经验是冲突的，因为在很多事例中，语误与身体状况或者联想并没有必然的联系。

你们的第二个疑问令我很感兴趣：用什么样的办法去测定两种相互混淆的意向？或许你们并不明白这个问题的重要性。你们或许会觉得，其中的一种意向，也就是被干扰的那种意向，一直都是正确而清晰的，这是说出语误的人承认和明了的。只有起到干扰作用的另一种意向才是值得关注和怀疑的。你们应该都记得，我们说过这个意向有时候非常明显。只要有勇气承认，我们就能够从过失的结果中得到这种意向的本质。

前面所说的那个国会议长说了与自己原意相反的话。显然，他知道需要开会，但是他自己心里希望散会。他的意向十分明显，不需要过多解释。但是在其他很多例子中，干涉的意向只是令说话者原意发生了改变，并没有完全体现出来，这时候我们该怎样从被扭曲的话语中研究那些干扰的意向呢？

我们可以用非常可靠而又简便的方法探究一些例子中干扰的意向，也就是说，我们之前用什么办法探究被干扰的意向，现在就可以运用同样的办法探究干扰的意向。说话人说错了话，我们加以询问，他们就会自己更正错误。例如，马的主人说："啊！它还可以惨过——不对，它还可以再过一个月。"其中，干扰的意向也可以由他自己说明。我们问他为什么说"惨过"？他会说："因为我觉得这实在是一件惨事。"另一个例子中，说话者说了"发龌"，其实他想说的是发生了一件龌龊的事情，但是他控制了自己，用这样的方式表达了出来。这里面干扰的意向与被干扰的意向一样，呼之欲出。这些事例的缘由和解释都不是我们能够凭空捏造的，我采用这些例子，也是有原因的。这些例子中的说话者，需要在他人的帮助下，才能够就语误给出解释。我们必须查问他们造成语误的原因。如果没人问，关于语误的解释就会被他们轻易忽略掉。经过询问，他们才会把心里最早出现的意向说出来。这个相当于帮助的询问以及导致的结果，其实就已经构成精神分析，是我们所说的精神分析最初的样子。

不过，或许是我过于焦虑了，我居然害怕你们在刚开始接触精神分析概念的时候，心里就会产生抗拒感。你们会认为失误者在解释自己语误时说的话并不可靠，你们会提出反对意见，不是吗？你们一定会觉得，说话者在讲出自己失误原因的时候，希望自己说出的话符合对方的心理，因此，他们会说出自己想到的第一个念头。至于造成他过失的原因是不是像他说的那样，我们并没有办法证明。可能是这样的，也可能不是。毕竟他或许还能给出更符合别人心理的答案。

显然，你们打心眼里瞧不起心理学。如果有人确定某一种物质里面一种成分的质量为若干分克，他由测得的这个质量得出一个结论。那么，你们认为如果有人提出那种物质还有其他质量，化学家就会因此而怀疑得出的这个结论吗？无论谁都明白，那物质只有那一个质量，绝不会再有其他的质量，因此，建立在这个数据基础上的结论也是毋庸置疑的。但是，一谈到关于心理的事情，一谈到一些人由于被质问而只会想到某个念头而不是别的念头，你们就不愿意相信，总觉得他或许还有其他念头。这其实都是你们自己心中愚妄的猜测所致。关于这一点，我可以很抱歉地告诉你们，我的见解与你们恰恰相反。

现在，你可能会用一个抗议打断我的话。你会说："我们了解到，精神分析中有一种特殊的方法，能够让被分析的人解答他自己的疑问。比如说那个'请大家打喷嚏以祝领导健康'的人吧。你说他之所以说错，是因为取笑领导的意向干扰了他，然而，这个意向显然是与礼貌的待客之道冲突的。这个意向只是你的说法，你是站在与语误无关的角度观察的。假如你询问那个说错话的人，他绝不会说他有侮辱领导的意思，恰恰相反，他会极力否认。为什么你得到他否认的回答之后，还坚持自己的解释呢？"

确实，你们这一次的反驳是强有力的。我可以想象那一位说错话的人，他或许是领导的助理，或许是新进讲师，或者是一个有志青年。我催问他是不是对自己的领导有不敬的意思，他非常恼怒，用不耐烦的语气说："够了！你的拷问已经够多了，如再多说，就别怪我不客气了。你的质疑足以破坏我一生的事业。我只不过是说了两次 auf，以致误把 anstossen 说成了 aufstossen，这是美琳哲所说的留置造成的，我绝没有恶意，你能明白吗？"哇！好大的反应，真是令人惊讶的强有力的反击！我知道，我们没有必要过于为难这个青年，但是我控制不了心中的揣测，他不承认他的语误有恶意，但是他的态度未免过于冲动了。他完全没有必要因为一个纯粹的理论而暴跳如雷，大发怒气，这一点你们应该认同吧，但是你们仍旧认为，他自己想要说什么，不想说什么，他心里总会是清楚明白的。

他确实清楚明白吗？这恐怕仍是一个值得怀疑的问题吧？

你可能认为你已经把我驳倒了。我听到你们说："这就是你的手段。出现语误的人给出的解释如果和你的观点一样，你就会说他们就是你观点的最终证人。连他们自己都这么说，当然没错。但是，如果他们给出的解释和你的观点相反，你又会说他所说的话不能作为证据，让大家不要相信。"

确实是这样。不过请允许我再举一个类似的例子。例如在法庭上，如果被起诉的人认罪了，法官就会相信他；如果被起诉的人不认罪，法官一般都是不信的。如果不是这样，恐怕法律实施的时候就会寸步难行。虽然这么做会造成一些错误的判断，但是你们也承认，这样的法律审判体系大体上是行得通的，运行还算顺利。

"好吧，但是难道说你是法官吗？出现了语误的人在你面前就相当于被起诉的人吗？语误难道算是犯罪吗？"

我们暂且不去驳斥这个比喻。现在看来，你们也会发现，我们在有关过失的问题上，意见是相互冲突的，并且我们没办法解决这些冲突。因此，我们暂且使用法官和罪犯的比喻，以此为基础来化解我们的分歧，过失的另一个意向如果被语误者承认，那就不需要怀疑了，这一点你们总该同意，而我，也承认假如语误者自己不肯说，也没有相关资料在我们面前，那么我们就没有办法直接获得我们怀疑的意向存在的证据。于是，我们不得不参照法律执行过程中侦查的手段，寻求其他可以支持我们的证据，其中的真相有时候能够查到，有时候没办法查到。在法庭审判的时候，有时候需要采用间接的证据，精神分析虽然没有这种必要，但是也可以运用这样的方法进行研究。假如你相信科学只包含已经被证明的理论，那你就大错特错了。其实你对科学提出这种要求就是不公平的。这种要求，只有那些权威欲极强，想要以科学教条代替宗教教条的人才会提出。其实能够作为科学教条的原则性理论，只有极少数是成立的。但是，真正追求科学的人，能够从这种近似的确定性中获得满足，进而追寻创造更多的成果。

那么，如果犯过失的人不想解释他们过失的意义，我们该怎样寻求证据，证明我们的解释呢？下面的种种现象就能够成为线索。首先，我们可以分析那些不是由过失产生，但相似的现象。例如，一个名词由于过失而产生的意义扭曲，和因故意而产生的意义扭曲相同，那么，其背后就带有取笑侮辱的意思。其次，造成过失的人的心理情况，他的品行以及他犯错之前的心理状况可以作为线索，事实上，过失很可能就是他们心理状况的外在反映。一般情况下，我们都可以根据这些一般的原则来求得过失背后的意义。这个方法在最初只算是一种揣测，一种暂时的解决方法，直到后来研究心理情境求得证据。有时候还必须等研究了过失进一步的表现之后，才能够证明我们的猜想是不是正确。

如果仅仅是在语误这个过失范围内，我们恐怕难以找到这些证据，不过在语误范围内，也是有一些很好的例证的。例如，那位声称要"送辱"陌生女士的年轻人，其实是很害羞的；而那位说自己丈夫只要食用自己选定的食品就可以的悍妇，其实非常精明，善于持家。或者再举一个例子吧。一个俱乐部开会，一个青年会员说话的时候肆无忌惮地攻击他人，他称委员会的成员为"Lenders of the Committee"（意思是委员会中的放债者），其实他应该说的是"members of the Committee"（意思是委员会中的委员）。根据我们的猜测，他以放债（lending）的意向攻击他人。事实上，有人告诉我，这个委员经常缺钱花，遇到了财务上的难题，正在向人借贷。干扰他说话的意向其实是他在暗示自己："我攻击他们的时候应该温和点，因为他们可能正是我要借钱的对象。"

只要是这种情况的过失，我都可以给出干扰意向来源的证据。

一个人如果记不起一个原本很熟悉的专业名词，绞尽脑汁也没有办法从自己的记忆中提取出来，那么，我们就可以猜测，他可能对这个专业名词的拥有者心存不满，如果牢记这一点，我们就可以探讨导致过失的心理情景了。

Y 先生恋上了某女士，但是这位女士对于 Y 先生却没有什么感觉。不久之后，她和 X 先生结婚了。Y 先生虽然早就认识 X 先生，两人还有生意上的来往，但是现在，Y 先生却常常忘记 X 先生的名字，甚至当他有时候需要给 X 先生写信的时候，还要通过询问别人才知道 X 先生的名字。显然，Y 先生想要完全忘记自己的这位幸运的情敌。"再也不想记得他了。"

又比如，某位女士向医生询问她的一位女性朋友的事情。她的这位女性朋友已经结婚了，但是她却忘了使用朋友结婚后的姓氏，而是用了朋友结婚前的姓氏。她自己也承认，自己很反对朋友的婚事，很讨厌朋友的丈夫。

关于专业名词遗忘的话题，我们以后再谈。现在，我们把主要的兴趣放在引起遗忘的心理情景上面。

我们遗忘了某个计划，可能是由于某种相反的情感，阻止了我们实施计划的决心。事实上，不仅是精神分析学家，一般人在计划日常事务的时候也同意这种观点，只是他们不愿意表露而已。如果一个施惠的人说自己遗忘了被施惠者的某个要求，并因此道歉，被施惠者也不会原谅，因为他们觉得："他显然没有把我的事情放在心上，虽然口头上答应了我，但是在心里从来没有当回事。"因此，即使在日常生活中，遗忘有时候也免不了会引起怨恨。由此可见，精神分析学家和一般人在对于过失概念的认识上，似乎没有什么差异。比如说一个人对他的恋人说自己将他们之前定好的约会忘记了，一定会招致愤怒。事实上，恋人们绝不会承认自己忘了约会，他们或许会在很短时间里捏造出很多荒诞的、让他错过约会但是又不能提前通知恋人的借口。我们都知道，在军队中，遗忘的借口一般都是不会被长官采信的，请求长官毫无用处，还是得受罚。大家都觉得这种措施非常合理。由此可见，人们都知道这种过失是有意向在起作用，而且知道是什么样的意向。但是，人们为什么不将这个关于遗忘的见解推广到其他过失中去呢？这个问题当然也是可以得到解答的。

假如遗忘计划是有意向左右的，正如上面我们所说的一般人非常相信的原因一样，那也能够解释为什么诗人会运用过失来表达一些特殊的含义。你们若看过或读过萧伯纳的《恺撒与凯莉欧培》，就会记得最后一幕恺撒在离场时，总是觉得自己忘记了一件需要做的事，因而惶惶不安；直到最后，他才想起，原来是忘了和凯莉欧培话别。作者想通过这个文学技巧表现恺撒以自我为中心的性格，他可能并没有想去做这件事。我们知道，在历史上，恺撒曾带凯莉欧培到罗马，他遇刺的时候，凯莉欧培和她的小孩子还住在罗马，直到后来才逃离罗马。

这种遗忘背后的意向太明显了，因此，这对于我们研究的目标没有多大帮助，我们想要研究的是心理情景对于寻找过失意向的指示作用。所以，现在就让我举一个非常复杂难解的过失来说明问题，那就是遗忘或者遗失物件的例子。遗失物件是一种令人沮丧的事情，所以你们不会愿意相信，遗失物件的人居然是有目的性的，然而这样的事例却很多。一个青年把他非常喜欢的笔弄丢了。在丢失之前几天，他曾接到他姐夫给他的一封信，这封信的结尾是这样的："现在，我可没有时间和精力去鼓励你的懒惰和散漫。"事实上，丢失的笔正是他姐夫送给他的礼物。如果没有之前这个巧合的事情，我们也不会想到，他遗失东西背后的意向其实是想要丢弃姐夫的礼物。类似这样的例子不胜枚举。一个人丢失了某件物品，可能是由于他跟赠送他这件物品的人吵架了，或者他喜新厌旧，想要换一个新的。他也可能会将这件物品丢掉或者损坏，这也可以达到他的目的。比如一个小孩，他在生日前一天弄丢了自己的东西，例如手表和书包，这能算是偶然出现的过失吗？

一个人如果因为丢失了某件东西而感到不安，那么，他一定不愿意相信自己是故意丢掉的。不过，我们也可以通过研究他丢失物品时候的情景，发现他想暂时或者永久遗弃这件物品的意思，下面这个事例或许就是绝佳的证明。

一个年轻人曾向我讲了这样一个故事，他说："几年前，我和我的妻子之间经常会发生误会。我觉得，她虽然非常优秀善良，但是对我太冷淡了。我们虽然住在一起，但是貌合神离，并没有什么感情。一天，她为了取悦我，散步回来的时候，送给我一本书。我感谢她的关怀，然后表示自己会把那本书读完，然后我把书放在杂物中间，想读的时候却怎么也找不到。过了几个月之后，我母亲生病了，因为母亲与我们离得比较远，我的妻子就搬过去照顾他。这样一来，我终于看到了我妻子善良贤惠的美德。一天晚上我回到家，满怀着对她的感激之情。我走到一个旧书桌前面，并没有特别的用意，拉开了抽屉。我觉得我一定能够看到那本怎么找也找不着的书，果然，当我拉开抽屉的时候，那本书就躺在里面。"

导致遗失的意向一旦消失，遗失的东西就能找回来了。

我还可以找出无数个类似这样的例子，但我觉得这是没必要的。我的《日常生活的心理分析》一书中介绍了很多这样的事例，你们可以从书里看到。这些事例都能够说明同一个事实。通过这些事例，你们就会发现，过失是有意的，你们还会知道怎样通过过失发生时候的情景推知其背后的真实意向。今天我并不想列举太多事例，因为我们的重点在于通过事例研究精神分析。现在，我还要再谈两个问题：（1）重复的和混合的过失；（2）我们关于过失的解释，能够被之后的事实证实。

重复的和混合的过失，确实是非常典型的关于过失的例子。如果我们想要证明过失背后还有意向，就应该以这些事例为代表，因为它们之所以发生，是有原因的，它们背后的意向非常明显。至于一种过失变为另一种过失的情况，我们就能够更容易地看出来其中最重要最本质的因素，这个因素不是过失的形式，也不是引起过失的原因，而是通过过失表现出来的"意向"。我们暂且还用遗忘作为案例。琼斯博士曾说，他有一次把一封写好的信遗忘在了办公桌上好多天，他甚至不知道为什么会这样。后来，他去投递这封信，但是又被退回来了，原因是他忘了填写收信人的姓名地址。填写了姓名地址之后，他再次到邮局，但是这次忘了贴邮票。他不能不承认，之所以发生这些，是因为他心里存在不愿意寄出这封信的意向。

另一个事例是误拿了别人的东西，想归还的时候却找不到了。一位女士和她的身为名画家的姐夫到罗马旅游。他们到了之后，在罗马的德国人不仅盛情款待了他们，还送了她姐夫一个古朴典雅的金质徽章。她的姐夫对这个精致的礼物并不是很感兴趣，这种不喜欢的态度让这位女士非常不满。后来，她的姐姐来到了罗马，于是她就回国了。回国之后打开行李的时候，她发现自己居然将姐夫的金质徽章误带回来了。她想不起来自己是怎么把它带回来的，马上给自己的姐夫写信，说自己一定会尽快将错拿的东西寄还回去。然而，第二天，她竟找不到那个金质徽章了，她想不起来自己把它放到哪里了，于是，也就不能还给姐夫了。于是，她发现心里根本就是想把金章据为己有，正因为这样，她才会如此大意，一再犯错。

现在，我已经向你们介绍了一个关于遗忘的过失的例子。你们应该还记得某人忘记约会的例子吧。第二天，他决定赴约，但是，他却又忘记了约定的时间。还有人给我讲过另一个非常相似的例子。这个人既喜欢文艺，又喜欢科学，这个例子也是他的亲身经历。他说："几年前，我应邀成为一个文学协会的评论员，我是想利用这个协会，让我的剧本能够公演。因此，我虽然对于这个协会不感兴趣，但还是在每个星期五准时到会。就在几个月前，我得到了一个确切的消息，那就是我的剧本能够公演。从那以后，我就总是会忘了去开会。读了你关于过失问题的著作，我深感自责，我觉得我太卑鄙了，我因为这些人帮不到我了，就不再去开会。为此，我不止一次提醒自己，一定要像以前那样准时开会。然而，当我走到了会场门外的时候，我惊呆了，会场大门紧闭。当天是星期六，我记错了开会的日子！"

还有更多这样的例子，但是我暂且还是不再列举了吧。我们不如再看一些解释尚未得到确认的例子。

我们或许可以猜测到这些事例的原因，但是其中的心理情景，我们难以知道，或者说难以证实，我们之前的解释并没有太大的说服力，只是一种猜测而已。但是，后来发生的事实，证明了我们的猜想。一次，我应邀去探望一对新婚夫妇，年轻的新娘给我讲了一件她最近经历的事情。她说她度蜜月回来之后的一天，跟她的姐姐一起去逛街，她的丈夫当时已经去上班了。她看到街对面站着一个男人，然后用手臂碰了碰她的姐姐，说："你快看，对面的那个，就是K先生！"这个人其实就是她新婚的丈夫，她居然忘记了这一点。听了这个故事后，我心里非常不安，但是我不敢多想。几年后，当这段婚姻惨淡收场的时候，我才又想起来这段小插曲。

梅德曾讲过一个故事，说的是一个女士忘记了在结婚前一天试穿婚纱，这件事令裁缝感到非常不安。直到深夜，她才想起来这件事。结婚后不久，她就被自己的丈夫抛弃了。我也知道一个故事，一个女人结婚之后，在一些收入或者支出的单据上签名的时候，仍旧使用自己未婚时候的名字，几年之后，她果然与丈夫离异，恢复了单身，以自己的姓名作为称呼。我还知道一些女人，她们会在度蜜月的时候丢失自己的结婚戒指，从她们婚后的遭遇，我们就可以知道她们丢失戒指背后的意向。现在，我们再来看一个结局稍好一点的奇怪事例。一个非常著名的德国化学家，他每到结婚的时候，就会忘记婚礼，总是会走向实验室而不是到教堂去，因此他没有结成婚。他后来变聪明了，再也不提结婚的事情了，一直到死，都没有结婚。

或许，你们觉得这些事例中的过失就像是以前人们说的预兆或者诅咒。预兆或者诅咒其实就是诸如失足跌倒一类的过失。不过，别的预兆是客观事件，并不是主观的意向；但是，想要确定某一事例的预兆是属于客观事件还是主观意向是很困难的，你们或许不相信，因为主动行为通常会被伪装成一个被动的事件。

现在，回忆以往的经历，我们会发现，如果我们把一些过失当作是预兆，发现心中潜在的意向，并且有足够的勇气和决心，我们就能够及时改善我们的人际关系，从而避免很多不必要的遗憾和痛苦。而事实上，因为害怕被人们讽刺为迷信，我们常常缺乏这样的勇气和决心。另外，预兆的事情有时候不会出现，事实上我们的学说也证实了，它们确实不一定都会应验。

第四讲·过失心理学（续完）

诸位，通过前面的努力，我们似乎可以确定，过失背后是存在意向的，此外，我们还可以以此为基础，进行更深一层的研究。不过，我必须强调一件事，我绝不会也不需要认定每一个过失背后都存在意向，虽然我心里相信这是可能的。我们只需要证明，很多不同类型的过失都有意向就行了。不同类型的过失，背后的意向形式也是不一样的。有一些比如语误、笔误等过失，可能仅仅是由于生理变化而产生的结果，但是，我不相信那些关于遗忘的过失（例如遗忘专业名词或者计划，或者遗失物品，放错位置等）也是由于生理变化而产生的。丢失属于自己的物品，有时候确实不是有意的。总之，我们的解释只适用于日常生活中的一部分过失。因此，我们必须记住上面说的这些限制条件，然后才能假定过失是由于两种意向的干扰产生的心理行为。

这就是精神分析的第一个结论。之前的心理学研究根本就不知道这种意向相互干扰的情形，也不知道这就是导致过失的原因之一。我们已经发现了之前的心理学没有承认的现象，将心理学的范围扩充了。

现在，我们暂且来研究一下过失是一种"心理行为"这个观点。这句话跟"过失是有意向的"是否具有相同的含义呢？我认为不是的。两者相差很大，前者很不确定，非常容易引起误会。无论是在什么时候，只要是在心理生活中能够观察到的事物，都能够被称为心理现象。但是，有一些心理现象不在心理学研究的范围内，比如一些直接由身体、器官或者物质变化引起的心理现象。还有一些心理现象确实是直接由一些心理历程引起的，但是其背后也有器官变化的作用。后者就是我们所说的心理行为，方便起见，我将这个理论总结为"过失是有意义的"。所谓的"意义"，指的就是过失背后的象征、意向、想法以及某一段心理历程。

另外，还有一种现象，虽然不能称为过失，但是和过失有着紧密的关联，我们可以把这种现象称为是"偶然的"症状性行为。这些症状性行为看上去好像没有动机，丝毫没有意义，另外，这些行为也缺乏实用性。首先，它们和过失不一样，因为其没有起干扰作用的另一种意向；另外，它们和表达情绪的动作姿态没有明显的差别。就像是人玩游戏的时候抖动身体、扯动衣服，或者摆弄身边的小物件等这类没有明显目的的动作，都能够称为是症状性行为。此外，遗忘这一类动作或者是遗忘自己平时低哼的曲调，也属于这一类行为。在我看来，这些动作和过失一样，都是有其用意的，都能够作出解释，他们都暗示着一些重要的心理历程，可以视为真实的心理动作，不过我不想再讨论这些行为了，我要回过头来讨论过失，因为关于过失的研究，对于精神分析研究有着莫大的帮助。

我们在研究过失的时候，面对的最为有趣也尚未解决的问题有两个。过失是两种不同意向相互干扰的结果，一种意向是被干扰的意向，另一种意向是干扰的意向，这是毫无疑问的。被干扰的意向没有什么值得讨论的。而关于干扰的意向，我们首先需要弄清其具体是什么样的干扰意向；另外，干扰的意向和被干扰的意向之间究竟存在什么样的联系。

请允许我以语误为代表先回答第二个问题，然后再回答第一个问题。

发生语误的时候，干扰的意向可以是与被干扰意向相反的，前者是后者的反面、更正或者是补充说明。但是在很多难以明晰的有趣的事例中，干扰的意向往往和被干扰意向没有什么实际意义上的关系。

这两种关系的第一种，在我们之前研究的事例中不难发现证据。在多数说了反话的语误中，干扰意向的意义和被干扰意向的意义大都是相反的，所以说这些语误是两种相反意义的意向相互干扰的结果。比如说那个议长的发言，意义其实是："我宣布会议开始，但我宁愿现在就散会。"曾有一份政治性质的报纸被读者批评，批评者说其过于腐化，于是，该报社发表了一篇文章辩驳，文章结尾的时候，笔者想说："诸位读者应该知道，本报一向是以最不自私的态度（disinterested）为大众谋取利益的。"谁知，受命编辑这篇文章的编者将"最不自私的态度"误编为"最自私的态度"（in the most interested manner）。也就是说，编者的实际想法是："我受命撰写这篇文章，但是我知道其中真实详细的内幕。"又比如，某民意代表主张民众有意见可以向皇帝直言提出，但是，由于恐惧心理的干扰，他出现了语误，将直言改为了婉言。

我们在前面列举的例子当中，缩略式的语误也含有更正或者补充说明的意思，其中的第二种意向与第一种意向同时出现在了语句中。例如："这件事被发现了，恕我直言，这件事非常之龌龊"就说成了"这件事发龊了"；"了解这件事的人屈指可数，事实上，只有一个人了解"说成了"了解这件事的人一指可数"。又比如"我的丈夫应该吃他喜欢吃的食物，但是，我可不会允许他想吃什么就吃什么"结果说成了"我的丈夫只能吃我喜欢吃的食物"。在这些事例中，过失的源头就是干扰意向，或者说与干扰意向有着直接的联系。

两种相互干扰的意向的其他关系似乎很奇怪。如果干扰意向与被干扰意向之间没有任何联系，那么，干扰意向是怎么产生，又是怎样在特定的时间表现出来的呢？我们需要通过观察，才能够回答这个问题。而通过观察，我们就能够明白，干扰意向是由说话者发生语误之前的一系列想法（a train of thought）表现出来的结果。至于这些思绪是不是通过语言表达出来也就不重要了。这可以看作是造成"留置"的一种非必要的条件。干扰意向和被干扰意向之间存在着某种联系，不过这种联系通过说话内容往往难以发现，可能是人为或者被迫形成的。

这里有一个我亲自观察的例子。我曾经在美丽的多罗密山中偶然遇到过两个来自维也纳的女士。我遇到她们的时候，她们正准备到外面散步，我就和她们共同走了一段路。路上，我们聊到了旅行生活的快乐和劳累。其中一位女士表示，这种旅行生活让她感到很不舒适："整天在太阳下走路，外衣、衬衫……都被汗浸湿了，真是令人感到很不愉快。"从这句话中可以看出，她在某个词语中迟疑了一下，她接着说，"假如我们的内裤（nach Hose）可以更换的话……"其实这位女士本来想说的是在家里（nach Hause）可以更换。不需要仔细分析大家也能够明白这个语误背后的意思。这位女士是想到了她所有衣物都浸湿了，比如说"外衣、衬衫、内裤"等，但是，为了顾全礼仪她不能直白地说出内裤；然而到了意思独立的第二句话的时候，她关于家里的发音发生了扭曲，演变成了"内裤"。

现在，我们总算可以将话题引到被搁置许久的主要问题上了，那就是不经意间表现出来的干扰意向都有哪些呢？干扰意向有很多种类，我们的目标是发现它们之中共通的部分。通过对前面那些事例的研究，我们能够将干扰意向分为三个类型。第一类，说话者在发生错误之前就知道他心里的干扰意向。例如"发龊"，说话者不仅承认自己觉得这件事非常龌龊，也觉得自己有必要把这个意思表达出来，只是他在说话的时候试图加以制止，以致出现了语误。第二类是说话者承认自己心里有干扰意向，但是不知道这个干扰意向在自己出现语误的时候发挥了作用。因此，他们虽然能够接受我们关于语误的解释，但仍会觉得非常诧异。相对于语误，这个类型在其他过失中更加普遍。第三类，说话者对于自己心里存在的干扰意向的解释非常抵触，他们会驳斥这种观点。他们不仅否认干扰意向在自己说话的时候发挥了作用，甚至根本不承认干扰意向的存在。例如关于"打喷嚏"的事例，我们指出说话者的干扰意向，但他却极力辩驳。对于这些例子，你我所持的态度有很大的差别。你们或许会被他们恳切的态度打动，不得不劝我放弃自己的解释，然后运用精神分析之前的理论解释这些事例，认为过失是由于生理问题造成的。我是不会相信说话者的辩驳的，我坚持自己的解释。我可以想象到，你们会对此感到惊讶。我的解释包括以下假定：说话者自己没有察觉的意向能够通过他的语误表现出来，我们可以通过观察发现其中的干扰意向。你们可能会感到迟疑和不敢相信，因为这个结论非常新奇，很不确切。想要坚持我所说的理论，这个问题大家必须弄清楚。

现在，让我们把语误 3 个类型中互通的成分和逻辑分离出来。非常幸运，它们互通的成分很好找。在前两类中，说话者都是承认其内心干扰意向的；在第一类中，说话者在发生语误之前，就已经察觉干扰意向。但是这两种情况中，说话者都是想要收回掩藏他们的干扰意向，然而他们说错了话，不得不将这种意向表露出来。换句话说，说话者心里不被允许表达的干扰意向反抗了说话者的意愿，改变了被允许表达的意向，或是与之混淆，或是替代了被干扰意向，这就是造成语误的机制。

在我看来，这种机制也能够完美解释出第三类语误。只需要假定，这三类语误之间的区别在于说话者对于干扰意向的控制程度不同。第一类中，干扰意向在说话之前就已经有所活动，说话者要说话的时候，才控制干扰意向，因为被控制，干扰意向就通过语误的方式得到了补充表达。在第二类中，说话者对于干扰意向的控制更加靠前，在说话之前，干扰意向已经不见了。然而令人奇怪的是，即使不复存在，干扰意向仍旧能够成为导致语误的主要因素。这两种情况使得我们对于第三种语误的解释变得更加简单。我可以大胆断定，一种意向即使隐藏了很久不被允许表达（这也是说话者极力否认干扰意向存在的原因），但是仍然可以以语误的方式显露出来。暂且不说第三种情况，就前两种语误而言，你们就不得不承认这个结论：对于话语背后干扰意向的控制和压抑，是造成语误的必不可少的因素。

现在，我们对于过失的理解已经取得了很大的进步。我们不仅明白过失的背后是存在有目的的心理历程的，也知道了过失是由两种不同的意向相互干扰造成的。另外，我们还知道，如果一种意向要干扰另一种意向，从而得到表达，就必须先要受到一些抗拒和控制。简单地说，干扰意向必须先受到抑制，才能够干扰其他意向。关于过失的现象，这个解释当然不能让我们觉得完美无缺。我们马上就能够从中发现更深层次的问题，事实上，一般我们了解得越多、越深，发现其他问题的机会也就更多。例如有人可能会问，为什么事情不是以比我们的假定更加简单的方式发生呢？比如心里想要表达一种意向，要想控制另一种意向不表露出来，如果真的能够控制，就可以丝毫不露痕迹；如果没有控制住，被控制的意向就会完全充分地表达出来。然而，过失是一种保守调节。两种不同的意向，在过失中各有一部分成功体现，另一部分失败。被抑制的意向不会被完全禁止，但也不能够毫不保留地体现出来。我们可以推测，这种保守的调节机制，必然是需要种种特殊条件，虽然我们还不知道这些条件究竟是什么。我也不认为我们通过更深入的研究能够发现这些特殊条件。事实上，我们必须首先对其他各种更加玄妙的心理活动做更透彻的研究，才能够得出更多的类比，也才能有勇气证明我们之前做出的种种假定。另外，像我们在这个领域常做的那样，通过对微小现象的研究而得出结论，也具有一定的危险性。有一种叫做混合妄想症的疾病，就是通过一些细小的暗示和现象进行无限制的推论猜测。因此，我不保证我们得出的结论完全没有错误。我们只有扩大研究领域，从生活中各种各样的心理现象中收集相似的事实和经验，才能够尽可能避免错误。

所以，我们不再谈论关于过失的问题了。不过有一个问题需要注意：你们一定要记住，将我们研究过失的方法当作模板，你们就能够明白心理学研究的方向。我们研究心理学的目的并不只是描述、分类心理现象，我们还认为这些现象是人们心里两种不同意向的表示，两种意向在朝向目的的过程中相互作用、相互干扰，进而产生了这些现象。我们从心理现象中能够得出一种动态的解释（a dynamic conception），根据这种解释推论的现象比我们看到的现象更加重要。所以，我们不再深入讨论过失了。但是，我们还要做一些观察，在进行观察的时候，我们会发现一些事实是我们熟悉的，还有一些则是陌生而新鲜的。现在我们还可以将过失大致分为三类：（1）语误及笔误、读误、听误等；（2）遗忘（如忘记专业名词、外国文字、决定以及印象等）；（3）误放、错拿及遗落物品等。总之，我们所研究的过失有的属于遗忘，还有的是动作的错误。

关于语误，我们之前已经详细讨论过，但现在需要再提一下。生活中，有一些小错误带有情感并且非常有趣，这些小错误也和语误有关。人们有时候即使说错了，也好像没有察觉一样，他们不愿意承认自己说错了；但是，对于别人的错话，人们往往记得非常清楚。此外，语误可以传染。当然，如果一个人没有语误的体验，他也就很难探究语误。我们能够轻易发现语误背后的动机，即使语误非常细小繁杂，不过其中隐含的心理历程就难以探知了。例如某个人读某音节的时候非常不自然，总是会将长音读为短音，那么，不管其错误原因是怎样的，他都会马上用一个新的语误来掩饰自己的错误，他会将随后一个音节的短音变为长音。又比如某人的音节发音出现失误，他也做出了相同的举动，他将双音节"ew"或者"oy"等误读为"i"。然后，他就会将后面的"i"读为"ew"或者"oy"。他这样做，背后的意思就是为了避免让听者认为他对于本国语言的发音有习惯性的错误。第二次的误读，其实是想要让听者注意到他第一次的误读，表明自己已经知道了刚才的错误。将语句减缩或者字词前移表达出来，是最常见也是最不重要的一种简单的语误。比如长句出现语误，一定是因为最后一个字影响到了前一个字的发音造成的。人们从中可以知道说话者对于这句话有顾忌，不愿意清晰地说出来让人听到。再讨论的时候，我们也遇到了一些临界线上的例子，精神分析中的语误的解释和一般的关于过失的生理解释，也在这里会合。如果假定这些例子中，干扰的意向抗拒、抑制原本要说的话语，那么我们仅仅能够知道这些干扰意向是存在的，但是不能明白它们的目的是什么。无论是由于语音还是联想引起的干扰意向，它们引起的干扰都是由于促使注意力离开要说的话而造成的。然而，这些语误的要点却不是注意力的分散，也不是联想，而是由于干扰意向牵制了原来要说的意向，在别的比较重要的语误的例子中，我们就能够发现这一点。

现在，我们要来讨论一下笔误了。笔误和语误一样，因此我们不必期望会有新的发现，只要能够得到一些关于过失的小知识，我们或许就应该满足了。最普遍简单的笔误，就像是将后面一个字，尤其是最后一个字提前书写，这就显示出写字者不喜欢写字或缺乏耐性；而更明显的笔误就可以显示出牵制书写者的意向。一般说来，我们如果在信件中看到笔误，便可推测写信者写信的时候内心并不宁静，至于为什么不平静，我们就不得而知了。笔误和语误相同，犯错者自己都不容易察觉。下面这一现象是值得注意的，有些人在写信之后，会习惯性地重读一次，有些人则不会这么做。假使后者偶然地重读一次他们所写的信，他们便常常会看见明显的笔误而加以更正。这该如何解释呢？表面上看，他们似乎知道自己写信写错了字。确实是这样的吗？

关于笔误的实际意义，这里有一个有趣的问题。你们或许还记得杀人犯 H 的事。他冒充细菌专家潜入到了研究所中，之后，他获得危险病菌并用这种非常现代化的方式杀害与他有关的人。有一次他指责研究所内的其他专家，说他们提供的培养菌效力不够，但是，他写错了字。他本来应该写"我在试验老鼠和天竺鼠（Mäusen und Meer Schweinchen）的时候"，居然笔误，写成了"我在试验人类（Menschen）的时候"。研究所内的其他研究人员虽然注意到了这个笔误，但是他们并没有据此推断出 H 的犯罪事实。

现在诸位怎么认为呢？如果那些研究员能够把这个笔误当作是口供，加以追查，就能够及时制止杀人犯犯罪，这岂不是更好吗？由此可知，之前我们由于不了解过失理论，造成了很大的疏忽，导致了严重的后果，换作是我，就会对这个笔误产生极大的怀疑。但是，要说它是非常重要的口供，还是会引起很大的争议，因为问题并不是这么简单。笔误只能作为一种暗示，单单是暗示，尚不足以构成侦查证据。通过笔误，我们可以看出这个人有加害别人的意图，但是这不足以证明他的意图已经转变成了具体的杀人计划，或许这只是他毫无根据的一些幻想而已。发生笔误的人甚至可以说出非常强大的主观理由，否认杀人幻想的存在，驳斥我们的推测。在后面的讨论中，我们区分心理的现实（psychical realiy）和物质的现实（material realiy）的时候，你们就能够进一步了解这种可能性。这是表示过失在后来能够出现令人意外的结果的事例。

读误显示的心理情景和语误或者笔误显然是大不相同的。读误中两个相互干扰的意向之一是感官的刺激，因此很不稳定，具有偶然性。一个人阅读材料的时候和自己书写是不一样的，因为这不是由自己内心产生的。因此，在多数例子中，读误都是完全替代。需要读出的字被另一个不同的字取代，两个字在内容上不需要任何关系，可能往往是形似而已。莱登堡所列举的"Agamemnon"代替"Angenommen"的例子可算是读误的绝佳事例。

要想发现引起读误的干扰意向，你可以撇开原文，运用下面两个问题作为研究的基点：（1）通过对错误的结果进行联想，它（代替的字）让你产生的第一个念头是什么？（2）在哪种情况下，读误会发生呢？后一个问题的答案很多时候都足以解释读误的原因，比如一个人在一个陌生的城市游玩，他内急的时候，看到了一个"Closethaus"（便所）的牌子挂在某建筑的二楼，他很纳闷为什么这样的牌子会挂那么高，后来才察觉这个词其实是"Corsethaus"，只是一个店名而已。其他事例中，原文和读误如果在内容上没有关系，那就需要有精神分析的技巧和实际训练，并坚持信念，才能够彻底分析清楚。然而，想要解释读误，通常都没有这么困难。比如"阿伽门农"的例子，由替代的字，我们就可以很轻易得知其背后的干扰意向。又比如这次世界大战中，我们会经常听到一些城市、将领的名字或者一些军事名词，以至于后来我们看到相似的字，就往往会误读为这些城市、将领的名字或者军事名词。这就是因为我们内心的意向代替了眼前的没有引起我们兴趣的事物。思想中的影响蒙蔽了我们新的感触。

有时候文章本身也会引起干扰意向，导致误读，将原文读成相反的字。比如有人不得不按要求读一份文件，我们经过分析证明，他的每一个读误都是由于心里的厌烦所致。

前面所说的比较常见的读误中，关于形成过失机制的两个要素表现得并不明显，这两种要素就是两种意向之间的干扰和冲突以及一种意向被压制而产生的补偿作用。在读误中，阅读者之前并没有与文字相抵触的经历，但是和错误相关的意向干扰比受到的抑制要明显。至于遗忘，我们通过不同的过失情景，就能够清楚地观察到引起过失的两大因素。

关于决心的遗忘，正如我们所知，只有一种被一般人也承认的解释。干扰决心的意向，通常是一种反对的意向，是一种很不情愿的情感。关于这个，我们知道这个反对的意向是显而易见的，因此只需要研究为什么它不以另一种更直接的方式表现出来。有时候，我们也能够推测出这个意向不得不隐藏的原因。要知道，如果明确表示出来，可能就会受到指责；如果以过失为借口，可能就会更轻易地达到目的。

如果一个人下决心之后，他的心理在实施之前发生了变化，认为没有实施的必要并将决心遗忘，那就不再属于过失了。这种情况下，遗忘不值得我们注意，因为我们知道这决心早已打消了，记忆已经没有什么意义了。只有在决心没有被打消的情况下，遗忘决心才算是一种过失。

忘记实施决心的例子总是千篇一律，难以引起我们的研究兴趣。然而对这种过失的研究却可以让我们增进两点认知。我们已经知道，遗忘决心之前，心里一定是先产生了一种抗拒的意向。确实是这样，根据我们的研究，这"相反意向"可以分为两类，一类是直接的，一类是间接的。什么是直接的相反意向呢？我们最好用一两个事例说明，例如施惠者不肯帮助被施惠者向第三者美言，或许是因为施惠者对于被施惠者没有好感，所以不愿意帮他说话，这自然是被施惠者对施惠者的遗忘进行的解释。

然而，事情可能并非这么简单。施惠者之所以不愿意帮助被施惠者开口，或许是另有隐情。也许原因与被施惠者根本没有关系，只是施惠者不愿意向第三者开口罢了。由此你们就又可以明白，实际生活中，我们的理论解释是不能滥用的。被施惠者虽然对过失做出了还算圆满的解释，但是也免不得会有怀疑冤枉施惠者的危险意向。又比如说一个人忘记了他原本准备前往的约会，那么，最简单的意向莫过于是他不愿意和约会对象见面。然而，经过分析可能会发现，干扰意向与约会对象并没有什么关系，而是约会地点的缘故：约会地点能够引起他的痛苦回忆，因此他刻意避开了。再如忘记寄信或者付邮资，干扰的意向或许和信的内容有关，或许和信件本身没有关系，信件之所以被搁置遗忘，成为相反意向，或许只是因为这封信使寄信者想起来过去的一封引起他反感的信。可以说，是过去的那一封让人厌恶的信，使得现在这封本来没有什么妨碍的信也成为了被厌恶的目标。所以说，即使很有根据的理论，我们在应用的时候也应该非常谨慎，因为在心理学上相等的事件，在实际中也能够具备不同的意义。这样的事实或许会让你们感到惊讶，你们也许觉得，即使"间接"的相反意向也足以证明这样的行为是病态的。那么我可以告诉你们，即使在正常的、健康的范围内，这种行为也是常见的。最关键的是，你们不要误解我。我承认这个理论解释的不确定性，不意味着我后悔了。我曾说关于决心实践的遗忘可能有很多意义，但这只是对那些未经分析的、我们只是根据一般的原则进行了推测的例子而言。假如过失者已经经过了分析，那么我们就可以确定他的干扰意向的来源了。

　　下面来说第二类：如果多数事例都能够证实我们的理论，遗忘决心是由于相反意向的干扰，那么即使被分析者极力否认，我们也应该坚持我们的见解。试想一下最普遍的遗忘，比如忘了还书或忘了还债。我敢说，忘了还书或者还债的人，一定有不愿意归还的意思，即使他们极力否认，他们也难以对自己的行为做出其他解释。所以说，他们心里有这样的意向，只是没有察觉而已。即使他一再表示自己只是疏忽，我们只需要通过遗忘的结果看出他的意向就行了。你们会发现，这个情景我们在之前也遇到过。关于过失的解释，已经得到了很多事例的证明，现在我们若要对其进行理论的引申，就需要假定人们有很多不被自己察觉的意向，这些意向能够引出重要的结果。不过，我们的这个见解不免与传统心理学以及人们的生活经验冲突。忘记专有名词、外国人名及外国文字等，也同样是由于和这些名词直接或间接相反的意向所致。我已经举了几个例子说明这种直接的干扰了。至于间接的原因，只要进行细心的分析，也非常常见。比如在这次大战期间，我们被迫远离原来的娱乐场或者观光胜地，于是，我们关于一些专有名词的记忆，就会被一些不相关的失误影响。近来我曾记不起比森兹（Bisenz）镇；据分析，我并不厌恶这个镇，只是因为我曾在奥卫特的比森支（Palazzo Bisenzi）度过了一些快乐时光，而"Bisenz"和"Bisenzi"发音相似，于是我就被影响进而遗忘了。通过遗忘这个名称的意向，我们第一次遇到了一个原则，这个原则后来在精神官能症症候的产生上占很重要的地位，简单来说，就是回忆和痛苦情感有关的事物，我们就会感到痛苦，因此记忆方面就是抵抗对这种事物的回忆。为了让心灵远离痛苦，我们就会忘记名词及出现遗漏和错误等其他多种过失。

然而，关于名词的遗忘不一定是由于避免痛苦造成的，这似乎很符合心理生理学上的解释。一个人如果有忘记名词的习惯，那么根据分析，他遗忘的原因可能不仅仅是厌恶名词或者名词引起了他不愉快的回忆，而是因为这些名词属于某个更亲密的联想体系，不会和其他事物构成联想。我们有时候为了记忆名词，会故意联想其他事物，这反而会促进遗忘。你们如果知道记忆系统的组织，就一定会对这一点感到奇怪。人们使用的专有名词对不同的人有不同的价值，因此可以作为明显的例子。比如你们之中，有的人对获奥多（Theodore）这个名字丝毫没有感觉，但是有的人却会联想到自己的父母、兄弟、朋友或者自己，因为这就是他们的或者你自己的名字。通过分析你就会知道，前者不会忘记叫那个名字的客人，而后者则可能会因为这个名字应该作为亲友的名字，因而愤恨这个名字的客人。我们现在假定这个由联想而产生的干扰和痛苦原则以及间接影响机制作用相符合，那么就可以知道，名词的暂时遗忘的原因是很复杂的。不过我们只要对事实进行充分的分析，是能够完全了解这个复杂的原因的。

相对于名词的遗忘，印象和经验的遗忘就更明显地表现出一种回避不愉快回忆的意向。这当然是不属于过失的，因为按照一般经验，只有让我们觉得非常诧异的现象才是过失。比如忘记最近的事情或者重要的印象，或者是原本清晰的事件中的某一段，这才是过失。我们究竟是为什么遗忘或者如何遗忘的，尤其是遗忘那些印象深刻的如孩提时代的事件，不过这是另外一个问题了。现在我们讨论的问题是由于不愿意联想起痛苦回忆所致，当然，这个原因并不足以解释所有现象。有一点是毫无疑问的，那就是人们容易遗忘让自己不快的事情。很多心理学家都注意到了这个问题。伟大的达尔文就非常明白这个道理，因此，每当遇到跟他的学说不一样的、冲突的理论，他都会郑重地记下来，防止自己遗忘掉，这个习惯成了他的行为准则。

如果第一次听到以遗忘来回避痛苦回忆的理论，你们一定会提出不同意见，因为按照你们的生活经验，事实恰好是相反的，越是痛苦的回忆越难遗忘，因为诸如悲伤的或者羞辱的回忆会不受控制，不断折磨我们的内心。确实是这样，但是这样的反对意见理由并不充分。要知道，我们的内心本就是不同意向相互竞争的战场，用非动态理论表达，就是内心是由不同的意向组成的。证明了一个意向存在，并不意味着与之相反的意向就不存在，两者是可以共存的。那么这些相反的意向之间是什么样的关系，能够产生什么样的结果呢？这是一个重要的问题。

丢失或者错放物件不仅有很多意义，其背后还有借机表现出来的意向，所以讨论起来很有趣。这些例子的共同点是都具有遗失的意向，不同点是这种意向产生的原因和导致的结果。一个人丢失了物件，或许是这个物件已经破损；或许是想要借机换新的；或许是失去了对物件的喜爱；或许物件是某人所赠，现在他和那人发生了矛盾；或许是此物在某情境下获得，现在他已经不想再记起那个场景。破坏物件与丢失是同样的道理，都可以表示相同的意向。据说在社会生活中，私生子或者不受欢迎的小孩子一般身体都比其他小孩孱弱。这个结果不能证明抚养他们的人采用了丑恶的方法，但疏于关爱是很明显的。物件保管的好坏，与抚养小孩是一样的道理。

有时候一件物品即使没有失去价值，也会被丢失，例如我们会不自觉地想牺牲掉一件物品来避免更大的损失。根据研究发现，这种消灾祛祸的办法现在还很常见，这样的损失是人们主动造成的。遗失有时还可以用来发泄或者惩罚自己。总之，遗失物件背后隐藏的深层的原因不胜枚举。

和其他过失非常相似，错拿物品或者是做错动作常常是为了补偿一个应该被制止的意向，这个意向转变成为偶然的动作。就像我的一个朋友，由于很不情愿下乡，因此他在下乡路上换乘车辆的时候上错了车，踏上了回城的列车。又比如说我们旅行的时候想要在某处停留，但由于和别人在别处有约，我们难以达到目的；不过后来我们误了时间，或者下错了车站，于是，留滞的愿望也就实现了。或者像我以前的一个病人，我不让他给他心爱的女人打电话。他在想要给我打电话的时候，却"失误"了，由于"疏忽"，拨错了号码，打给了她。下面是一个工程师的叙述，很能够说明弄坏物品或者做出错误动作所隐含的意义。

"不久之前，我和几个同事在一个中学的实验室里做弹力实验。这项工作是我们自发进行的，但是耗时超出了我们的预期。一天，我和一个朋友 F 一同进入实验室，他向我表示他家里很忙，实在是不愿意耗费大量的时间在这个实验上面。我很同情他，于是借助一周前的事件打趣他说：'我希望这个机器再损坏一次，这样我们就能提前结束工作回家了。' F 的工作是管理压缩机的气门，也就是说，他必须很小心地打开气门，让加速器中的液压缓缓释放到水压机的圆柱体中。负责实验的人当时站在水压计旁边，等到压力适中的时候，负责人大声喊：'停止！'听到这个命令之后，F 仍然用力将气门向左转（关阀门必须向右转，这是毫无疑问的）。就这样，加速器中的压力全部灌进了压缩机中，连接管超负荷爆裂。这个意外并没有什么大的危险，但是我们不得不停止实验回家。一段时间之后，我们谈到这件事，我的朋友 F 已经忘了我那天说的话，而我还记得很清楚，只字不落，这确实很能说明问题。"

记住这一点之后，你们就会明白佣人们失手打破器物也往往不是偶然事件。

与此同时，你们或许会有疑问：一个人做出伤害自己的动作，或者将自己置于险境，难道也不是偶然的吗？这个问题，你们如果有机会，也可以仔细加以分析研究。

关于过失，可说的远远不止这些，我们还有很多问题需要研究。但如果你们听了我的演讲之后，已经稍稍改变了自己原来的观念，开始试着接受我的论点，我就感到很满足了。仅仅依靠对于过失的讨论，我们无法证明所有的原则，因此还有一些问题无法解决。研究过失之所以意义重大，是因为过失很普遍，能够被大家察觉，而且和一些疾病有关系。结束之前，我想再提出一个问题："通过这么多的事例来看，假设人们对于过失的意义有了很深刻的了解，并且他们的行为也表示了他们似乎了解过失的意义，既然这样，他们为什么还普遍认为过失是出于偶然，是无意义的现象，他们为什么还强烈抵触精神分析理论呢？"

不错，这个问题直截了当，我们需要对此给出解释。但是，与其现在向你们解答，我宁愿你们在领会种种理论之后，能够自己寻求结果，而不是借助我的解释。

第二篇

梦

在精神分析学看来，所有的梦都有性的意义，性是梦
的基础和来源，梦是性的象征和比拟，甚至于性欲的
刺激会因为梦而得到满足。这也是梦的解析的理论
基础。

第五讲·初步研究和困难

诸位！以前有人曾发现某种患有精神官能症的病人的症候是有意义的，这
个发现也就成为了精神分析治疗的基础。同样的道理，我们猜测梦也有意义，
因为在精神分析治疗中，病人谈到症状的时候经常会提到他们的梦。

不过我们现在需要把顺序倒过来，不去探究这个发现的历史，而是讨论梦
的意义，为精神官能症研究做准备。梦的研究不仅是研究精神官能症的准备工
作，其本身也是一种精神官能症症候，这就是我们将研究顺序颠倒过来的充分
理由。另外，健康正常的人也做梦，这为我们的研究提供了便利。事实上，即
使每个人都健康，只是做梦，我们也能够从他们的梦里得到研究精神官能症经
常需要的一切知识。

所以，梦就成了精神分析学的研究对象。梦和过失有几个相同点，它们都
是经常发生，容易被人们忽视，因为它显得没有实际意义，同时也是正常人都
会发生的现象。有的人会说，虽然还有一些事实比过失更重要，但是研究过失
我们还是得到了一些东西。至于梦的研究，不仅毫无用处，还不会有丝毫收获，
甚至说，这种研究是可耻的，因为它不科学，有让人迷失于玄秘主义的倾向。

况且，在精神病理学和精神医学中，很多重要问题，诸如肿瘤、出血、慢性发炎等，病理都可以通过显微镜观察到。难道一个医生值得分心去研究梦吗？不，梦实在是太过琐碎，太没有价值，不能够成为科学研究的对象。另外，我们也没有办法去精确地研究梦，在梦的研究中，我们的研究对象根本是不确定的。比如妄想症，它的症状还是比较确定的。病人或许会说："我是中国皇帝！"而梦是什么样的呢？多数梦都是无法被清晰描述的。我们在复述自己梦境的时候，能够保证叙述得正确和完整吗？绝对没有删改吗？或者说不会因为记不清楚而随意增补吗？事实上，多数的梦都会被忘记，只留存一些片段，这样不确定的材料，能成为一个科学的精神治疗的方法的研究材料吗？

任何夸大其词的批评都是值得我们质疑的。对于梦作为科学研究对象的否认太过极端了。我们研究过失的时候，就有人觉得它太琐碎，我们则以"以小见大"的观点解释。你说梦太模糊了，但这就是梦的特色，某事物的特色是我们没办法支配的。更何况，也有一些梦是清楚明白的。在精神医学的研究中，还有其他一些对象和梦一样不清晰，但却有一些很有名望地位的精神科医生参与研究，比如说强迫症。我还记得我曾治疗过的一个病例。病人是一个妇人，她这样描述她的病症："我总是有一种感觉，我伤害了，或者是想要伤害一些生物，或许是一个小孩子，不，不，是一条小狗。我好像把它从桥上推了下去，大致就是这样的情况吧。"至于说梦不容易确切地回忆起来，这种缺陷是可以弥补的，你只需要将做梦者所确定的内容当作是梦，忽略掉他复述的时候忘记或者改编的内容就行了。总之，我们绝不能这么轻易地把做梦当作是无足轻重的事情。由自身生活经验我们就可以知道，梦所遗留的情绪会停留一整天，一直不变地跟随我们。并且根据医生的观察，精神错乱的人一般都是从梦开始的，梦境会让他们陷入妄想之中，不能自拔。另外，一些历史人物也曾因为做梦而产生了建功立业的冲动。因此我们不禁会有疑问：科学家们到底是因为什么轻视梦呢？在我看来，这是对古代过于重视梦境的一种抗拒。大家都知道，重现古代的事实是很不容易的，但在这里我可以确定（请允许我说句笑话），3000年前或者更早的时候，我们的祖先就已经像我们一样做梦了。

就我们所知道的，古人大都相信梦有着很重要的意义和现实价值；他们会通过梦境来寻找预兆，然后按照梦的指示行事。古希腊和一些东方民族打仗的时候，通常都会带上一个释梦者，就像今天打仗一定会通过空中侦察探测敌情一样。亚历山大大帝有一次攻城，久攻不下，他想要放弃。一天晚上，他梦到了一个半人半羊的神在热烈地跳舞，他将这个梦告诉了释梦者，释梦者解释说这就是破城取胜的预兆。于是，亚历山大命令继续攻城，最终用暴力实现了愿望。

虽然欧世斯坎[1]人和罗马人都有他们的预知未来的办法，但是在希腊罗马全盛的时候，解梦是当时比较受推崇的办法。关于释梦的文献，流传于后世的是达尔迪斯的哈德弥多的论说，他是哈德林大帝[2]时代的人。至于后世的解梦技术是怎样退化，以及解梦术是怎么被后人忽视的，我就不是很了解了。在黑暗的中世纪时代，即使比解梦术更加荒诞的事物都被保存了下来，那么，随着学术进步，解梦术也必然不会退步。但是，无论怎么说，世人对于梦的兴趣减退，将解梦当作是迷信都是一个事实，解梦术只是被那些没有受到什么教育的人保留了。一直到现在，解梦术的境况越来越差，以至于沦落为通过梦里出现的数字猜测彩票中奖号码。现在一些精确的科学，虽然也研究梦，但是，仅仅是将其作为阐释生理学的一种途径。确实，一些医生认为，梦只是一些生理刺激表现在了心理上，而不是一种心理现象。1876 年，宾慈曾这样阐释梦："梦是一种没有意义的、病态的生理现象，生理现象和灵魂不朽等概念存在非常大的区别，完全没有任何关系。"莫里认为梦就像是一个舞蹈狂人的痉挛舞动一样，和正常人的协同运动相对。古人也曾这样比喻梦："就像是一个对音乐一窍不通的人，在钢琴上面十指乱弹。"他们认为这样产生的音乐和梦的内容有相似的性质。

所谓解释，其实是发现事物背后隐藏的意义。但是前人解梦，从来都没有研究梦背后的意义。比如翁德、约铎等近代哲学家，他们在解释梦的时候仅仅是列举了梦中和醒时思想的不同；另外他们还强调了梦中联想连贯性的缺乏、

1　欧世斯坎（Etruscans），意大利古城。

2　哈德林大帝，罗马皇帝，公元 117–138 年在位。

批判能力的停止、知识技能的消失以及其他身体机能的减弱等。精确科学只提供给我们一个有价值的结论，那就是睡眠的时候物理刺激对梦的影响。刚刚过世的挪威作家佛德，曾经著有两大卷研究梦的书（分别于 1910 年和 1912 年被翻译成德文）。虽然他只研究了手脚位置变换对梦的结果的影响，但是也算是关于梦的精确科学研究的代表。现在你们就能够想象到，如果一些纯粹科学家得知我们要探讨梦的意义，他们会怎样批判。或许我们已经领教过他们的批判了，但是我们绝不会退缩。关于过失背后意义的研究就被纯粹的科学家排斥，但是过失背后确实隐藏着意义，那么，梦也是一样的。因此，暂且让我们追随古人的脚步，用古人和无知愚民的方法来解梦吧！

首先，我们要大致了解一下梦的概念，以此确定我们的出发点。梦到底是什么呢？这个定义很难用一句话概括。不过对于梦，大家都非常熟悉，不需要明确加以定义。但我们仍旧需要明了梦的一些要素。那么，怎样发现梦的各种要素呢？我们知道梦的范围很大，梦与梦之间也有着很大的差异，因此，如果我们能够找出各种梦的共同之处，也就是发现了梦的要素了。

既然这样，那么只有在睡眠中才能做梦就是每个梦共有的特征。显然，梦是我们睡眠中的心理生活，这个生活类似于现实生活，但又有很大差异。事实上，这就是亚里士多德对梦下的定义。梦和睡眠可能还具有更加密切的关系，我们可能会因做梦而惊醒，或者是做了一个梦之后自然醒来，或者是从睡眠中直接被梦惊醒。所以说，梦似乎是介于睡眠与清醒之间的一种状态。因此，我们要将研究重点放在睡眠上面。那么，什么是睡眠呢？

现在，关于睡眠到底属于生理学或是生物学的问题尚有争论，我们也难以获得准确的答案，但是我觉得我们可以找出睡眠的一个心理特点。当我们不愿意和外界交流，对外界没有兴趣，我们可能就会睡眠。如果我厌烦了外界，我就会去睡，借此来暂时脱离外界。临睡之前，我可能会对外界说："安静下来吧，我要睡了。"小孩子常常会说与此相反的话，他们会说："我不累，我还不想睡，我还有事要做。"因此，从生物学上讲，睡眠是蛰伏；从心理学上讲，睡眠则是停止对外界的关注。我们本就不愿意融入这个世界，因此只有切断与外界联系，我们才能够忍受。借此，我们会回到入世之前的生活，也就是子宫内的生活。不管怎样，我们都是想重复子宫内的温暖、黑暗、没有刺激的生活。还有的人睡眠的时候蜷着身子，保持他们在子宫内的姿势。因此说，成人可能只有三分之二是属于这个世界的，还有三分之一尚没有出世。每天早上醒来，会觉得像重新诞生一样。事实上，我们谈到早上醒来，经常会用到这样一句话："我好像重生了一样。"关于这一点，我要说的是，我们关于新生一样的感觉，或许是完全错误的，婴儿在出生的时候，似乎感到很不舒适。谈到出生，我们经常会说的是"初见天日"。

如果这就是睡眠的特征，那么梦可能只是不受睡眠欢迎的外来物，梦必然不属于睡眠。另外，我们能够确定的一点就是，没有梦的睡眠，才是最好的、最安逸的睡眠。睡眠的时候，心理活动必须削减掉，否则，我们就没有办法摆脱心理活动的残余，也就无法达到睡前的清净状态。梦似乎没有意义，因为做梦是心理活动残余的表现。过失就与此不同，过失至少是清醒时候的行为；而我们睡眠之后，残余的心理活动是不受我们控制的，因此，梦不具有意义。事实上，我们心灵的大部分都睡眠了，那么，梦里即使有我，我也不一定能够控制。所以，实际上，梦是生理刺激引起的一种不规则的心理现象。另外，梦一定是清醒时候心理活动的残余，能够影响睡眠。既然如此，我们或许可以果断将这个不足以支持精神分析的问题抛弃。

梦虽然没有作用，我们却还是要对它加以解释，因为它毕竟真实地存在。为什么睡眠之后，心理活动不会随之削减呢？很可能是某些意愿不愿意让心灵平静，或者某种刺激影响了心理，心理对于这些刺激不得不做出反应。因此，梦也就是我们在睡眠中对刺激反应的方式。从这里入手，我们或许就能够了解梦。现在，我们就研究各种梦里面的刺激源，看它们是怎么令心理做出反应的。如此，我们就能发现梦的一种特征了。

梦是不是还有其他共同的特征呢？确实，有一种确实存在但是难以言传的特征。睡眠时候的心理活动和清醒时的心理活动是不一样的。在梦里我们会有一些深信不疑的经验，事实上，这些经验只是一种刺激干扰而已。我们的经验大都是以视觉影像呈现出来；虽然也有情感、思想和感觉夹杂其中，但是视觉影像才是最主要的。将这些视觉影像用语言表述，这就是描述梦境最大的困难。有的做梦者曾说："我能够画下来，但是我却说不出来。"就像低能儿和天才儿童不同一样，梦里的生活和现实中的差别不是精神力的下降，而是一种质的差别，但是究竟差在哪里，我们却不清楚。费饻[1]认为，梦其实是戏剧在心里表演的舞台，与我们清醒时的生活观念是不同的。虽然无法了解这句话的意思，但是它确实表示出了梦的一些奇特景象。将梦与不懂乐理的人弹奏钢琴相比拟，是不成立的，因为钢琴总是会以同样的音调反映在琴键上，虽然不成曲。虽然不是很理解，但是我们必须留意梦的这第二个特征。

无论怎样求索，我们暂时都找不出梦的其他共同特征了，但是我们能够发现梦的各方面的不同，比如长短、明确程度、感情成分以及能够记忆的长短等。这一切，我们都不能够期望从杂乱的无意义的活动中得到。关于做梦的长短，有的梦很短，只有一个或者很少几个意象，或者只有一个思绪，又或者只有一个字；还有的梦就像是故事戏剧一样，内容丰富，持续时间长。有的梦条理分明，就像是实际发生的事情，以至于醒来后难以辨别是真是假；另一些则很模糊，无法复述。即使在同一个梦里面，也会有的地方清晰，有的地方一掠而过。有的梦连贯清晰，没有冲突，有时候机智，有时候美好如同仙境；有的梦则非常混乱，甚至是非常荒谬疯狂。有的梦让我们很平静；还有的梦则会引起我们很多情感，比如说痛苦流泪、恐惧、惊喜或者快乐等。多数梦在醒来后就会被忘掉，还有的梦会一整天都萦绕在脑海中，之后才会随着时间的推移而消失；还有一些分外清晰，例如孩童时候的梦，即使30年后，我们也会觉得像是刚经历过一样，记得清清楚楚。和人一样，梦或许只会出现一次，然后永远不再出现；也或许会重复出现。有时候情节有变化，有时候则没有变化。总之，夜间心理活动可以利用的材料很多，能够将白天的经历一一创造出来，只是创造的与现实经验不一样罢了。

---

1 费饻（1801-1887），德国物理学家、哲学家，实验心理学和感觉生理学的鼻祖。

我们假定梦和睡眠程度以及睡眠和清醒的状态相关联，并以此解释各种梦的差别。如果确实是这样，那么心灵觉醒的话，梦的意义、内容以及明白程度都会增加，做梦者就会知道自己是在做梦。如果这样，梦就不会时而清晰时而模糊，因为心灵不可能这么频繁快速地改变睡眠的深浅。所以，这个解释是没有用的，回答这个问题没有捷径可走。

我们暂时不谈梦的意义，而是从梦的共同点寻求了解梦的性质。根据梦和睡眠的关系，我们曾说梦是心灵睡眠的时候对于刺激的一种反应。就这一点，我们会发现精确科学能够帮助我们，实验心理学曾证明了下面这个事实：人在睡眠中受到的刺激，会呈现在他的梦中。关于这点有很多实验，其中最有代表性的是前面提到的佛德的实验。不过，我想选择一些早期的实验和你们讨论。莫里曾对自己做过这样的实验。

他使自己嗅着一种香水入梦。然后，他就梦见自己到了开罗，在玛丽法里娜的店里，还进行了一系列荒唐的冒险活动。这时候，有某一个人在他的颈项轻轻一点，他便梦到在自己的颈上敷药，还梦见儿时看病见到的一个医生。又有一个人在他的额上滴了一滴水，他立即梦见自己到了意大利，正在喝一种叫作奥卫特的白酒，喝得大汗淋漓。

还有一组所谓的刺激梦也许更可以用来说明这些实验所证明的梦的特点。下面3个梦是一个敏锐的观察者希尔布兰记录的，都是对闹钟声音的反应：

"一个春日清晨，我走过嫩绿的田野，散步到了邻近的一个村子，我看到一大群穿得干干净净的村民，他们拿着圣书向教堂走去。显然，这是礼拜天，早上的祈祷会就要开始了。我决定加入其中，由于当时太热，我就在教堂的空地上纳凉。忽然，敲钟人走进了阁楼，当时我正在阅读墓碑上的墓志铭。我看到阁楼非常高，上面有一个小小的钟，如果钟声响起，祈祷会就会开始。钟许久未有动静，然后才开始摆动，并发出了清晰而尖锐的声音，这尖锐的响声将我惊醒。此时，我才发现这是闹钟的响声。"

此外，还有下面一些意象："这是一个冬天，天气非常晴朗，路面上有很多积雪。我和别人约好了，要玩雪车游戏。我等了很久，直到有人告诉我雪车已经在门外准备好了。于是，我做好了上车的准备，我将毛毡打开，把暖脚袋放进去，然后上车。不过我又耽误了一会儿，因为马匹还在等待开车的讯号。好一会儿，小钟剧烈摇摆，一种熟悉的音乐声响了起来，钟声很大，以至于将我从梦中惊醒。原来，发出尖锐响声的是闹钟。"

现在，我们再看第三个例子："我看到一个厨房的女仆，她拿着几叠盘子走向餐厅。我觉得她手里的盘子很危险，将要失去平衡了。于是我告诫她：'小心点儿，你的盘子会掉到地上的。'她自然是回答说她一直是这么端盘子的。与此同时，我满怀焦虑地跟在她后面。大致就是这样吧。然后，这些瓷器在她一进门的时候就掉在地上，摔成了碎片。但是，我很快意识到我听到的持续响声不是由于瓷器碎裂造成的，而是很有规律的钟声。等我醒来之后，我才发现，这响声是由闹钟发出的。"

和平常的梦不一样，这些梦非常巧妙而连贯，因此易于了解。对于这些，大家自然是没有疑问的。在每一个事例中，梦境都是由一种声音引起的，做梦者都是醒来后才知道这种声音就是闹钟的声音，这就是这些梦的共同点。由此，我们可以知道梦是怎样被引起的。事实上，我们知道的并不止这些。做梦者不知道闹钟的存在，梦里也没有闹钟出现，而是由其他的声音代替了闹钟响声。每一个事例中，关于干扰睡眠的刺激都有不同的解释，我们不知道这是为什么，这似乎是随意发生的。不过，想要了解梦，我们就必须解释一下，为什么有那么多声音，却只有一种声音被当作是闹钟的声音呢？干扰睡眠的刺激虽然呈现在梦里了，但是我们的实验没有办法解释呈现形式的独特性，这让我们不得不反对莫里的实验结果，他的关于干扰睡眠的刺激的性质似乎说不通。另外，在莫里的实验中，或许还有另一些梦境也是由刺激引发的，比如，我们到现在还不知道怎么解释香水梦里那些荒诞的冒险。

你们应该知道，如果睡眠者被梦惊醒，他们就会得知自己是怎么受到了刺激的干扰。但是很多其他的事例都不是这样简单。我们并不是每次在做梦之后都能够醒过来，比如到了第二天早上才回忆昨夜的梦，那么，我们到底该怎么知道梦是由于什么刺激引起的呢？某次做梦之后，我曾推测这是由于声音的刺激，但这种推测只是因为受到了某种情形的暗示。一个清晨，我从特洛里[1]山中醒来，想起自己梦到了教宗去世的情景。我一直没办法解释这个梦，直到我的妻子问我："你是不是在清晨醒来的时候听到了教堂恐怖的钟声？"我当时睡得太沉，什么也没听到，但是听她一句话，我就明白我的梦是怎么发生的了。有时候睡眠者被刺激干扰，因而做梦，但是后来他们不知道刺激是什么，这样的清醒有多少呢？或许很多，也或许不多。要是没有人把刺激告诉我们，我们是没法相信的。另外，我们也不能估测外界能够干扰睡眠的刺激，因为我们知道，刺激只能够引起梦的片段，而不能支撑整个梦境。

不过，我们并不需要因为这个就放弃整个理论，我们可以从另一方面探讨。到底是什么刺激干扰睡眠、引起梦境呢？这无关紧要。假如不是外界的刺激，而是自身器官的刺激，也就是躯体刺激，这个假设和梦的普遍起源理论，比如"梦起源于胃"非常吻合，甚至是相通的。不过很不幸，这个理论没有办法证明，因为当我们醒来的时候就不会想起晚上干扰我们的身体刺激。然而，不容忽视的是，梦起源于躯体刺激是可以被很多值得相信的事实证明的。总之，身体内部的变化和刺激能够影响到梦，这一点毋庸置疑。很多梦的内容和膀胱膨胀或者生殖器兴奋有关，这是很明显的。除了这些明显的事例，还有一些梦，从内容上分析，也可以证明我们的猜想，那就是身体的刺激发生了作用，因为在这些梦里，我们能够看到经过润色、加工、表现的刺激。希纳也曾研究过梦，他曾列举过几个非常明显的事例，例证梦源于身体刺激。比如他曾经梦到："有两排金发白肤的漂亮孩子，他们相互怒目而视，他们一会儿手拉手，一会儿相互分开。"他把这两排小孩解释为牙齿，这是能够说通的，他醒了之后从"后牙床拔出来了一颗大牙"，这更能够佐证他的解释。或者说"狭长弯曲的小道"反映的是人的小肠，这显得非常贴切。经过这些印证，希纳认为受刺激的器官在梦里都被幻化成了相似的事物。

所以，我们必须承认，人体自身的刺激和外界刺激一样，都在梦里占有重

1　特洛里，奥地利西部阿尔卑斯山高地。

要地位。不过不幸的是，关于这个原因的猜测也是有同样的缺点，那就是多数事例中，梦是不是由于身体刺激引起是没有办法证明的。事实上，能够让我们觉得是由身体刺激引起的梦只占少数，多数梦都不是这样。另外，身体刺激和外界刺激一样，只能解释梦境中与刺激直接相关的情景，而不能解释其他的部分。所以，梦里面多数内容的起源仍是模糊不清的。

现在，让我们将注意力放到梦境的另一个特点上，通过研究，我们就能够得出这个特点。梦不仅是刺激的呈现，而且能够将刺激复杂化，加上新的含义，进而变成别的事物。这也是梦的运作机制的一种，通过这种机制，我们就能够进一步了解梦的本质，我想大家会对其很有兴趣。英皇统一了英伦三岛，莎士比亚因此而创作了《麦克白》庆祝。但是，这部戏剧的内容和伟大的奥秘仅仅通过这一事件就能够被完全解释吗？同样的道理，内在刺激仅仅是睡眠者做梦的起因，却不能够代表其本质。

梦所共有的第二要素，即其心理生活的特性，不仅很难领会，而且不足以作为深入研究的证据。我们的梦大都是视觉影像，这用刺激能够解释吗？我们所受的算是刺激吗？即使算，那么能够引起视觉刺激的现象很少，为什么梦里的意象却大都是视觉的呢？又比如说假如我们梦到听演讲，那就真的是因为有谈话声音传到耳边吗？我敢毫不迟疑地说，不是这样的。

假如通过梦的共同特点难以增进我们对于梦的了解，那就来讨论他们的差异之处吧。通常情况下，梦都是缺乏意义而且荒唐混乱的，但是也有很合逻辑的梦，这些梦很容易了解。我现在就可以讲一个很有理性的梦。一个年轻人这么描述他的梦境："我在康尼斯特拉散步的时候遇到了某人，我们两个同行一会儿之后，拐进了某家餐馆。在餐馆里，有两个女士和一个男士坐在我旁边。一开始的时候，出于腼腆害羞，我没有敢看她们。但是后来我看了她们一眼，发现她们长得非常漂亮。"做梦者在解释这个梦的时候说，自己在做梦的前一天晚上确实在这里散步了，这原本就是他经常走的一条路，他也遇到了那个人。但是，梦的其他部分并没有发生过，只是他之前有一次相似的经历而已。又比如某女士也有一个不难理解的梦，她的丈夫问她："我们的钢琴要不要再调一下音呢?"她回答说:"不用了吧,因为琴槌还需要配新皮呢。"这个梦其实就是在重复她和丈夫在白天发生过的对话。从这两个易于理解的梦中,我们能够得到什么呢?我们得到的是下面这个事实:日常生活或者与其相关的事件都可能会出现在我们的梦中。如果所有的梦都是这样的,那么,这也毫不例外是有价值的。事实却不是这样,这样的梦只是少数,多数梦都是跟前一天的事件没有什么关系的。也就是说,我们又遇到了一个新的难题:即使我们通过分析已经知道了梦表示的是什么,这也是不够的,我们还要知道梦为什么会重现最近的事实。

再去尝试了解梦,你们恐怕和我一样,也会感到厌倦。可见,如果找不到方法,即使我们穷尽全世界的知识,也是没有办法解释这个问题的。我们的解决方法到现在还是没有。实验心理学仅仅是在刺激引起梦的方面稍有贡献。哲学一点儿贡献都没有,除了嘲笑我们的研究意义不大之外。至于一些玄秘之术,我们还是不愿意去参照的。根据历史以及一般人的见解,梦具有意义,能够作为一种预兆。但是这个观点不可全信,而且不能证明。这样看来,我们的努力算是白白浪费了。

不过,意料之外的是,我们在一个以前没有注意过的问题上得到了一个线索。那是一句俗语,也就是所谓的"白日梦"。这个俗语不是偶然产生的,而是有着一定的历史积淀,当然我们也不能过于重视。白日梦是由幻想引起的。做白日梦是一种普遍的现象,不论是健康的人还是有病的人,都会做白日梦,而且他们也能够轻易地研究自己的白日梦。令人惊讶的是,这种幻想不具有梦所共有的两种特性,而且与睡眠丝毫没有关系,但是仍然被称作是"白日梦"。关于第二种梦的特征,它也是不具备的,它只是一种想象,没有任何经验或者幻觉。做白日梦的人也承认那是自己的幻想,虽然没有见过,却在心里想着。白日梦大多出现在童年晚期、青春期之初,等到成年之后就会消退,有的人则会持续一生。幻想的内容背后往往会有很明显的动机。白日梦里面的情景或者事物,通常都是用以满足其私心、权欲或者爱欲。年轻的男子,大都会在幻想建功立业,有英雄事迹,获得女性的赞美和倾慕;年轻女子则多是爱情的收获。另外,白日梦各不相同,结果也大不一样。有的白日梦非常短暂,一段时间后就不会再出现，还有的白日梦就像长篇故事一样，随着我们的境遇改变而改变。它们就好像有了时间烙印，能够随着人生境遇而变化。它们可以成为诗人的素材。有的文学作品就是以白日梦为素材，经过文学家的改造、变通、润色或删减，进而成为了小说或者戏剧。不同的是，白日梦的主角都是自己，有时候自己直接出现，有时候以他人替代。

我们之所以将白日梦称作是梦，是因为白日梦和梦一样，都不是真实的，而且有着相似的心理特征，虽然我们尚在探索这个未知的特征。反过来说，就是"名字相同则意义相同"这个说法是完全错误的。究竟是怎么样呢，后面我们再来解答。

第六讲·初步的假说与梦的解析

通过前面的叙述我们知道，必须通过一些新的方法和理论，才能够在梦的研究工作上取得一定的成就。我毫不夸张地对大家说：我们需要做一个假设，并以此作为以后研究的重要依据，那就是，梦是一种心理现象，而不是一种来自身体的现象。这个假说的意义很容易理解。但是这个假说成立的理由是什么呢？我们没有任何理由。如果从另一方面说，关于这个假说我们是有立场的。这个立场是这样的：如果梦是来自身体上的现象，我们可以认为这是真的，然后观察一下结果。当这番尝试有了结果，我们就可以来判断这个假说是不是值得信服，而将其当成是稳定的论说。我们研究这些东西的重点在哪里呢？我们做这个研究是为了什么？我们要对这些发生的现象有更深入的了解，当我们有了了解的时候，便可以在其中建立一些联系，这样的结果就是我们可以很好地控制这些现象。这就是我们研究它们的目标，是一种科学的研究和探测。

就是这样，我们暂且以"梦是心理现象"这个假设作为研究基础，并认定梦是不是做梦之人的行为与我们的研究没有关系。如果现在我说些你们不理解的话，你们会怎样做？据我所知，你们必然会要求我来做出解释。那么，也就是说我如果不懂，也有权提出疑问，如此，我是不是可以质问做梦的人，梦的意义是什么？

之前，我们研究有关过失的意义的时候也是用这个方法来进行论述的，被论述的例子是有关语误的。"某件事情又发龊了"，一个人如是说。我们听到这句话的时候会去猜想，这句话的谜底是什么，它是什么意思。幸运的是，猜想这些谜语的是那些没有研究过精神分析的、对这些东西一点不了解的人。人们心里对这句话一定这样理解："这是一件龌龊的事情。"但是人们不会这样去表达，而是较为温婉地去表达："发生了一些事情。"以前我就说过这种问问题的方法是研究精神分析的一种模式。但是你们应该知道精神分析这个技术，在使用的时候是要在一定的范围之内的，尽可能地让被分析的人们回答所有被问的问题。因此，做梦者要为自己的梦做出一些合理的解释。

梦的研究并不是一件简单的事情，这是我们都了解的。比如说在过失的研究中，这个办法适用于很多的事例。有些事例是这样的，当被问者听到一些自己不愿意回答的质问时，他又听到了其他人代替他对这个质问所作的回答，他的反应是愤怒的，并且会反驳那些说法。关于梦的说法中，第一个例子是不常见的，做梦的人中很大一部分都对这件事知道得很少，甚至毫无所知。这样的情况我们并不能代替做梦者进行解释，而做梦者更不会反驳或是斥责，但是我们就要为此而停止对梦的研究吗？如果做梦的人自己都不清楚梦是什么，那么其他的人更加无法知道，那么要解决这件事情就变得很难，没有希望。如果可能的话，我劝你放弃尝试解决这个问题。如果你没有这种想法，那么就跟我一起接着探索梦，为此我可以确定地跟你说，做梦的人是知道自己梦的意思的，但是他却不知道怎么解释这些东西，所以他就认为自己什么都不知道了。

说到这里，有一件事情是要以引起我们注意的，那就是我刚才虽然只说了两句话，却做了两个假设，由此看来，谁都不应该声称自己的研究方法是可靠的。一会儿说梦是一种心理活动，一会儿又认为梦中的事情我们本来都明白，只是自己没意识到而已——类似这样的假设，我们基本可以断定是不可靠的，那么根据这种假设所作出的推论也就不值得关注了。

今天我在这里演讲，并不是为了要欺瞒大家。是的，我演讲的题目本来是"精神分析学入门"，但是我们做这个演讲并不是为了说什么神秘的事情，向大家说一些听起来很连贯的故事，然后将那些听起来困难、不好理解的道理隐瞒起来，让一切的疑难和缺点都不见了，这样大家就会认为听了这个演讲是有重大收获的。大家都是刚刚接触这一门学问，我便想着能否将这个学问的一切讲给你们听，无论是那些让我取得地位的，还是那些让我遭到批评的论说，都坦诚地诉说给大家。其实我明白，对于刚入门的你们来说，任何科学都差不多。我也明白，很多学科的共同之处就是，对刚入门的人隐瞒这门科学的一些困难之处。精神分析是不一样的，因为当我说出前面那两种假设的时候，有一个假设可能会是其他的论说之中的。如果有些人会觉得很含糊，或是有些牵强，他需要更加确定可靠的论述，这时候他一定会选择跟随我研究下去。我劝告大家放弃有关心理学方面的说法，在心理学的范畴里，是没有让人觉得可以完全相信的道理的。因为即使是那种对人类科学做出巨大贡献的知识，也没能得到所有人的相信。在研究的过程中要有耐心，等到研究的结果出现，大家便会将目光聚集在这里，所以信与不信，重要的是结果。

我要发出警告，针对那些不以为然的人们，我之前说出的两个假设的分量是不一样的。第一个是"梦是心理现象的一种"，这个将来可以在我们的努力下被证实的；第二个假设是在其他的论述中得到证明的，我是将它移花接木到我们今天讨论的这个问题上了。

很有可能一个人拥有许多知识，他自己却不知道，当然这只是我们的一种设想，关于做梦的人的设想。那么这个设想是如何通过证明来判定是否真实呢？这件事情听上去是让人惊奇的，它很可能就对我们一贯的精神世界和日常的生活带来重大的改变，所以这是不可以隐瞒的事实。就算根据几个字的意思无法辨别真假，也就是词语字面上的一些矛盾，这些词语到底想要表达的意思是什么已经不再重要。我们不必因为当事人对梦境视而不见，不了解，也不感兴趣，而质疑梦的真实性。同样，也不能因为对心理问题的判断无法借助观察和实验，而质疑自己的研究——虽然观察和实验往往是得出结论的唯一途径。

自我催眠的相关研究中包含了我们所说的第二个假设的证据。在1889年的时候，我去了一趟南溪，在那里看了一场令我难忘的示范，那是李博特与伯恩罕所做的实验。他们做了这样一个实验：让一个人置身于梦游中，然后让他产生一定的幻觉。当这个人醒来的时候，已经不记得梦游中的任何事情。伯恩罕医生尽力让被催眠的人在清醒的状态下说出自己的梦境，但不幸的是，这个人说什么都不记得。伯恩罕没有放弃，他一遍遍地要求被催眠者说出梦中的事情，甚至强迫他去说，而且用坚定的语气告诉他一定记得那些事情。被催眠者在开始的时候还有些迟疑，后来便开始回忆起来。他断断续续地说了一些被暗示的事情，然后又能记起其他的事情，最后便能全部说出来了。没有任何遗漏，完全回忆起来了。在这个过程中，没有人提醒过他任何相关的信息，全部是他依靠自己的回忆而说出来的。这就说明了记忆一直就存在心里，只不过一般我们不知道该如何去把握这些东西，做梦者不知道自己竟然明白这些事，他总是认为自己不会明白。这就证明了，这种情况和我猜想的做梦者的情况差不多。

对于这个早已经成立的事实，我希望大家的反应是惊奇的，我还希望大家问我："为什么在讨论过失的时候，不说出这个证据，而只是说有语误的人不知道自己会将潜在的一些用意藏起来，所以他一味地否认。那么有一种记忆可能是我们自己不清楚的，但是这种记忆会在我们不清楚的情况下不停地运转。这是我们在很久之前就知道的，这使得我们更深入地了解到过失。"对于这个证据，可能在讨论过失以后的其他论证中起到更加重要的作用，所以我决定在当时不将它拿出来。过失是可以让本人来说明，或是连本人都不大清楚的，这种连本人都不清楚的心理才是我们做深入了解的关键。那么梦则不同，梦必须用其他方式来进行了解，催眠是个不错的、让人容易接受的好办法。那么这就说明过失和催眠是没有什么多大关系的，人们犯过失是生活中的常态。要做梦首先是睡觉，那么睡眠和催眠这两者是有着很大关系的。催眠不是正常的睡眠，它不是在自然的情况下产生的睡眠。

与自然入睡所产生的梦差不多的是，向被催眠者进行暗示，对他们说："睡吧。"催眠和自然睡眠的心理活动是很像的，不同的是自然睡眠与外界完全没有了交涉，而催眠则与实施催眠的人有着交流。那么"保姆的睡眠"和催眠是有很大相似之处的，因为保姆即使在睡眠当中，也会与孩子保留一些交流，比如孩子发出动静的时候保姆就会醒来。这么说来，将催眠比拟自然睡眠，并不是荒诞的说法。这时候我们的面前则出现了研究梦的第三条路。干扰催眠的刺激、白日梦或者是由催眠引起的梦都能够成为我们研究的出发点。

到现在，我们再来说梦的时候，已经有了更多的底气。梦的意义虽然还没有办法立即就说出，但是做梦的原因以及做梦会引起哪些情感或思想，这个却是可以推测的。有人说错了话，我们询问他的时候，他的第一反应就是对过失的解释。也就是说，对梦进行解析时，我们也可以用同样的手段。我们可以询问做梦的人，问他认为做这个梦的原因是什么，这时候他就是在解释这个梦。不管他觉得自己记得梦境或是不记得，都不重要，对于我们的研究来说都是一样的。

或许现在大家不会承认这个简单的方法，你们会说："这已经是第三个假设了，而且这个假设看上去是那么没有说服力，做梦的人第一反应的解释是对的吗？谁又能知道他究竟联想了些什么呢？我们没有办法接受这个没有根据和理由的解释。梦是在复杂的环境下产生的，不是过失中一个语言上的错误那么简单。机会使你太执着，判断力在这件事上是很重要的。这样我们应该去信任哪种联想呢？"

我想告诉大家，这些都是一些正确的认识而已，却不是我们的研究的重点。你们认为梦和语误不同，因为梦是由很多因素造成的。这是我们在研究中需要考虑的，这是正确的观点。也就是说我会找出这些因素，一个个地进行研究，然后来确认这些因素与语误的相同之处。如果你们认为做梦者对让他做梦的这些因素也毫无所知，在以后的例子中，我会解开大家的疑问。关于这些例子，我们每个人都很清楚明白，这也是挺奇怪的。在做梦的人说自己对自己做的梦没有解释的时候，我们通常会驳回他的这个说法，并且肯定地告诉他，他一定知道。事实证明，我们并没有做错。在此之后，做梦者就会产生联想，这个联想是什么并不重要，重要的是他开始想起来一些事，或许是昨天发生的事情，也或许是最近发生的。这就说明了梦境一定与之前做梦者所经历的事情有关系。慢慢地，做梦者会从这里开始，逐渐想起更多以前的事情，甚至连很久之前的事情都能想起来。

关于这点，你们的主要观点是不正确的。假设做梦者的第一反应做出的联想是我们研究中重要的依据，或者即使不是这样，它也可以是做梦者解释自己梦的一个重要的索引。你们觉得这个假设不成立，你们认为联想是不可靠的，因为它可以随意地出现在人的脑海中，甚至会制造跟我们研究内容所不相关的联想；如果我认为即使是不相关的联想也可以起到某种作用，你们就觉得我心存侥幸，并且是盲目的。我想说你们错了。这时候我想满怀信心地告诉大家，你们心中对于精神的信仰，是自由奔放的，是充满选择的。这个信仰是不科学的，在决定论面前，在这个可以控制心理的、权威的理论面前，它应该选择服从。另外，我希望你们尊重下面一些事实：做梦者在接受询问的时候，只会产生一种联想，而不会产生其他的联想。他们的联想绝对不是经过选择的，也不是偶然的，并且跟我们的发现关系密切。我在这里并不是想要通过某种信仰，否定另一种信仰，我们的这些结论都是可以证明的。其实最近我已经知道，当然了，我对此并不过于重视，那就是实验心理学也一样能够得到证明。

这个重要的事实我希望你们多加注意。我如果想知道某人对于梦中的某个因素有什么想法，就会要求他凭借自己原来的想法发散思维，这个过程就是自由联想。自由联想不同于回想，它并没有回想原来的念头，有的人很轻易就能做到，有的人则很难做到。假如某人被要求回忆一个名词或者一个数目，如果我不给出特殊的提示性词语或者不限定联想的类型，他的联想就会获得最高的自由度，内容丰富得超过精神分析技术应用的需要。不过，在具体的事例中，联想都会受到内心态度的制约，但是，这个内心态度和引起过失的意向以及所谓的"偶然"的行为意向一样，都不是我们能够获知的。

我和我的很多追随者曾探究过那些莫名其妙产生的姓名和数目，并刊布了一些实验结果。我们的研究是通过下面的方法进行的：从一个专有名词引出一系列的联想。当然了，这样的话，联想的内容就不是自由的，而是相互关联的。不过，这样的话，你或许就能够说清楚一个专有名词自由联想的来由了。这些实验多次重复，得到的结果是相同的，从中发现的材料也非常丰富，我们需要据此进行细节上的研究。通过数目而产生的联想或许更能说明问题，我们非常惊讶地发现，这些联想不仅相互之间有紧密的关联，并且非常明显地趋向于一个隐藏的目的。为了不涉及太多的分析材料，我用一个人名的事例进行说明。

我在治疗一个年轻人的时候谈到过联想自由度的问题，当时我说，我们联想的时候看似非常随意，其实联想的专有名词是由当时的形势以及联想者的偏好或者境况决定的。那个年轻人怀疑我的说法，因此我请他当场验证。这个年轻人有很多与自己保持不同程度亲密关系的女朋友，我知道这个，于是我要求他记忆一个女人的名字。他同意了我的要求，显然，他可以有很多种选择。然而，他没有办法一一列举出这些女人的名字，他沉默很久才告诉我，他只想到了一个名字，"亚萍"（Albine，"白"的意思）。对此，不仅是我非常惊讶，连他自己都觉得难以置信。我问她："这个名字和你有什么关系呢？你认识多少个叫亚萍的女人？"可是，令人奇怪的是，他根本不认识什么叫亚萍的人，从这个名字上，他什么也联想不到。到这里，你们一定觉得联想失败了。其实不是的，联想已经完成了，不需要进一步的联想了。原因是这样的，这个年轻人的皮肤很白，我在跟他进行心理谈话的时候，经常戏称他为"白肤公"（Albino）。当时我正跟他讨论他人格中的女性化承认，因此，他联想最感兴趣的"女人"的时候，就想到了这个女性化的"白肤公"。

另外，一个人也可能会在毫不知情的情况下，偶然因为某些念头想到某个曲调。对此，我们能够很轻易地证明出，之所以会想到这个曲调，和其中的歌词及其来源密切相关。不过，我必须加上一个前提，那就是这个说法不适用于真正的音乐家，因为我对于他们缺乏了解。他们之所以会突然灵光一闪，想到某个曲调，可能是因为这个曲调具有音乐价值。第一种情况的相关事例非常常见，据我所知，一个年轻人有段时间非常喜欢《特洛伊的海伦》（Helen of Troy）中的巴里王子唱的曲调（我承认这个曲调的确很吸引人）。后来接受分析的时候，这个年轻人才意识到自己当时正同时恋着两个少女，一个叫艾达（Ida），一个叫海伦（Helen）。

这些联想原本是自由随意的，但是如果受到了限制，并且这种限制具有某种背景的话，我们就可以确定，一些由某种特定刺激引起的联想一定也受到了制约。通过实验可知，联想不仅受到刺激意向的影响，也依赖于联想者当时的潜意识活动。联想者对于潜意识活动毫不知情，但是，它们却具有浓重的情感意向以及思想和兴趣（就是我们所说的"情结"）。

这种联想是精神分析中非常有价值的材料。翁德学派曾开创了一种"联想实验"，实验中，联想者如果听到一个指定的"提示词"，就必须回答据此想到的"对应词"。这种联想的效果与下面几点密切相关：提示词和对应词之间的时间间隔，对应词的性质，重复实验可能造成的错误等等。此外，以杨柯和布洛林为首的瑞士苏黎世学派也进行了研究，他们有时候会向被实验者询问他们有什么奇特的想法，还有的时候，为了验证联想实验的反应，会让被实验者继续联想。通过这种方式，我们就能够很清晰地发现，人的异常反应都受到他的情结的强烈影响。通过这项研究发现，杨柯和布洛林沟通了实验心理学和精神分析学。

听到这里，你们或许会有疑问："现在我们暂且承认，联想和我们最初想象的一样，不是自由的，而是受到制约的，包括关于梦的联想也是如此，我们不怀疑这些。不过，你说关于梦的每个因素的联想都受到了与这个因素相关的心理背景的制约，而我们并不知道这些背景是什么，我们也没有发现任何线索。那么，就是说梦的因素的联想是由做梦者的情结决定的，但是，这个结论有什么意义呢？它与联想实验一样，并不能帮助我们了解梦，只是能让我们多了解一下情结，可是情结和梦又有什么关系呢？"

话虽如此，但是你们忘了，我们之前正是由于这个原因，才不以联想实验为起点进行讨论。进行试验的时候，提示词是我们随意选择的，这是唯一可以决定反应的因素，而接受实验者做出的反应则是提示词与情结共同作用的结果。然而，做梦者梦里的提示词是被其心理生活中的某些成分替代的，他自己察觉不出，因此，我们将其称为是"情结的衍生物"。所以，如果我们假设梦中各个成分的联想，是由该成分本身的情结决定的，那么，从这些成分中，我们就能够发现情结，如果发现了情结，也就能够验证我们的假设了。

现在，我再列举一个例子，证明我们的假设是符合事实的。事实上，专有名词的遗忘是梦的解析的最好原型，只是前者只和一个人有关系，而后者和两个人有关系。我们可能会暂时忘记一个名字，但是，我们可以确定我们是知道这个名字的，那么根据伯恩罕的实验我们可以发现，做梦者也是一样的情形。也就是说，我们本来是知道一个名字的，但是现在这个名字消失了。根据过去的研究经验，我们知道自己需要努力思考一下，但是却思考不出什么结果。不过，我们可能会想起来别的一个或者几个名字，只是不正确而已，显然，如果只是自然地想到了一个代名词，并要据此分析，那这种情况就和梦的解析差不多了。我们解析梦的时候，不是为了寻求梦中的因素，而是为了借此分析出它们所代表的事情。不过有一点不同，那就是当我们遗忘名字的时候，一定知道自己想到的代名词不是原来的名字，但是在分析梦的时候，必须要经过艰苦的研究才能明白。另外，还有一个方法，如果忘记名字的时候，我们可以以想到的代名词为线索，寻求原来的事物或者名字。如果我们通过代名词进行联想，早晚会找回被遗忘的原名。我发现那些代名词不仅和被遗忘的名词有关系，还限定了其范围。

为了进行说明，我要列举下面一个例子：一天，我发现自己忘记了一个小国家的名字，这个国家位于维拉河上游，首都是蒙特卡洛（Monte Carlo）。于是，我就尽力想关于这个国家的所有相关的事情：我想到了鲁西南王室的阿尔伯特王子，想到了他的婚事，想到了他对于航海探险的热衷等。我想起来了所有我可以联想到的，但是丝毫没有帮助。后来我索性不想了，这时候各种代名词涌上心头，当然了，除了被遗忘的那个名字。它们来得十分迅猛：蒙特卡洛、皮耶莫（Piedmont）、阿巴基亚（Al bania）、蒙特维多（Montevideo）以及克鲁克（Colico）等。首先引起我注意的是阿巴基亚，然后是蒙特尼格罗（Montenegro），这也许是因为两者是黑白对立的关系。随后，我发现这些名词都含有"Mon"这个音节，于是，我立刻想起来了这个国家的名字，那就是"摩纳哥"（Monaco）。从这里就能够看出，代名词是源于原来的名字的。比如这个例子中，前面 4 个代名词是由原名的第一个音节衍生出来的，最后一个则是依照了原名字的各个音节的顺序，并且包含了原名字的末尾音节。后来我又发现了我遗忘这个名字的缘由，原来，意大利人称慕尼黑为"摩纳哥"，于是，我的关于摩纳哥的记忆就被慕尼黑相关的记忆掩盖了。

这是一个绝佳的例子，但是过于简单了。在别的事例中，以代名词为基础的联想需要更多一点，才能够想到原名，这样的话，就和梦的解析更加相似了。我就有过这样的经历。有个人想要请我一起喝意大利酒，但是，到达酒店之后，他发现自己忘记了要点的酒的名字。不过，关于这种酒，他有很多愉快的回忆。由此，他想出来了很多名字，从他想到的酒的名字中，我得知他之所以会忘记，是因为一个叫海薇的女士。确实是这样的，他说自己第一次在这个酒店喝这种酒的时候，遇到了海薇女士，据我推测，想到这里之后，他一定记起了这种酒的名字。现在，他已经拥有了幸福的婚姻，而"海薇"这个名字，则永远属于不忍回顾的往昔。

既然专有名词的遗忘是这样的，那么别的现象也能够这样解释。从代替物开始，经过一系列联想，就一定能够得到想要找到的症状的目标。另外，通过名词遗忘的现象，我们或许可以假定：关于梦的某个因素的联想，并不仅仅是受那个因素本身的影响，还受到了意识外的真正的意向的影响。如果我们能够证明这个假设成立，那么，我们对于梦的解析就有充分的理论根据了。

第七讲·梦的显意和隐意

诸位！显然，我们对于过失行为的研究没有白费。在对过失的研究中，我们通过推理假说得到了两个结果：（1）关于梦的要素的一些认识；（2）解梦的方法。梦的元素并不是最重要的内心本质的思想，而是像隐藏在过失背后的意向一样，被做梦者不在意的事物所替代，做梦者能够明确知道事物的存在，却不能够掌控。梦就是由这样的一些因素构成。我们希望能够证明所有的梦都具备这个特征。我们的方法就是通过关于这些因素的自由联想，使其他替代的意象进入意识之内，再由这些意向，推知其背后隐藏的含义。

为了使词语更富有弹性，更便于科学研究，我现在要修订这些名词。也就是说要对"隐藏的"、"没有察觉的"或者说"本来的"进行更加精确的描述，将其改成"做梦的意识不可控制的"或者"潜意识的"。和过失背后隐藏的意向相同，潜意识的意义是指"在当时属于潜意识"（unconscious at the moment）。反过来说，也就是梦本身以及联想出来的替代意象，都可以称为是意识的。"潜意识"等这些名称在理论上并没有什么倾向性，只是作为一个便于了解的名词而存在。

现在，将这个解释从单个因素扩展到梦的整个领域，我们就会发现梦其实就是潜意识中事物的替代品；对于梦的解析，其实就是寻找潜意识的过程。所以，我们解梦的时候，需要严格遵守一些规则：

第一，梦的合理或者荒诞，清晰或者混乱，我们都不需要去理会；因为这些都不是我们所要寻找的潜意识。（这个规则有一个很明显的例外，我们以后就会知道了。）

第二，我们的工作就是随时唤醒梦中每一个因素的替代意象，至于这些意象是否合适或者和梦的要素相距太远，我们都不需要考虑。

第三，我们需要耐心地等，直到我们想要寻找的潜意识自然呈现出来，就像是我前面所说的遗忘"摩纳哥"这个名词的例子一样。

现在我们了解到，关于梦，我们记得多少或者是否准确，其实是无关紧要的。我们记得的梦本来就是不存在的事物，它们只是伪装出来的替代物，这些替代物唤醒了我们的替代观念，因而使我们知道了原本的意向，将隐藏的潜意识带到了意识里面。我们的记忆即使发生了错误，也只是将原本伪装了的事物进一步伪装，这种进一步的伪装，也不是没有动机的。

我们可以解释自己的梦，也可以解释别人的梦；事实上，解释自己的梦的时候，我们能够获得更多，解释过程也更让我们信服。如果我们以此为实验途径，就会遇到一些困难。确实，联想虽然源源不断，但是我们不一定都将其认可，我们会随时进行批评和取舍。我们可能会说某一联想："这一个联想不合理，跟梦无关。"可能会说另一个联想："这个太荒诞了。"又或者说第三个联想："这个联想文不对题。"这样的话，我们就会发现，联想在还没有被了解之前，就已经因为我们的抗议而受到阻碍了。所以说，我们一方面执着于原本的意向，也就是梦的因素；一方面却又批判性选择，破坏了自由联想的顺序和结果。如果我们自己不去解释，而是由别人代劳，那么我们就会很轻易地发现我们这么做的原因。我们也许会想："这个联想令人很不愉快，我不愿意，也不能让别人知道。"这样的想法很执拗，即使努力阻止也只是徒劳。

这种抵抗显然干扰破坏了我们的研究。我们在解释自己梦的时候，应该立场坚定，决不屈服，不让自己受到这些想法的干扰。另外，解梦的时候我们要立下严格的规定，绝不要阻止任何联想，即使是琐碎的、荒诞的、无关的或者令人很不愉快的联想也要保留。受试者虽然承诺了这个原则，但是测试的时候总是屡屡犯规，这让我很苦恼。一开始我觉得，受试者之所以一再保证，却仍旧犯规，可能是因为不信任我的理论和学说。不过，我们其实用不着这么麻烦，因为即使信任这种理论和学说，也免不得会抵抗、批评某些联想，这种心理只有在经过了思考之后，才会逐渐让步，进而被克服。

我们用不着为这种反抗而苦恼，反而可以加以利用，发现更多的新鲜事实。我们越是对这些事实感到意外，说明这些事实越是重要。我们知道，解梦的研究，正被一种抵抗心理阻碍，这个阻碍作用就是以批判的方式表明自己的反对立场。这种抵抗心理和做梦者的学识信仰没有关系。由经验看来，这种反对性批判的心理是永远没有根据的。恰恰相反，人们想要压制自由联想的这种心理，已经被证明是发现潜意识的最重要的线索。因此，如果一种联想伴随着这种抵抗心理，我们就要特别注意。

这种抵抗作用是一个全新的事实，它由我们的假说推论出来，却又不属于这个假说的内容。我们并不会因为这个发现而惊奇，因为这是我们必须要研究的一个因素，而且我们早就觉得，这个发现并不会让我们的研究变得更加容易，说不定它还会促使我们放弃对于梦的研究。研究这个与主旨没有关系的问题，而且这么麻烦，那就顺势运用一下我们的方法吧！不过反过来看，我们也发现这些阻碍有着它们的迷人之处，或许这种研究上的麻烦是值得的。我们如果从梦的意象或者替代事物入手去寻找潜意识，难免会受到阻碍。因此，我们为什么不假定替代事物的背后必然隐藏着一种重要的念头？否则，当我们追寻背后意义的时候，为什么会这么困难呢？一个小孩子，如果不愿意伸出他的手，让我们看到他手里是什么，那么几乎可以确定，他手里的东西就是他本不应该拥有的。

一旦对阻碍作用做了如此解释，我们就会发现这种作用是有量的变化的。有时候大，有时候小，我们在研究的时候，就能够发现其中的差异。解梦的时候，还有一种经验可能与这种阻碍作用相关。有时候，我们必须克服心理的抵触，才能够发现一些联想。我们或许可以认为，联想的数目一定会随着阻碍作用的变化而变化，这个猜想是正确的。阻碍作用如果很弱，那么替代事物和潜意识必然相差不远；反之，强大的阻碍作用能够很大程度地改变潜意识，于是，在替代事物和潜意识之间，就会有很大一段距离。

现在，我们或许可以选取一个梦试用一下我们的方法，看看我们的猜测是不是可靠。但是，我们应该选取哪一种梦作为事例呢？选取梦作为事例非常困难，这一点我也很难让你们明白。显然，有人会觉得选取那些很少伪装的梦更好一点。但是很少伪装的梦是什么呢？难道就像是我们以前列举过的那两个事例？如果这么认为，那就大错特错了，因为研究结果表明，这些梦也是有很多伪装的。假如我们不设定条件，而是任意选取一个梦作为研究对象，那就得不出期望的结果来。针对一个梦的要素，可能就需要记录很多，因此，我们难以对梦的整体的研究有很明确的解释。如果把梦记录下来，将其与记录的联想对比，我们就会发现，记录联想的篇幅，通常是记录梦的篇幅的好几倍。由此可知，选取几个能够传达本身意义或者能够证明我们假定的简单的梦就是切实可靠的方法。除非有经验告诉我们，必须要选取一些伪装的梦，否则我们就准备采用这个方法。

不过，为了化繁为简，我们还可以采取一种更为适用的方法。我们不必解释梦的全部，而只需解释梦的几个要素。下面列举几个事例说明我们的方法：

第一，一个妇女曾说，她在小时候有好几次都梦见过上帝戴了一顶尖顶的纸帽子。如果抛开做梦者的帮助，我们该怎样解释这个梦呢？从表面分析，这个梦丝毫没有意义。但是这个妇女又说，自己小时候，家人为了不让自己在吃饭的时候偷窥到兄弟姐妹的盘里的食物，经常会让自己戴上这样的帽子吃饭，这样一来，这个梦就有迹可循，不再荒谬了。这段经历中，帽子有遮蔽视线的作用，那么梦就不难解释了。加上做梦者的另一个联想，这个梦就更容易解释："我听闻上帝无所不知，无所不见。这个梦的意思就是说，他们即使想要欺骗我，我也和上帝一样，什么都看得见，什么都知道。"这个事例或许太简单了点。

第二，一个生性多疑的病人曾做过一个很长的梦，梦中有人告诉她我的《论智慧》那本书，并且对那本书大加赞美。另外，她又梦到了关于一条"水道"（canal）的事，水道这个字或与这个字有关的字她有可能在另一本书里见过……她不清楚……这些都太模糊了。

现在，你们一定觉得梦中的关于"水道"既然是模糊不清的，那就没有办法进行解释了。如你所想，解释起来确实困难，但是困难并不是因为模糊，而是与模糊的原因相同。做梦者对于"水道"这个词没有联想，我自然也不知道应该怎么说。不久之后，具体来讲就是第二天，她告诉了我一个可能与此有关的联想。那就是她想起来了某人的一句很幽默的话。在多弗和卡莱之间的渡船上，一个英国人和一个作家在谈论一件事的时候说："高尚和可笑之间，仅仅隔着一条沟"（Du sublime ou ridicule, il n'y a qu'un pas）。这个作家回答说："是的，这条沟就是卡莱海沟。"言下之意就是他觉得法国是高尚的，英国是可笑的。这里所说的卡莱海沟就是一条水道，也就是英吉利海峡。现在，你们或许会问我是不是认为这个联想和梦有关系。当然有关，这个梦的意义就在这里。或许你们不相信这个笑话出现在做梦之前，你们不认为这是"水道"这一因素背后的意识，觉得这是后来捏造的。这个联想表示，她的怀疑已经被伪装为过分的赞美，而之所以联想迟迟没有生成，关于梦的因素也如此模糊，就是因为这种阻碍作用，这是毫无疑问的。现在看一下这个例子中所有的梦的要素和其背后潜意识思想之间的关系：它就像是思想片段，用其他事物作为比喻，梦的要素和潜意识思想离得太远，因此很难理解。

第三，有个病人做了一个长梦，梦中有一段大约是这样的：他的几个家人，围坐在一张具有某种形状的桌子旁边……做梦者曾经在另一个家庭中见到过这样的一张桌子。于是，他会有这样的联想：那个家庭中的父子关系比较特殊，他觉得自己和父亲的关系也是那样的。梦境里之所以有这么一张桌子，指代的就是他们的这个共同点。

这个做梦者早就知道了解析梦的需要，否则他不会注意到桌子形状这一类的琐碎的事情。我们想要研究梦，就必须注意这些看似琐碎的没有什么意义的细节，因为梦中的事物，往往都是由一些无关紧要的事情引起的。或许，你们会非常惊奇，为什么梦里会选取桌子来表示"我们的关系跟他们差不多"这个认识。但是，如果你知道那一家人姓施勒（Tischler，Tisch 的意思是桌子），你就会明白了。做梦者梦到一家人围着桌子坐，意思就是他们姓"Tischler"。还有一件事需要注意，那就是我们这么解释梦，难免会有粗糙轻率的缺点。由此你们也可以大概明了选取梦的事例的困难之处。我或许可以举出另一个事例说明，这个事例可以消除粗糙轻率这个缺点，但是又引起了另一个问题。

在这里，我似乎最好提出两个新名词，事实上，这两个新名词我们早就应该引用了。让我们将我们叙说的梦境称为是梦的显意（the manifest dream-content），让我们把梦背后联想的意义称为是梦的隐意（the latentdream-thought）。因此，我们需要探讨前面几个事例中显意和隐意的关系。两者之间的关系有很多种，在第一和第二个事例中，梦的显意其实就是梦的隐意的一部分，只不过只是一小段而已。梦的潜意识思想中一小部分心理，进入了梦的显意之中，成为了梦境的一个片段，这些心理可能会成为暗喻，就像是电码中的缩写字。我们在分析梦的时候，需要把这些片段或者暗喻串联起来，找出完整的意思，进而达到诸如第二个事例一样完整的解释。由此可知，梦在运作过程中，伪装原意的途径之一，就是用一个暗喻或者片段代替原本的事物。另外，在第三个事例中，我们还可以发现显意和隐意的另一种关系，这种关系在下面这些事例中也可以清晰呈现出来：

第四，某人梦见自己将认识的某位女士从水沟中拉了出来。通过第一种联想，就可以明白，这表示做梦者看上了那个女士，"选中了她"。

第五，某人梦到他的兄弟把花园的土地翻了一遍又一遍。第一个联想就是他的兄弟在掘地种蔬菜，第二个联想就是他的兄弟在节约开支。

第六，某人梦见自己登山眺望，视野开阔。这个梦似乎很符合常理，不需要解释，只需要问一下他相关的回忆就够了。其实你错了，这个梦和那些没有条理的模糊的梦一样，需要解释。因为做梦者从没有关于登山的任何回忆；他反而记得他和某友人正在合作出版一本名叫《展望》的杂志以讨论东欧和西欧的关系，所以，梦的隐意就是做梦者认为自己是一个"展望者"。

通过这些你就会发现梦的显意和隐意之间的另一层关系。显意与其说是隐意的伪装，不如说是一种富有弹性的、塑造性强的、由字音引起的具体意象。由于我们早就忘记了那个字源于何种意象，只剩下了少数的思想和文字，因此显意确实只是体现为一种伪装。由此很容易就可以得出，显意和隐意的关系对于梦的构造有着非常重要的意义。另外，由此大家也可以知道，一系列的思想在梦里都可以通过替代的意象，达到隐藏的目的。这与我们做谜画的方法是一样的。至于这种意象和诙谐心理学的关系就是另一问题了，在这里我们不过多讨论。

另外，我们暂且不讨论梦的显意和隐意的第四种关系，而是留待以后探讨解梦技术的时候再说。到那时，我们只是叙述跟我们目的相合的关系，而不会每一种关系都作详尽解释。

现在，让我们看一下大家是不是具备了解释全部的梦的勇气。在这里我当然不会选择一个最难解释的梦，虽然它也具备梦的特点。

一个结婚多年的年轻女人一天晚上做了这样一个梦，她梦到自己和丈夫坐在一个剧院内，他们一侧的座位是空着的。她的丈夫对她说："爱丽丝小姐和她的未婚夫本来也要来看的，可惜只能用一个半弗洛林[1]买到3个损坏的座位，不用说，他们一定不会来了。"她回答说，她觉得这样对他们也没有什么损失，无所谓。

做梦者叙述的第一件事就是引起梦的事件在显意中的暗示：她的丈夫告诉她跟她同龄的爱丽丝小姐订婚了，她对这个消息的反应就是这个梦所要表现的。我们已经明白，这种跟前一天发生事件相关的梦，做梦者自己是不难求解的。这些梦里，构成梦的因素其实是做梦者自己提供的。她对于"一侧的座位是空着的"是怎样解释的呢？原来这是一周前发生事情的暗喻，她当时去看戏，由于票预定太早，因此需要额外多付一些钱。但是等到入场的时候，她发现另一边的座位几乎都是空着的，之前的焦虑完全是多余的。即使开演当天买票，也是可以的，所以丈夫才会嘲讽她太心急。另外，那一个半弗洛林指的是什么呢？这可是与戏剧没有一点儿关系，而是指她前天得到的一个消息：她的嫂子在收到了丈夫寄的150个弗洛林之后，就像是一只呆头鹅一样，急匆匆跑到珠宝店里，将所有的钱用来买了一颗珠宝。那么为什么数目是3呢？她自己并不知道，除非下面的这些念头也算是联想：她已经结婚10年了，而刚订婚的爱丽丝小姐仅仅比她小3个月而已。两个人为什么要买3张票呢？她不知道也不愿意对此进行联想。

不过，她说出的这一少部分联想所提供的材料，已经足够帮助我们发现她梦中的隐意了。我们会惊奇地发现，她好几次都提到了时间，这是这些关于梦的材料的共同之处。她买戏票太匆忙了，以至于多付票款。她的嫂子得到了钱就连忙买珠宝，好像晚了就没有了一样。诸如"太早"、"太心急"等这些被反复强调的特点和梦中的事件（年龄比她小3个月的朋友找了个好丈夫）以及对她嫂子的批评，假如只是表示太匆忙了，那就太浅显了。把这些事情结合起来，这个显梦大大的伪装背后的隐意就是这样的：

"我实在是太傻了，那么早就结婚！其实我后来也是可以找到丈夫的，就像

1　弗洛林：货币单位，在欧洲不同国家，不同历史时期具有不同的价值。

爱丽丝那样。"（这种太过匆忙的意思，其实就是表现在她急于买票，她的嫂子急于买珠宝的事情上，到戏院看戏，其实就相当于是结婚。）这就是这个梦的隐意。我们还可以继续加以分析，不过由于不能和做梦者描述的事实冲突，因此很难确定是不是符合："我其实应该得到百倍于此的利益！"（一百五十个弗洛林恰好是一个半个弗洛林的一百倍）。这个钱如果表示嫁妆的话，也就是说丈夫是由嫁妆买来的，首饰或者损坏的座位其实替代的就是丈夫。根据这些我们还可以推测，3张票和1个丈夫之间也有某种关系，这种结果就更令人满意了。不过我们现在的理论尚不足以支持这个。我们只是能够发现这个梦表示做梦者轻视自己的丈夫，深深后悔自己结婚太早了。

从这里可以发现，我们第一次解梦所得的结果并不能令人满意，反而使人更加惊讶，更加混乱。这是因为其中的念头太多了，我们难以一一了解。我们早就明白，对这个梦的解析还没有透彻，现在就让我们将明晰的各点列举如下：

首先，这个梦最重要的一点隐意是"太匆忙"。在显意中，"太匆忙"这个意象显然是我们没有注意的。如果不经过分析，我们一定不会知道这个隐意的存在。所以可以说，潜意识思想的中心一般都不会在显意中呈现出来。这个事实就是改变梦带给我们的印象的根本原因。另外，在梦里，思想念头会无意义地交叉（比如一个半弗洛林买了3个座位的票）；在梦的思想内，我们就发现了下面这个隐意："结婚太早真是太傻了。"不得不说"这样太傻"这个隐意，难道不是在梦的显意中以很荒诞的场景展示出来了吗？第三，通过比较，我们可以发现显意和隐意的关系并没有那么简单，并不是说一个显意就总是代替一个隐意，两者的关系就像是两个不同种群之间的关系，一个显意或许能够代表几个不同的隐意，而一个隐意也可能会由几个不同的显意代替。

从梦的意义和做梦者对于梦的意义的态度分析，我们还能够发现一些令人惊讶的事实。那个女士可能会认同我们的分析，但是她并不知道自己竟然这么看不起她的丈夫，她也不知道这是因为什么。所以，关于这个梦，我们还没有能够完全理解所有部分，也就是说我们还没有为解梦做好充分的准备，我们需要进一步的训练和准备。

第八讲·儿童的梦

诸位！我们似乎进行得太快了，因此暂且退一步讨论。我们用于破解梦的伪装的分析方法，跟精神分析的发展过程其实是不相符合的。因为，事实上，我们只有一直使用我们的解梦方法，彻底解析了经过伪装的梦之后，才能够了解到没有经过伪装的梦的存在。

我们现在要找的就是儿童的梦，儿童的梦一般都很简短清晰，而且条理分明，容易理解，绝不会糊里糊涂，而且这也确实是梦境。不过，你们绝不要认为儿童的梦都是这样的。很多儿童在很小的时候就已经有了经过伪装的梦，5到8岁的儿童的梦，就已经具备了成年人梦的一些特点。然而，如果从公认出现精神活动的年龄到四五岁为限，我们就可以发现很多所谓的幼年的梦。事实上，某种情况下，童年末期甚至是成年以后，人们的梦也可能会像幼年时期一样幼稚。

现在，通过对于儿童的梦的研究，我们就能够比较轻易地了解到关于梦的比较可靠的主要属性，我们希望可以有比较确凿的具有决定性意义的证据证明这些了解。

第一，要想了解这些梦，我们不必运用任何技术进行任何分析，也不必询问做梦的小孩。但是我们必须知道一些关于他们生活的事情，在每一个事例中，梦都可以用做梦前一天发生的事情来做解释。事实上，梦就是内心在睡眠的时候对于前一天发生的事情的反应。

现在，我们列举一些事例作为证据证明这些讨论：

（1）一个1岁零10个月大的小孩，需要送给另一个小孩生日礼物，礼物是一篮子樱桃，显然，虽然他可以因此而得到一些樱桃，但是他仍旧很不愿意送。于是在第二天早上的时候，他说他梦到"何曼把樱桃都吃完了。"

（2）一个3岁零3个月大的女孩第一次游湖。游玩结束到岸边的时候，她哭闹着不愿意下船。因为对她来说，在湖里的时间实在是过得太快了。第二天早上，她说："昨天晚上我梦到我去游湖了。"可以猜想，她梦里游湖的时间一定比白天游湖的时间长。

（3）一个5岁零3个月大的男孩和别人一同到赫斯达附近的易斯达游玩，他曾听说赫斯达在大契斯特恩山的山麓，他对这座山很感兴趣。从尼奥斯湖附近的房子里可以看到大契斯特恩山，如果有望远镜的话，甚至可以看到西蒙尼的小屋。于是，这个孩子不时地用望远镜眺望山顶的小屋，不过没有人知道他是不是看到了。这次游玩从一开始也就有了这个殷切的期盼。于是，一看到山，他就会询问是不是大契斯特恩山，可是他每次得到的答复都是否定的，这让他十分扫兴，默然不语，也没有兴趣和别人继续爬山看瀑布了。家人只是觉得他可能疲倦了，但是第二天早上的时候，他兴奋地说："我昨天晚上梦到我在西蒙尼的小屋里面。"于是，他加入队伍继续爬山，并且仍旧怀着这个期望。梦境的其他细节，他只知道重复以前说过的话"你必须再爬上6个小时，才能够到达山顶。"

这三个梦，已经提供给我们足够多的信息。

第二，我们知道儿童的梦并不是没有任何意义的；它们是一系列完整的、能够被了解的心理活动。你们应该还记得医学对于梦的看法，我曾跟你们说过，你们自己也必然记得，有人将梦比作是不谙音律的人在钢琴键盘上乱弹。你们可以发现，上文所讲的儿童的梦与这个看法是完全相反的。当然，这非常奇特，一个儿童在睡眠时能够有完整的心理活动，而处于相同情景的成年人却仅仅通过间断的心理反应获得满足。另外，儿童的睡眠还比成人更加深熟。

第三，这些梦没有经过伪装，显意与隐意相同，不必解释。由此，我们可以判断，伪装作用不是梦的本质属性。我希望你们能够相信这句话，仔细揣摩。不得不说，这些梦也有一部分伪装，只是伪装程度很浅而已；另外，梦的显意和隐意之间也是有一些区别的。

第四，儿童的梦是对眼前的经验的一种反应，如果他感到了遗憾、渴望或者有了不被满足的愿望，他们就会做梦。儿童会毫不掩饰地借助梦来帮助自己满足愿望。现在，思考一下我们之前讨论过的体外或者体内刺激对于睡眠的干扰作用。关于这一点，我们已经知道了一些明确的事实，但是这些事实只适用于少部分的梦，而从儿童的梦境中，我们无法看到身体刺激的作用：儿童的梦是清晰的，可以了解和把握，因此我们可以非常清晰地确定这一点。不过，我们也不必因为这个就放弃关于身体刺激的观点。我们需要考虑的只是为什么我们从一开始就忘了干扰睡眠的不仅是身体刺激，还有心理刺激呢？其实我们当然知道，心理刺激是占一大部分的，这些刺激使得我们不能够脱离外界，从而形成睡眠所需要的心理情景。做梦者不愿意暂停他们的生活，宁愿继续进行他们正在做的事情，因此也就不能真正睡眠。总而言之，干扰儿童睡眠的梦就是心理刺激，他们的愿望没有被满足，因此就开始做梦来应对。

第五，通过这个捷径，我们就能够知道梦的功能作用。假如梦是对心理刺激的反应，那么梦的作用就在于可以通过心理兴奋来消除刺激，使人的心理得到发泄，从而重新达到睡眠状态。我们并不知道梦的这个发泄作用的运行机制，但是至少知道梦不是睡眠的干扰者（这样想的人不在少数），而是帮助睡眠排除干扰的保护者。原本我们认为，没有梦的话，睡眠就会更深，但这个见解是错误的。没有了梦的帮助，我们根本不能够睡眠。我们之所以能够睡得很好，就是因为我们能够做梦。梦有时候免不了会干扰到我们的睡眠，但是正像是警察在驱逐扰乱治安的人时会鸣枪一样，是无奈之举。

第六，梦是由愿望引起的，梦的内容就是愿望的表示，这是梦的主要特征之一。另外，还有一个通性，那就是梦不仅能够给一个思想以表达的机会，还能够通过幻觉方式满足这个思想。"我想要游湖"是引发梦的愿望，而"我游湖了"则是梦的内容。所以即使是非常简单的儿童的梦，其显意和隐意也是有细微差别的，将愿望变成事实，就是一种潜在的伪装作用。解梦的时候，我们首先要做的就是想办法解除这些伪装。如果这就是梦的通性，我们就知道运用什么办法解释前面所讲的各种各样的梦了："看到兄弟挖土"的意思并不是我的兄弟正在节约开支，而是"我希望我的兄弟现在开始节约开支"。本文所讲的两个共性，显然第二个比较容易被大众承认，不过这两种共性并不抵触。

只有经过详尽的广泛的研究，我们才能够确定引起梦的是愿望，而不是偏见、担忧、目标或者指责。不过，其他刺激不会因为这个就发生改变，只是说梦不仅被刺激引发了，而且转变成了一种经验，将刺激消除，达到解脱。

　　第七，就梦的这些特性而言，我们可以将之与过失相比较。在过失中，我们曾区分出了一个干扰的意向和一个被干扰的意向，而过失就是两者结合影响的产物。梦也是这样的，当然，被干扰的意向是睡眠意向，而干扰意向是一种心理刺激，我们可以称之为（想要得到满足的）愿望；因为目前我们还没有找到干扰睡眠的其他刺激。由此可见，梦也是两种意向结合干扰的产物。我们睡着了，但是仍旧经历了愿望的满足，当我们的愿望被满足了，我们也就能够继续入睡。也就是说，两种意向都有一部分成功了，另一部分失败了。

　　第八，你们或许还记得，我们曾经借用非常明显的幻想形成的"白日梦"来解决关于梦的问题。这些白日梦就是野心或者爱欲得到满足的愿望。不过，它们会以思想的形式表达出来，无论我们的想象力多么丰富，也不会与幻觉相同。因此，虽然与"白日梦"拥有一个共同的特性，但是梦的这一特性更不确定。只能在睡眠时拥有，清醒的时候没有的那一种特质，是"白日梦"所不具备的。由此，我们就发现了另一个线索，那就是愿望的满足即是梦的主要特性。并且，梦中的经历只是我们想象力的一种表现形式，这种表现形式只有在睡眠的时候才能有，我们可以称之为"夜晚的白日梦"。于是，我们就知道了梦消除刺激满足愿望的机制。事实上，白日梦也是满足愿望的一种心理活动，这也是为什么人们会做白日梦。

　　另外，还有一些俗语也有这样的含义。比如我们非常熟悉的格言："猪梦橡果，鹅梦玉米。""小鸡会梦到什么呢？会梦到谷粒！"这些格言的讨论对象从儿童变成了动物，也是主张梦就是愿望的满足。还有很多俗语也是这样的。比如说"美梦成真！""我从不敢做这样的梦。""我在最荒谬的梦里，也不会奢望此情景的。"由此可见，俗语和我们的见解是相呼应的。当然还有一些梦没有特别的俗语与之对应，比如说焦虑的梦、痛苦的梦或者是无关紧要的梦。虽然我们有时候也会说"噩梦"，但是最简单的含义告诉我们，梦是愿望的满足。无论是什么格言，都不会说猪或者鹅梦到自己被宰杀吧！

令人难以理解的是，关于梦的满足愿望的通性，居然被很多人忽略了。事实上他们也是了解的，只是不承认，没有将这个当作是解梦的指南罢了。他们为什么会这样呢？稍微一想就能够明白，我们到后面再解释这个。

现在让我们看看，通过解释儿童的梦，我们轻易地获得了多少知识吧！我们已经知道：（1）梦的作用是辅助睡眠；（2）梦是两种意向相互干扰影响促成的；（3）梦的两种相互冲突的意向，一种是保持睡眠安宁，一种是满足心理刺激；（4）梦有两个主要的通性，一个是满足愿望，另一个是幻觉经历。不过，我们似乎已经忘了我们正在进行的是精神分析的研究了。除了前面讲过的梦和过失的关系之外，我们的研究没有什么特别的地方，即使任何一个对于精神分析一无所知的心理学家，也能够对儿童的梦作出这样的解释。但是，为什么没有人作出这样的解释呢？

如果所有的梦都这么幼稚，那么关于梦的问题可能早就解决了，我们不需要询问做梦者，也不需要探讨什么潜意识或者自由联想，我们的研究早就完成了。显然，这就是我们需要继续努力的方向。我们已经知道，这些梦原来看上去具备通性，后来才发现只有少数的梦是这样的。因此，现在需要解决的问题，就是验证儿童的梦是不是具备普遍的通性，那些意义不明显、隐意难以看出来的梦，是不是也具备这种通性。我们是这样认为的，有的梦经过很多次伪装之后，无法立刻判断出来。另外，与研究儿童的梦不同，揭露这些梦的伪装，需要借助于精神分析的办法，这是无疑的。

至少还有一类梦和儿童的梦一样没有伪装，能够很容易就看出来是愿望的满足。这些梦主要是由饥饿、口渴、性欲等这些生理需求引起的，这些都是生理刺激引起的梦，因此是愿望的满足。比如，我曾记录过一个小女孩的梦，她梦到了一份印有自己名字的菜单（安娜……草莓、覆盆子、鸡蛋、奶酪面包）。做梦前一天，她因为吃了水果（这种水果在梦里出现了两次）而导致消化不良，所以需要挨饿一天，于是就有了这个梦。与此同时，她的68岁的祖母由于浮游肾[1]的关系，也不得不禁食一天，当晚她就梦到有人请她吃饭，她的面前摆满了山珍海味。又比如因犯、饥饿的冒险家或者旅行者，会经常梦到自己吃东西充饥，他们的梦就是这种情况下内心愿望的满足。诺德斯鸠在他讨论南极的书（1904 年）里记录了自己和别的探险家在南极的冬天生活："我们的梦很明显地表现了我们当时的愿望。我们之前从来都没有做过那么多那么鲜明的梦。当我们早上谈论梦的时候，即使那些平时极少做梦的朋友也经常有长梦可以聊。除了关于千里之遥的故乡的梦之外，我们多数时候都是梦到当时的情景，也就是饮食。有一位朋友会经常梦到自己大吃大喝，他还会在第二天为了梦里吃到的三道大菜而开心不已。还有一个朋友梦到了高山的烟草；还有一个朋友梦到了破冰船，它扫除冰面，扬帆而来。还有一个值得一说的梦，那就是一个邮差来了，他反复解释他迟到的原因，然后却又说自己送错了信，并且费力地把给我们的信件统统收回。我们睡着后的意识如此奇特。不过我觉得别人的梦都缺乏想象力，因为我的梦是最让我惊异的。如果我能够把我的梦全部记录下来，一定极具心理学趣味。如果说梦能够满足大家的愿望，那么你们由此便可知道我们是多么渴望睡乡了。"另外，我还想再引述一段多普朗的话："帕克先生在非洲旅行的时候差一点儿渴死，他经常梦到自己处于水源丰富的山谷中；顿克在马德堡星形阵地忍饥挨饿的时候，经常梦到自己身边堆满了美食；乔治佩克在法兰克村第一探险队的时候，曾因为物资缺乏而濒死，当时他梦到自己有很多食物可以吃。"

不管是什么人，如果睡觉前吃了很多美味食物，在夜里非常干渴的时候，他就免不得会梦到喝水。当然了，饥渴不会因为做了梦就消除，有时候我们会被渴醒，然后真的去喝水。由此可见梦没有实际作用，不过也可以看出来梦是为了保证睡眠不受引起梦境的刺激干扰。如果做梦者的愿望强度比较低，那么只需要这种"满足愿望的梦"就可以达到目的了。

同样的道理，性欲的刺激也会因为梦而得到满足，不过，这种刺激有一点特殊性，需要注意，与饥渴不同，性欲的发泄不需要借助对象，因而仅仅通过

1　浮游肾，固定肾脏的组织松弛，造成肾脏移动，离开正常位置。

梦遗，做梦者的冲动就可以真正得到满足。不过，性欲满足的对象关系（后面我们会讲到）也有困难之处，所以真正的满足也常常会形成一种模糊扭曲的梦的内容。就像兰克说过的那样，梦遗的这个特点，恰恰是用来研究梦的伪装的一种工具。另外，成人的梦除了愿望的满足之外，还有其他心理活动，因此，我们需要对其加以分析解释才能够了解他们的梦境。

不过我并不认为成人的这种幼儿型的满足愿望的梦就是对于身体刺激的反应。他们应该也知道，一些强有力的心理刺激也能够引起一些简短的梦。比如一些"预期的梦"，梦者或预备旅行，或预备看戏，或预备演讲，或预备访友，他们将要做的事情都预先在梦中实现，他们会在前一夜梦见自己到达目的地，或梦见在戏院内，或梦见自己已经和准备访问的朋友互诉离别之情。又比如一些"懒惰的梦"，做梦者梦到自己起床洗漱，或者梦到自己已经到了学校，事实上他仍旧在睡觉，这就表示他很不愿意起床，于是在梦里做了这些事。睡眠的需求和其他身体需求是同等重要的，从这些梦里我们就能够看到，睡眠的愿望在梦里明显地表现了出来，在梦的形成中占有很重要的位置，这也是梦的真正起因。

在这里，我想请大家看一下画家斯文特在慕尼黑萨克画廊展出的一幅画，这幅画中，画家明确表示了梦是由一些有力的情景引起的。这幅画的名字叫作"囚犯的梦"，梦的主题就是源于囚犯越狱。阳光从窗外照进来，将囚犯唤醒，因此，囚犯想要从窗口逃出去。画中重叠起来的侏儒的位置，就是囚犯想要攀上窗户应该站立的位置；如果我没有牵强曲解这位画家本意的话，最上面那个侏儒（就是囚犯想要到达的位置）的脸孔，应该是和做梦者的脸孔一样的。

我们已经说过，除了儿童的梦和幼儿的梦，其他的梦都免不得会有一些伪装，因而不易解释。我们也不敢肯定这些梦就是属于愿望的满足，或者根据梦的显意就确定它们是由什么心理刺激引起的，我们也难以证明就像其他的梦一样，是想要努力消除这些心理刺激。事实上，这样的梦也需要加以翻译解释，我们需要研究梦的伪装机制，将显意替换为隐意。只有这样，我们才能够准确地判断，我们研究儿童的梦所得的结论，是不是适用于所有的梦。

第九讲·梦的检查作用

诸位！我们已经研究了梦的起因，并且通过对儿童的梦的研究，了解了梦的一些特性和功用。梦就是通过幻觉满足，进而消除那些干扰睡眠的心理刺激。对于成人的梦，我们只能够解释其中一种，那就是幼稚型的梦。至于其他的成人的梦，我们既不了解其内容，也不了解其原因。不过，到现在为止，我们研究得到的结果也是不容忽视的。每次当我们完全了解了一个梦，我们得到的结论都非常重要，而且绝非偶然，那就是梦是由愿望的满足引起的。

至于其他种类的梦，我觉得是这些简单的梦经过了某种伪装而成的，对于这些伪装，我们必须有针对性地透彻研究。之所以会这么认定，除了其他原因外，还由于过失论就跟现在的情况相似。所以说，我们下一步工作的重点，就是研究了解梦的伪装机制。

梦的伪装其实就是梦奇特而难以解释的重要原因。所以在这里我们需要弄清楚很多事情。首先是伪装的动机，其次是伪装的作用，另外就是伪装的办法。事实上，伪装作用就是梦运作机制的产物。现在就让我们描述梦的运作机制，找出伪装背后的控制力量。

现在，让我告诉你们一个精神分析学界的一位知名女士记录的一个梦。据她介绍，做梦者是一个很有修养、德高望重的太太。由于记录梦的这位女士通过精神分析的方法发现，这个梦非常明白，没有分析的必要。事实上，做梦者也没有解释这个梦，而只是对其大批特批，仿佛知道了梦的隐意一样。她说："你看吧，我这么一个50多岁、整天为孩子考虑的老太太，竟会有这么荒唐的一个梦。"

现在，我马上向你们描述这个关于"战时爱情服务"的梦："她来到第一军医院，向门卫说自己希望进入医院服务，因此必须和主管医生（她说了一个自己都不知道的名字）谈谈。谈话间，她特别强调'服务'，因此，门卫马上就明白了她的意思其实就是'爱情服务'。不过，门卫还是迟疑了一下才放行，毕竟，她已经是一个老妇人了。不过，她并没有见到主管医生，而是走进了一间很大的暗室，暗室里，很多军官和军医围着一张桌子，或坐或站。她向一个军医说了自己此行的目的。她梦里所说的话好像是这样的：'我和维也纳的其他妇女，愿意向士兵、军官或者其他人提供……'后面的话变成了喃喃细语，军医马上就领会了她的意思。看到军官和军医们又是惶恐又是邪恶的表现，她觉得他们都领会了自己的意思，于是她又说：'我知道这让人诧异，但是我们都很热情，就像是战场上的士兵，绝不会有人问他是不是愿意战死。'在一分钟的沉默之后，军医上前，用双臂环绕在那个妇女的腰际，说：'夫人，既然是这样，那么……（喃喃私语）'这时候，她挣脱了军医的双臂，心想：他们大概都是这样的吧。然后她回答说：'我是一个老太婆，或许不会有这种事。需要声明一个条件：必须注意年龄，一个老太太或者一个小女孩或许不可以的……（喃喃私语）这太可怕了！'军医说：'我非常明白。'不过，这时候，有几个军官放声大笑，其中一个在年轻的时候还曾和她做过爱。于是，这个老妇人请求找到与她相识的院长，以此来合理解决这件事。那个军医非常热情，以12分的敬意告诉她，她需要登上二楼楼梯，然后乘一个狭窄的螺旋形电梯，由此直通楼上就能够见到院长了。她登楼梯的时候，听到一个军官说：'让我们向她致敬吧！因为不管多老，她的决定都是非常伟大的！'她觉得自己只是尽了自己的义务而已，于是走进了一个没有尽头的电梯。"

几周内，这个梦出现了两次，虽然内容略有改变，但是据这位老妇人介绍，改变的地方只是没有什么重要性或者没有意义的细小之处而已。

这个梦很少有不连贯的地方，很多内容稍加询问就能明白，这与白日梦非常相似，前面我们说过，这个梦没有经过分析解释。不过，有一个非常令人惊奇而有趣的地方，那就是梦里的很多语句会突然中断，这种中断并不是因为回忆造成的，而是梦里的语句中断，中断之后，就会被喃喃私语代替，相同的情况发生了3次。我们还没有分析这个梦，因此我们还没有权利揣测这个情形的意义，不过也能够从一些蛛丝马迹得到部分结论，比如"爱情服务"4个字。

需要注意的是，喃喃中断的话语，都需要加以补充才会完整，并且补充的内容也只有一种可能性。补足了之后，就会产生一种幻想的意义，那就是做梦者表示自己愿意随时为了职责献身，满足军队里各种人的性需求。每到说这些话的时候，这些话都会被喃喃私语代替，说明这样的意思受到了压制。

我希望大家明白，这些内容之所以被压制，就是因为它们太令人惊诧了。你们能够从哪里找到相似的事实呢？不需要舍近求远。试着选取任何一种具有政治色彩的报纸，你就会发现其中被删的地方比比皆是，以至于报纸上时不时都会有空白的地方。你们都明白，这都是因为新闻检查造成的结果。报纸中一定是有了新闻检查人员不愿意看到的地方，所以才被删得一字未留，以至于出现了空白。你们一定会为此可惜，因为你们觉得被删掉的那一部分内容一定是整个新闻中最有趣的部分。

有时候，并非全部的句子都会被查到。因为作者在写文章的时候，就预先想到了某些段落一定会遭到新闻检查员的指责，因此，他们会将这些句子软化，或者修饰，或者暗示、影射一些事情，这就够了，这样，报纸上就不会有空白了。但是，报纸上存有曲折晦涩的表达，说明作者在写的时候，已经做了一遍检查了。

以此类推，我们可以明白，梦里面被消除或者伪装成喃喃私语的话，其实就是因为检查而被排除的。事实上，我们将之称为梦的检查作用，这也是梦的伪装的一个原因。每当梦的显意中出现了中断，我们就能够知道这是由于检查作用。那么，我们就能够进一步明白，相对于梦中清晰的部分而言，如果我们关于梦的记忆有了模糊不明的、值得怀疑的成分，那就也可以认为是梦的检查作用造成的。不过，检查作用一般不会像"爱情服务"的梦里那样朴素而没有伪装。检查作用通常会采用我们所说的第二种办法，那就是通过修饰、暗示和暗喻来表示原来的意义。

梦的检查作用还有第三种机制，这就和新闻检查相差很远了。我现在向你们展示一个我们之前讲过的事例来说明检查作用的这种机制。还记得一个半弗洛林购买3个被损坏的座位的那个梦吗？这个梦的隐意中，"太匆忙"、"太早"

占了很重要的成分，梦的真正意义是："结婚太早是很傻的，买戏票太急也是傻的，嫂子急着买珠宝也是傻得可笑。"梦的显意主要是描述到戏院看戏的事情，隐意的中心意思丝毫没有影迹。这个梦的重心发生了很大的转移，梦的各种要素也发生了重组，因此，没有人再怀疑其背后有隐意了。重心的转移就是梦的伪装的一种主要机制；由于重心的转移，梦才会变得这么奇特，以至于我们不承认这是自己内心的产物。

梦的检查作用的运行方式以及梦的伪装机制，其实就是梦中的材料的删改和重组。我们现在研究的重点是梦的作用，而检查作用则是伪装作用的主因，或主因之一。重心转移则往往包括排列材料的改变和秩序变更。

我们已经知道，梦的检查作用大概就像是我们上面所说的那样。现在，就让我们把研究的重心放到运行机制上面。我觉得我们不至于用拟人的方法说明检查作用，比如假设脑中某一暗格中存在一个小鬼怪，它严格履行检查职责。当然也不需要给出其结构的说法，而认为大脑中有专门检查的中枢系统，如果中枢系统受损，检查作用就会停止。现在，我们只能够将其当作是一个表示动态机制的名词。不过我们不必为了这个就去追寻这个检查作用的发起者和接受者，也不必因自己受到了检查作用的影响却不以为意就感到诧异。

确实是这样的，我们在运用自由联想的方法的时候，就遇见过这样的令人惊讶的事情：我们在努力通过梦的起因探究梦背后的意义的时候，常常会遇到一种抵抗作用。这种抵抗作用时大时小。抵抗作用小的时候，我们通过简单的几个联想就能够完成分析梦的工作；抵抗作用大的时候，我们就不得不经过一连串冗长的联想，需要十分困难地克服联想过程中的批判心理，并且很容易偏离原来的观念。分析梦的时候遇到的这种抵抗作用，其实就是现在所说的梦运作过程中的检查作用，只是更加客观化了而已。由此可见，即使在梦被伪装了之后，检查作用仍旧不会消失，它们能够成为一种永久性的作用，致力于保持已经形成了的伪装。另外，我们在分析梦的时候遇到的抵抗作用会因为梦的要素的不同而改变，与之相同，由于检查作用造成的伪装，也会随着梦中要素的改变而变化。通过对于梦中显意和隐意的比较，我们会发现有的梦的隐意会完全消失，有的则略微被改动了，还有的没有被改变，仍旧存在于梦中，甚至被加强了。

当然，我们想要研究的是到底是什么意向促成了梦的检查作用，这种检查作用的对象又是什么意向。如果我们将之前遇到的各种梦统一观察，就不难回答这个了解梦境的基本问题了。促使检查作用的意向，就是我们在清醒的时候认同或者赞许的意向。如果你们抗议关于你们梦的正确的分析，那么你们抗议的动机就是促成梦的检查作用的动机，这就是我们为什么要分析研究梦。现在请返回来看看那个 50 多岁的老太太的梦吧，虽然我们没有分析研究，但是她自己已经觉得她的梦非常令人惊异。如果赫尔曼医生 [1] 告诉她这个梦正确的意义，她一定会非常愤怒。这种愤怒抗拒的态度，其实就是导致梦里淫秽的话语变成喃喃私语的原因。

另外，通过这种内心批判的现象，我们可以知道，梦的检查作用所抵抗的意向一般都是令人不愉快的意向。这些意向违反了伦理、艺术或者社会观念，是我们平时难以想象的，即使偶尔想到，也会非常不悦。这些在梦里被检查的意向，其实就是不受限制的、缺乏考虑的、利己主义的表现；这非常重要，因为这就是做梦者自我的体现，这种自我主义即使在显梦里，也被隐藏了。梦的这种神圣的利己主义和睡眠时需要的心理状态是相关的，其实就是不愿意和外界发生交涉，不愿意与外界有任何关系。

打破所有的伦理束缚的自我其实是由做梦者自身的性欲和本能支配的，这种自我观念完全被教育和道德排斥。我们将追求快乐的这种心理称为"原欲"，原欲会肆无忌惮地在梦里发泄，发泄的对象不仅可以是别人的太太，也可能会是一般人觉得神圣不可侵犯的自己的母亲或者姊妹，女人则会将父亲或者兄弟当作对象（我们甚至可以说那位 50 多岁的老妇人的梦就是一个乱伦的梦，对象就是她的儿子）。还有其他我们觉得反人性的欲望，强烈到了一定程度，都会引起做梦。憎恨的情感也会毫无遮蔽地发泄，由此就会引起复仇或者杀人的梦，

1　赫尔曼：与弗洛伊德同时代最富盛名的精神分析学家之一。

并且对象一般都是做梦者的父母、兄弟姐妹、爱人或者子女。这些被禁止、被检查的意向好像是被地狱恶魔诱导的，我们在清醒的时候会严格制止。但是，做梦的时候，我们就不需要对这些意向负责。你们应该还记得吧，梦的作用就是保证睡眠不受干扰。当然了，并不是说梦的本质就是邪恶，因为还有一些梦是为了正当的需要和身体的需要。这些梦里，做梦者原本的意向没有、也不需要被伪装，因为它们并不违反我们的教育和道德。你们不要忘了，伪装的程度和下面两个因素是相关的：（1）被检查的愿望越吓人，伪装的程度就越高；（2）检查越严格，伪装程度就越高。因此，一个受到严格管教的少女，她的梦里的兴奋就常常会被伪装，即使这种兴奋的原欲在医生看来是无害的，可以允许的，但是她自己也会用一种更严格的检查作用来伪装，可是等到10年之后，她的观念就会转变，跟医生的看法相同。

除了这些，我们的研究并没有大的突破，或许你们会为这种结果感到愤怒，不过我想我们在确实还没有足够的了解之前，就必须抵挡很多道德的攻击。显而易见，这个研究是有弱点的，那就是我们之间的假定：梦确实是有意义的；由催眠而得到的潜意识意向可用以解释普通的睡眠；所有的联想都受到了限制和束缚。现在，我们通过推演这些假设，如果得到了可靠的解释梦的结果，那么我们就可以判定这些假设是正确的。但是，如果推演得到的只是我所描述的那一种，那又会怎样呢？当然，有人就会说："这些结果是荒谬的，没有可能的，所以这些假设也必然是存在错误的。或许梦根本就不是一种心理现象，或许我们的技术方法存在缺陷，或许人在正常状态下是没有什么潜意识的。接受这3个假设，难道不比接受那些我们推演而出的令人厌恶的结果更加令人满意吗？"

确实更加简单而令人满意，但是未必就正确。现在我们不能妄下判断，而是要等待结果。首先，我们的解释会引起一种强有力的抵抗。这种抵抗并不是说我们的解释被一些人厌恶，这并没有什么，而是说做梦者会非常抵触。有一个做梦者说："你说什么？我不愿意花钱给我妹妹置办嫁妆或者让我弟弟上学？这是不可能的。我是家里的长子，为弟弟妹妹操劳负责是我活着的动力，我已经向我过世的母亲承诺过了。"还有一个妇人说："你说我希望自己的丈夫死掉？这简直是胡说八道！我婚后的生活非常快乐，并且，或许你不相信，如果他死了，我就会失去这世上的一切。"另外一个人说："你的意思是我对我妹妹还有性欲？这也太可笑了吧。我对她一点儿恋慕之情都没有。事实上，我们一直不和睦，不说话已经很多年了。"如果做梦者对于他们本该有的意向既不承认，也不否认，那并没有什么，因为这可能是说明他们没有意识到那些。但是如果他们在自己心里发现了一种与我们的解释相反的愿望，并且用他们生平的行动来证明这个相反愿望占优势，那么我们就不得不知难而退。那么，那个时候难道不是我们放弃解梦这个"荒谬"的工作的时候吗？

不，还不到时候。甚至，经过严厉批评之后，做梦者强有力的辩解就会站不住脚。假设精神世界中确实存在着潜意识，那么意识中相反意向即使占有优势，也说明不了什么。我们内心里面或许会有两种相互抵触的意向并排对立。实际上，某一意向的优势，恰恰决定了另一相反意向的存在。所以前面所说的第一种抗议，其实只是说明释梦所得的结果既不简单，又令人不快。对此我们要说，无论你们怎样喜爱简单，也没有办法借此解决关于梦的任何一个问题，研究一开始，你们就要下定决心，接受梦是繁杂的这一事实。至于将喜恶作为衡量科学研究的标准，显然更是非常错误的。即使你发现释梦的结果令人不快，甚至令人非常愤怒，这又有什么关系呢？就像我还是一名年轻医生的时候，我的老师沙克经常说的："这无害于存在。"如果我们想要切实了解这个世界，那就要埋下头，将个人的喜好厌恶抛之脑后。如果一个物理学家证明说地球上的有机生命体不久就会完全灭绝，你当然不敢抗议说："那是不可能的，因为那不是我所期望的。"我想，如果没有另一个物理学家来证明这个说法的错误，你绝不会轻率地站出来质疑。假如你一味接受自己喜爱的，抗拒自己不喜爱的，那么你并不是在透彻地了解梦，而是在重复梦的形成机制。

或许你们会放弃这个观点，忽视被检查的梦的不快，进而提出另一个异议，那就是人性一定不会有那么多的邪恶的成分。暂且不说你眼中的自己是什么样的，不过你难道见到了优于你或者低于你的人心地善良，你的仇人侠义心肠，或者你的朋友从不嫉妒，所以才不得不反对人性邪恶，不得不反对人性中有自私自利这种观点吗？你难道不知道一般的人在性生活方面都难以被控制或者信任吗？或者说你难道不知道我们在梦中梦到的一些邪恶、违反道德的行为，也都是人们在清醒时候犯过的罪恶吗？精神分析所做的，仅仅是验证了柏拉图的一句话："恶人所实施的罪恶，善良的人只是在梦里实现并借此得到满足。"

我们现在暂且不谈个人，而是来看看现在仍旧在危害欧洲的这场大战吧。想一想，现在这个文明的世界，仍旧泛滥着多少暴力、残忍和欺骗的现象吧。你真的觉得，那些恶贯满盈、杀人争地的野心家，如果没有成千上万的追随者的支持，能够只手遮天、横行肆虐吗？这种残暴的大环境下，你难道真的敢大言不惭地说人性不是充满邪恶吗？

你也许会告诉我一些善良而高贵的人性，比如在大战中随处可见的英雄主义以及大公无私的牺牲精神，并以此说我对大战有着成见。确实，这些都是存在的，但是你绝不能因为其中的一面，就否认另一面的存在，这也是我们遭受多次的冤枉。我从不会否认人性的高尚，也从未贬损人性。恰恰相反，我不仅向你们展示了被检查的恶念，也向你们展示了阻止消除这些恶念的检查作用。我们之所以重视人性中的恶，是因为很多人否认这一点，而这种态度不仅不利于我们改善精神世界，还不利于我们理解精神世界。现在，如果我们已经放弃了片面的人性道德价值观念，那么，我们就可以建立一个公式，用以表示人性中的善恶关系。

现在，这个问题已经结束了，我们用不着因为分析出的梦的结果过于奇怪就放弃它。以后，我们或许能够通过别的方法更深入地了解这些结果。现在，我们要做的只是坚持这些结果：那就是梦之所以会伪装，是因为我们会有一些意向，是在睡眠中干扰观察到的恶念。显然，如果问这些恶念为什么会在夜晚出现，或者问这些恶念是怎么产生的，那么我们就会发现还有很多需要研究和回答的问题。

不过，我们不能因此就忽略了另一个研究结果，我们不能犯这样的错误。我们是由于分析梦才了解那些干扰睡眠的意向的。在此之前，我们一直将其称为"潜意识"，其意义我们之前已经讲过了。不过我们必须承认，它们不仅在当时属于潜意识，即使当我们通过分析梦境，得到了这些意向，做梦者也会矢口否认，我们已经多次说过这一点了。这就像是"打喷嚏"的那个语误，说话者在餐后愤怒地表示，自己无论是当时还是别的时候，都没有轻视侮辱自己领导的意思。那时候，我们曾觉得他的辩解是可信的，认为他可能从来没有意识到心里的这种感觉。每当我们解释伪装繁杂的梦境的时候，也会遇到相似的情况，于是，我们的见解就能够更加深入了。我们几乎可以说，精神世界中的有些经历和意向我们不明白，曾经不明白，很久都没有明白，或者说永远不明白。这就是关于"潜意识"的全新的含义："当时"或者"暂时"并不是潜意识的主要含义，潜意识不仅是"当时潜藏的"，也是"永远潜藏的"意识。这一点，我们在后面会有更深层的探讨。

第十讲·梦的象征作用

诸位，我们已经知道了，"梦的伪装"是阻碍梦的解析的因素，是梦关于不道德的潜意识的检查作用的结果。当然了，我们不能说梦的检查作用就是造成梦的伪装的唯一因素。现在，只需要对梦作进一步的研究，我们就会发现导致梦的伪装的其他原因；也就是说，即使梦的检查作用消除了，梦的显意和隐意仍旧是不完全一致的，我们也不能够因此就完全了解梦。

通过对精神分析研究缺陷的了解，我们就能够清楚明白梦非常难解的另一个原因。我们已经知道，有时候，做梦者确实完全没有办法对梦中的某一因素做出任何联想。当然，这种情形不占多数，大部分梦的事例中，如果分析者坚持努力，都能够找出联想。但是，仍有少部分例子是没有办法找出的。之后即使有了联想，也不是我们想要得到的。精神分析治疗的时候，如果遇到这种情况，也是有意义的，不过我们现在不做讨论。事实上，这种情况在正常人分析梦的时候就能够遇到。我们会发现，不管怎么诱导，做梦者都没有办法自由联想。我们知道，每当梦里面有特殊的元素的时候，就会有一些令人厌恶的阻碍产生。一开始我们认为这些失败只是特例，现在看来，这其实是由一种新的原则引起的。

现在，我们试着用我们自己的想法来解释这些不能引起联想的元素，并想办法用我们自己的资源来诠释它们。每当我们这样诠释的时候，就能够得到令人满意的意义，而如果我们不运用这个办法，梦就会显得没有意义，很不连贯。起初，我们难以完全相信这种方法，但是经过很多例子的积累，我们就能够有信心充分确信我们的观点了。

为了适于演讲，我在这里讲述的只是一些纲领性的内容，它们虽然简略，却不会是错误的。

在通俗的解梦的书里面，梦里出现的各种不同的事物都有固定的解释，因此，我们也用固定的诠释表示梦里的一系列元素。我们在使用自由联想法的时候，梦中各种元素的替代物一直都不是固定的，这一点你们应该没有忘记。

或许，你们会立即表示，相对于自由联想法，这种方法更不可靠，更应该被指责、批评。但是，我还有话要说：我们的生活经验中，有很多例子都可以运用这种不变的诠释。所以说，有时候分析梦只需要运用这些知识就行，并不需要借助做梦者的联想。在本章的后半段，我们再讲这些知识是怎么得来的以及怎样运用。

我们将梦里面的元素和解释之间这种固定不变的关系，称为是象征作用，其中，梦的元素就是梦的隐意和潜意识的象征。你们应该记得，之前我在讲到梦的元素和隐意之间关系的时候，曾提出了3种关系：（1）以部分代替全部；（2）隐喻；（3）意象。我还曾说过有第四种关系的存在，但当时并没有明确解释，事实上，象征关系就是这第四种关系。在进行特别的观察分析之前，我们先关注一下那些有趣的要点，这其中最特别的部分就是象征关系。

首先，象征意义是梦中元素的解释，而且两者的关系非常固定，那么，即使我们关于解梦的理念与古代占卜士的解梦方法相差很大，在象征关系这一领域也是能够部分契合的。有了这种象征关系，我们解梦的时候就可以不必询问做梦者，事实上，做梦者自己也是说不出这种象征关系的。如果我们知道梦中常见的象征，做梦者的人格以及他的生活状况或者做梦之前的心理境况，那么我们就能够马上分析梦境，就好像一见面就能够解释梦一样。这种解梦的方法不仅能够让解梦者感到很满足，也能够引起做梦者的佩服之情。另外，这种解梦的方法显然比质问做梦者的做法好得多。不过，千万不要误会：我们绝不是习惯于耍滑使诈，这种方法也绝不能完全取代自由联想。象征法只是联想法的一种补充，只有借助联想法的配合，象征法才能够有效发挥。一般来说，我们并不只是在解释我们熟悉的人的梦境，我们对做梦者的心理情景并不是很了解，可能也不知道做梦者前一天的事情，因此，我们必须通过做梦者的联想来了解他们的心理情景。

　　需要特别注意的是，关于梦和潜意识之间的这种象征关系，已经引起了很激烈的抗议之声，这几点抗议我们在后文即将谈到。那些精于判断的人，他们即使在其他方对精神分析学有所同情，在这方面也会保持异议。如果记得下面两件事，这种行为就更让我们惊讶了。第一，象征作用并不是梦独有的特征；第二，虽然精神分析学有很多独创观点，但是象征作用并不是精神分析独创的。在象征作用学说中首屈一指的是哲学家希纳，精神分析学只是将他的学说加以论证和修订罢了。

　　你们可能很希望我列举一些例子来说明象征作用。事实上，如果我的知识达到了那个程度，我也是很乐意说出来的，但是我的知识还不够。

　　象征关系本质上像是一种比拟，但它却和任意一种比拟都不一样。我们必定会觉得这种比拟像是受到了一些条件的制约，虽然我们说不出这些条件究竟是什么。可以被某件事物比拟的事物，不一定会呈现在梦里面，反之，梦不一定是象征着一种事物，梦象征的可能只是隐意的一种成分；这两方面其实都是有限制的。需要承认的是，我们现在没有办法确切地限制象征的概念。因为它经常会以替代作用、表现作用甚至是隐喻的方式出现。有些象征的比拟基础不难看出，有些象征则需要细求其比拟中的共同因素或公比（the tertium comparationis）。有时，仔细思考之后才能够发现其隐意，有时，即使在仔细思考之后，仍不能解释它的意义。另外，即使象征就是一种比拟，这种比拟也不会因为自由联想而显露出来，做梦者不能察觉这种比拟，因此，即使引起了他们的注意，他们也绝不会愿意承认。由此可见，象征就是一种比较特殊的比拟，它具体的意义我们还不知道，或许在后面的讨论中，我们能够通过一些暗示来解释这种情况。

梦中以象征代表的事物并不多。比如人体、父母、子女、兄弟、姐妹、出生、死亡、赤裸，还有一种我们暂时不提（性关系）。整个人体常用的象征通常是房屋，这一点希纳也是认同的，不过他偏移了研究重点，夸大了这个象征的意义。一个人梦到自己经常在房屋前面攀援而下，有时候愉快，有时候惶恐。如果房子的墙壁是光滑的，就代表男人的身体；如果房屋带有棚架或者阳台，那就代表女人的身体。如果梦里父母以皇帝、女王、国王或者王后的形象出现，那就说明做梦者的态度是恭敬孝顺的。子女以及兄弟姐妹在梦里如果受到不好的待遇，他们通常会被象征为小动物或者小虫子。梦里面生产的象征一般都和水有关系，比如梦见自己跌落水中，或者从水中爬出来；如果梦见救别人出水，或者被别人从水中救出，那就象征着母子关系。死亡的象征通常是旅行或者乘坐新车；死亡的状态则会用一些隐喻表示。至于赤裸，通常反而会以衣服或者制服象征。从这里你们就会看出，象征和隐喻之间的界限已经渐渐消失了。

以上这些事物的象征可以说非常单调，数目也不多。相比之下，关于另一种事物的象征就会丰富得令我们不得不感到惊讶。我所指的就是与性生活有关的事物，比如生殖器、性交、性活动等。梦里面大多数的象征都是关于性的象征。现实中和性有关的事物非常少，但是在梦里它的象征却数不胜数，每一种事物都有很多意义相同的象征，这让人非常好奇。加以分析就会发现，这种奇特的分析结果会引起普遍攻击，因为梦的象征形式如此丰富，我们却得到这么单调的结果。不过，尽管大家很不喜欢，却又能有什么办法呢？事实就是这样的。

这是我在这次演讲中首次谈到性生活的问题，因此我需要先大略说明我们研究的态度。精神分析学中，讨论这个重大问题的时候大可不必感到羞愧，事实上我们对于任何事都不能避讳，不管什么事，都需要在正名之后才能够避免无谓的争辩。在座的诸位中间，有男人也有女人，但这个事实并不会让我退缩，我的态度也不会有任何改变。我们在讨论科学的时候，无论对任何人，都要平等看待，而不能为了迎合"王室"或者女性的要求就避而不谈。在座的女士既然来听讲了，那就表明她们希望和男人拥有相同的待遇。

男性的生殖器在梦里有很多不同的象征，不过很明显，多数情况下，这种比拟都是根据相同的观念形成的。首先，神圣的数字"3"是男性生殖器整体的象征。其中，更重要也是更被两性注意的部分，阳具，通常会被象征为长而直的东西，比如手杖、雨伞、竹子、树木等；也可以是具有穿刺性或者伤害性的事物，就像是各种利器，比如小刀、匕首、枪矛、军刀等；或者是各种火器，比如枪炮、手枪、左轮枪等，后面的这些事物由于形似，因此算是非常贴切的象征。如果一个少女在焦虑不安的梦里，梦见被佩刀或者佩来福枪的男人追赶，这种非常寻常的梦，你们自己也能够很容易解释清楚。有时男性生殖器会以能流出水的事物为象征，如水龙头、水壶或泉眼；有时则以可拉长的事物为象征，如有滑轮可拉伸的灯及能够自由伸缩的铅笔等。有时候还会以铅笔、笔杆或者指甲锉刀、铁锤及他种器具为象征，这其中的意义也都是不难理解的。

另外，阳具具有竖直向上这种反重力的性质，因此也常常以气球、飞机或者近代的齐柏林飞船为象征。不过，梦还有很多其他的更有力、更让人印象深刻的事物来象征阳具的竖直高举，梦会将生殖器当作是整个人的根本部位，因此做梦者会梦到自己在飞翔。大家应该都非常熟悉梦到自己高飞这种梦，这看起来是很美好的事情，但是现在你们大可不必因为这代表性兴奋或者勃起而惊讶。精神分析研究者费登就证明了这种解释的可靠性。另外，非常精明能干的莫里曾以手臂和腿不能自然活动为材料，也由实验得到了相同的结论。你们不要以女人也有相似梦境来驳斥我。如果你们熟悉解剖学，就会知道女性生殖器中也有与男人的阳具相似的部位，那就是阴核，人在儿童时期或者性交之前，阴核也发挥了和阳具差不多相同的作用，所以说，你们不能说女人在满足自己愿望的时候不会有和男人一样的感觉。

还有些关于男性的象征比较难以理解，比如爬虫、鱼类，尤其是蛇。至于帽子和外套也会有这个象征，我们难以明白原因，但是却可以理解这种象征作用。不过，我们不得不怀疑为什么手脚或这身体的其他部分会用来象征阳具。不过从女性相同部位与身体之间的象征关系来看，这是可以理解的。

女性的生殖器通常会被象征为一切具有空间、可以容纳外物的事物，比如土坑、洞穴或者小孔等，又或者说瓶瓶罐罐、大小箱子以及口袋等。船舶也包含在其中。很多事物仅仅是象征子宫，而不是生殖器官的其他部分，比如说碗柜、炉子，尤其是房间。房间这个象征意义和房屋的意义是有关联的，房间的门就代表了阴户。妇女的象征就是各种物质，比如木头、纸张，或者是它们的制造品，比如桌子和书本等。另外，毫无疑问的，在动物世界里，蜗牛或者蚌必然是女性的象征。在身体部位中，嘴巴就象征着阴户。另外，教堂、小礼拜堂都可以被视为是女性的象征。由此，你们也可知道，并不是所有的象征都是易于了解的。

乳房也应该属于性器官，女性身体较为丰满的部分，比如乳房或者臀部，就会以苹果、桃子等水果为象征。男女的阴毛则会被象征为丛林或者竹木。女性生殖器官的外观形状，通常会被象征为具有石头、树木以及流水的风景；而男性器官则会被象征为复杂的、难以言喻的机械。

关于女性生殖器，还有另一种象征需要引起我们的注意，那就是珠宝盒。事实上，在梦里"珠宝"、"宝贝"也经常象征做梦者的爱人。另外，性交的快感通常会用糖果表示。通过自己的生殖器得到的满足，则会被游戏替代，包括弹琴等。关于手淫的象征是非常典型的，那就是滑动、溜动或者折枝。有一点关于手淫的象征需要特别注意，那就是拔牙或者牙齿脱落，这象征着用宫刑惩戒手淫。在梦里，关于性交的象征与我们所期望的是有差距的，经常会被一些有节奏的活动替代，比如跳舞、骑马或者登山等；又或者是遭受暴力，比如受到马蹄践踏或者认为的一些伤害，当然也包括被别人持武器胁迫。

你们千万不要觉得这些象征作用的解释非常简单，事实上，我们所遇到的情况往往会出乎我们的意料。比如，男女的象征是可以互换的，这令人难以置信。有许多象征都可以表达男性或者女性，比如小宝宝、小男孩或者小女孩。有时候，代表男性的象征可以用以表示女性的生殖器，代表女性的象征也可以用以表示男性的生殖器。这些现象只有等我们对于人类的性的认识增强之后，才能够更容易地理解。在这些例子中，我们会发现关于性的象征是模棱两可的，其实不然。关于性的最典型的象征，比如武器、口袋或者碗柜等，绝不会两性通用，它们总是单性的。

现在，我们要抛开被象征的事物，从象征本身说说性象征的起源。并且，我们要着重谈一谈象征意义比较晦涩的象征，例如帽子或者戴在头上的其他东西。帽子虽然带有女性的含义，但是也经常用以象征男性。同样的道理，外套代表的是男性，但是通常不会表示性器官。这是因为领带是下垂的，并且也绝不会是女性用品；不过内衣和内裤则是女性的象征。另外，我们说过，衣衫或者制服表示的是赤裸身体；而鞋子和拖鞋则象征着女性的生殖器。另外，正如我们所说，树木或者桌子是女性的象征，这比较难以解释，但是我们需要相信。至于爬楼梯、登山或者是上楼，很明显就是性交的象征。通过深入的联想，我们就会发现节奏感是攀登动作和性交共同具有的特点，事实上，随之产生的兴奋度的增强，比如爬山时候的急促呼吸，也是两者共有的特征。

我们已经知道了，女性的生殖器通常会用"风景"来象征。高山和岩石则是男性生殖器的象征，花圈则通常是女性生殖器的象征。水果代表乳房，而不是特指孩子。野生动物则象征感官兴奋或者性欲很强的人。花卉则象征女性生殖器，尤其是处女的生殖器。花卉其实就是植物的生殖器官，这一点你们当然是知道的。

我们早就知道了房间的象征意义，现在，这个意义可以推而广之，于是，窗户或者门（房间出入口）就可以代表阴户。房间出入口的敞开或者关闭也能够以此类推。那么，毫无疑问，打开房门的钥匙，就是男性的象征了。

这些象征都是用来研究梦的材料。当然，它们还不足以支持我们，我们需要在深入研究的时候进一步扩充。不过，我觉得你们或许会认为这些已经太多了，你们可能会说："我们真的是生活在一个充满性象征的世界中吗？我们身上的衣物，我们所接触的一切，我们周围的一切，难道都象征了性，而不是象征了其他事物吗？"这种由惊异引发的疑问不无道理，其中第一个理由就是：既然做梦者心里没有象征的概念，又不愿意讲，那么我们是怎样猜到这些象征意义的呢？

我的回答是这样的：我们知识的来源有很多，比如有神话故事和童话，笑话和戏语，民间故事，关于各民族的习惯、风俗、箴言、歌曲的传说，还有诗歌或者常用俗语等。在这些不同的领域内，我们不需要指示就能够了解其中的象征意义。如果将它们的意义一一解说，我们就会发现这些象征和梦的象征意义有很多相似之处，这也就证明了我们的解释是正确的。

我们曾说过，据希纳的理论，人在梦里经常会以房屋象征人体，那么，加以引申就可以知道，窗户和大门，都可以象征体腔出入口。在解剖学中，体腔的出入口也可以用"门"或者"户"表示，比如"阴户"和"阴门"。而房屋的正面也可是平滑的，也可以有阳台和棚架，这也就象征着头发或者帽子。

最初得知父母在梦里会成为国王或者王后的时候，我们可能会惊讶。但是在童话故事中，确实有这样的象征。很多童话故事的开场白都是这样的："从前，有一个国王和王后。"我们知道，这句话的意义其实只是："从前，有一个父亲和母亲。"在家庭中，儿子就是王子，长子就是太子，父亲则是国王，也就是"民众的父亲"。小孩子有时候会被称为是小动物，例如在康瓦尔这个地方，小孩子被称为"小青蛙"，在德国，小孩子会被称作"小虫子"，当表达对小孩子体贴疼爱的感情的时候，德国人会说："可怜的小虫子。"

现在再回过头来说说关于房屋的象征。在梦里，房屋突出的部分可作攀登之用，这就和一句很著名的德国话相合，德国人谈到胸部特别发达的女人的时候，可能会说："她有可供我们攀登的地方。"另外，还有一句话大概也是这个意思："她的屋前有很多木材"，这句话也就证明了我们曾说过的话，那就是木材是女人母性的象征。

关于木材这个话题我们还有许多话要说。

木材代表女人或母亲，其中的原因我们难以理解，但是，在这里我们可以利用各国语言的渊源加以推测。德语 Holz（木材）和希腊语中的"mat"是由同一个语根衍生出来的，"mat"的意思就是原料。由原料的通用词汇最后变成某一种特定材料的名词，这种化广为狭的演化过程也并不少见。现在大西洋中有一个岛名叫马德拉（Madeira）。这是葡萄牙人发现这个岛的时候定下的，那是因为当时岛上有茂密的丛林，而葡萄牙语中"木材"一词就是"madeira"。现在你们一定知道，这个"Madeira"只是拉丁文中"material"的变式，而"material"就包含有原料的意思。"material"出自于"mater"（即为母亲），任何物品的原材料都可视为这个物品的生母。所以，我们说木材是女人或母亲的象征，其实只是援引了木材这个词的古义。

关于分娩的象征通常都与水有关系：比如我们沉入水中或者从水中出来，就表明我们出生或者我们生了孩子。我们绝不能忘记，这个象征和人类进化的事实之间有两种关系。其中比较远一点的关系是，一切陆生动物，都是由水生动物进化而来的。另外，每一个人，甚至于每一种哺乳动物，都是在水中度过了生命的第一个阶段，其实就是尚在胚胎期的时候，生活在母亲子宫内的羊水中，因此，出生就是从水里浮出了。当然了，我绝不会说做梦者知道这件事情，事实上，他们也没有必要知道。也许做梦者在孩童时代听说过，当然，我认为这与象征作用是没有关系的。小孩子在育儿室的时候，可能会听说婴儿都是送子鹳送来的，但是这种鸟从哪里得到的婴儿呢？那就是从水池里或者井底，这也是从水中而来的。我有一个病人，他小时候（当时他还是一个伯爵）在听到这件事之后，一下午都不见了踪影，当我们最后找到他的时候，发现他正躺在城郭内的一个湖边，专心致志地看着湖底，想要发现下面的婴儿。

著名心理学家兰克曾对神话中英雄的降生作过比较研究，在这些神话里，最早的是阿卡德的沙贡王（King Sargon of Akkad，约公元前 2800 年），他曾将孩子弃于水中然后又救出，这件事在神话中占有重要地位。兰克知道，这种象征的方法和梦中的象征是一样的，都是出生的象征。无论是谁，如果梦到在水中被一个人救了，那么一定会认为这个人就是自己的母亲，至少是某人的母亲；而在神话故事中，救孩子出水的人，通常就会自称是孩子的生母。曾有一个众所周知的笑话，一个人询问一个聪明的犹太小孩："摩西的生母是谁呢?"孩子回答："公主。"那人会说："不对啊，公主只是把他从水中救了出来而已。"小孩回答说："可是，那是她自己说的啊。"由此可见，兰克对于神话故事的解释是很正确的。

在梦里，出发去旅行是去世的象征。育儿室内，如果小孩子问一个死去的人或者说消失的人去哪里了，保姆通常会回答，那人"远行"了。不过，我并不赞同梦中的象征就是起源于儿童的回答。诗人也会运用相似的象征，比如他们会说死后的世界是"没有任何旅人能够回归的乌有之地"。日常谈话里，我们也会经常将死亡比作是"最后的旅行"。任何通晓古代礼仪的人都知道，送死者亡魂往西天去的葬礼都是非常隆重肃穆的，比如古埃及人就会在木乃伊身侧放上一本《亡灵之书》，作为其最后的旅行指南。由于墓地一般和活人居住的地方都有一段距离，所以亡者最后的旅行也是确切而具体的事情。

其实关于性的象征不仅存在于梦这一领域。你们都知道，有的人会称一个女人是"铺盖"，以此来侮辱对方，而他们并不知道这个称呼就是生殖器的象征之一。《新约》中说"女人是脆弱的器皿"。犹太人的圣书（文体类似于诗）中，也有很多关于性的象征，不过由于这些象征一般人难以理解，所以其中的注释，比如在《所罗门之歌》中，就经常会引起误会。在后来的希伯来文学中，经常会用房屋来代表女人，用门户来代表女性生殖器的阴门。比如，一个男人如果知道自己的妻子不是处女，就会说："我发现门已经打开了。"希伯来文学中，也有关于桌子是妇女象征的证据，比如一个女人谈到自己丈夫的时候说："我为他把桌子摆开，而他把桌子掀翻了。"跛孩之所以跛，据说就是因为男人"将桌子掀翻"了。这些例子都是来自于布伦的李维的书:《圣经和塔姆德经中的性象征》(《Sexual Symbolism in the Bible and the Talmud》)。

在梦里，船舶也象征着女人，这个象征意义也是语源学者们支持的。他们说"schiff"（船）原来的意义是泥造的器皿，与"schaff"（意思是木桶或木制器皿）的意义是一样的。至于火炉象征着女人或者女性子宫，也可以通过希腊柯林兹和培里安德王以及他的妻子梅丽莎的故事加以证明。在希腊史学家西罗德的叙述中，这个培里安德王本来很爱他的妻子，但后来由于妒忌而杀了她，杀害妻子之后，他又看到了妻子的影子，为了证明那就是他的妻子，他命令影子说出有关她本人的事，于是，影子说他（培里安德王）"把他的面包放在一个冷火炉里面了"。这是一句隐语，是不能够被第三个人了解的。又比如说研究各民族人类性生活的读本，克蒂斯所著的《人类性生活百态》中有这样的描述，德国人在说到女人分娩的时候，会说："她的火炉已经成了碎片了。"起火以及和起火有关的事情，都暗含着性象征，因为火焰象征着男性生殖器，而火炉象征着女性的子宫。

此外，从"大地之母"这句话在宗教中的地位，我们就能够了解到为什么梦中经常会用风景象征女性的生殖器。事实上，包括整个农业的观念，都受到了这个象征的影响。至于梦中以房屋象征女人，你们也可以从德国的俗语中找到起源。德语以"Frauenzimmer"（意思是妇人的房间）代表"Frau"（即妇人），也就是说，可以用人的住所来代表人。同样的道理，我们说到土耳其宫廷，指的就是苏丹国或者苏丹政府，而说到古埃及法老的时候，也只说"大宫廷"（古时东方双重城门之间的"大宫廷"就是集会的地方，类似于希腊、罗马时的市场）。不过，这样追根溯源太过浅显了，在我看来，房子之所以会象征女人，是因为其具有"人居住的地方"这个含义。通过古代神话和诗歌中的语句，我们早就知道了这个含义，那些语句中经常会用城镇、城墙、堡垒、炮台来象征女人。关于这个解释，只要询问那些不说德语也不了解德语的人的梦境，就可以很容易得到证明。近年来，我治疗的病人中有很多都是外国人，他们的语言中没有和德文中"Frauenzimmer"意义相当的字，但是他们在梦里却同样会用房屋象征女人。另外，梦的研究家舒伯特在1862年的主张中，也证明了象征作用可以超出语言范围。不过，由于我的所有的外国病人也都略懂一些德文，所以，这个问题只有让那些分析不懂德文的病人的精神分析家去证明了。

男性生殖器的象征，则都是出自于笑话、俗语或者诗歌中，特别是古代希腊、拉丁的诗歌。不过，其中不仅有梦中的象征，也有其他新的象征，例如各种各样的工具，尤其是锄和犁。男性的生殖器象征意义范围广、争论多，因此，为了不浪费时间，我们暂且不谈。我现在只谈一谈其中的一个象征，那就是数字"3"。先不说是不是由于这种象征意义使"3"变得神圣，我们会发现自然界有很多分为3部分或者3瓣的事物，比如幸运草、苜蓿叶等，由于这样的象征意义，它们经常被用作徽章图案。又比如说法国的3瓣百合花以及遥远的西西里岛和人岛两岛所共用的奇怪徽章（一个由中心向外伸出的三脚跪像），这都是男性生殖器的伪装形式，因为古人相信，男性生殖器的形象具有强大的消除灾祸的力量。现在人们携带的护身符或者幸运符似乎也可以视作是性的象征。这些护身符常常是小小的银质悬饰，如四叶苜蓿、猪、香菇、马蹄铁、长梯、扫烟囱的人等。四叶苜蓿是用来替代三叶的，三叶的象征显然更为适合；猪在古代是丰饶的象征；香菇则明显是阳具的象征，事实上有一种叫作"淫根菇"的香菇，长得与阳具非常相似；马蹄铁的形状和女性阴户的形状非常接近；同样的，扫烟囱的人以及长梯也是性的象征，扫烟囱的动作经常被人们比作是性交。我们都知道，梦中出现长梯就是性的意义，从词语来看也确实是这样的，比如"Steigen"（升登）一字有性的意义，例如："Den Frauen nachsteigen"（追求女人）和"ein alter steiger"（老色鬼）。法文中，"lamarche"表示"阶段"的意思，而"un vieux marcheur"的意思也是指"老色鬼"。我们知道很多大型动物（比如狗和马）性交的时候，雄性会骑在雌性背上，那个联想或许就是根据这个事实衍生出来的。

折枝成为手淫的象征，不仅是因为动作相似，事实上两者在神话故事中的意义也是相通的。有一点关于手淫的象征需要特别注意，那就是拔牙或者牙齿脱落，这象征着用宫刑惩戒手淫，在民间，这一点也只有少数做梦者知道。我想，很多民族的割包皮仪式或许就是阉割生殖器的替代程序。最近我们知道，澳洲有几个野蛮的原始部落，会在孩子成年的时候举行割包皮仪式，以此表示这个少年已经长大成年了。与其相邻的部落则代以拔牙替代割包皮来庆祝孩子成年。

我想以这些例子为本讲画上句号。这些只是例子而已，假如搜集实例的人是神话学、人类学、语言学或者民族学的地地道道的专家，而不是不甚了解的我们，那么获得的事例必然会更加丰富，更加有趣，我们从事例中得到的知识也会更多。但是，即使可能会有因小失大，可能会出现漏洞，为了给后面的研究提供材料，我们还是要下一个结论。

第一，有一个事实摆在我们面前，那就是做梦者虽然会梦到一些象征，但是他本人并不知道这些象征，醒来之后他也不会承认。这个现象非常奇怪，就像是你突然发现你的在波西亚小村长大的、没有学过梵语的女佣却会说梵语一样。显然，这个事实不符合我们的心理学说。我们只能说，做梦者对于梦境中的象征作用是没有意识的，这属于他们心理生活中的潜意识。不过，这个假定对于我们的研究也没有多少帮助。从一开始到现在，我们只是假定了潜意识的存在，并认为这些潜意识中有的我们知道，有的我们不知道。现在，我们不得不相信一个更重要的问题，那就是潜意识中的知识、思考关系以及不同事物的比拟，会使一个观念代替另一个观念。其中的比拟并不需要新颖独特，而是需要约定俗成的，可以直接运用的。为什么这么说呢？因为语言文化不同的各个民族，运用的比拟大都是一样的。

象征所用到的知识是从何而来呢？其中一小部分是语言习惯，其他的占多数的事实，做梦者也不知道。所以说，这需要我们从材料中整理。

第二，象征作用并不是做梦者特有的，也不是做梦所特有的。因为我们发现，在神话、童话、俗语、民歌、散文、口语以及诗歌中，都有象征存在。象征存在的范围极广，梦只是其中很小的一个领域，因此，我们不能奢望仅仅通过研究梦就得到关于象征的所有知识。有很多象征在别的领域非常常见，但是不会或者很少出现在梦中。另外，有很多梦的象征也只是偶尔出现在别的地方，而不会出现在所有的地方。由此，我们深深地感觉到，象征是一种古老的表达方式，只是现在弃用了而已，这种方式现在以片段形式存留在不同地方，有的存于此处，有的存于彼处，有的经过改变，分散存在于各个不同地方。说到这里，我不由得想到一个很有趣的病人，他认为这个世上存在一种"原始语"，这所有的象征都是这种原始语的残留。

第三，你们一定会非常奇怪，为什么我所说的象征不全是以性的问题为界限，而梦中的象征却大都和性有关系呢？这很难解释清楚。我们能不能这样假定，那就是象征原本是属于性的，后来常应用于其他地方，以至于演变成了其他的表示方式？仅仅通过梦的象征，是没有办法对这些问题做出回答的。那么，我们只有坚定地认为，真正的象征作用和性有着很紧密的关系。

关于这个问题，我们最好参照一下尤普沙拉市的语言学家斯比伯的研究，他的研究与精神分析不相关，不会受到精神分析理论的影响。他在最近表示，人类语言起源中，占有很重要地位的就是性需求。他认为，动物在进化过程中，第一次发声就是为了召唤性伙伴，随后，语言才逐渐发展为原始人类做各种工作时候的发音。语言这种带有韵律的声音，在和工作发生了关系之后，工作也具有了性的趣味。也就是说，原始人为了使工作更加愉悦，因此把工作当成是与性有关的事物。这时候，工作时发出的声音就具备了两种意义，一种是关于性的动作，另一种是这种动作的替代，也就是劳动。经过漫长的发展，这种声音去除了性的意义，仅仅代表劳动。又经过一段时间之后，关于性的另一种语言也发生了这样的演变，运用在了新的工作形式上。因此就会有很多语根，这些语根本来都是表示性的含义，后来才失去了与性有关的意义。这个说法如果正确，那么其就能够作为我们研究梦的象征的一种方法。不过，梦仍旧保留着这些象征，因此梦里面才会有那么多的关于性的象征，由此，武器和工具象征男性，材料和事物象征女性的原因，我们也可以了解了。如此一来，象征关系也就应该和古文字一样，成为人类的遗产，比如，古文字中和生殖器同名的事物，就能够在梦中象征人的生殖器。

更进一步来说，所有和梦的象征相互平行的事实，都能够让你们明白，为什么精神分析能够引起人们普遍的兴趣，而心理学或者精神医学却不能。精神分析学和其他的一些学科，例如神话学、语言学、民俗学、民族心理学以及宗教学等，都有非常密切的关系，其研究结果也能够为这些学科提供丰富的、有价值的理论。所以，即使知道精神分析学者为了促进这种关系而专门创办了杂志，你们也不会感到惊奇。我说的杂志指的就是汉斯·萨克斯和奥图·兰克在 1912 年创办的《心象》杂志。最初的时候，精神分析学与其他学科的关系是受多于施。精神分析学得出的很多让人惊讶的结论，大多是得益于其他学科的支持；不过总体来说，精神分析学也给别的学科提供了很多技术性的方法和理论；精神分析理论在其他学科中已经收到了成效。精神分析通过对人类精神世界的研究，已经得出了很多可以解释人类生活之谜的结论，或者至少可以明确回答一些问题。

至于该怎样深入、透彻地了解那些以"原始语"为特征的精神疾病，我至今还没有明确结论。如若不知道关于精神官能症的原理，你们必然没有办法了解精神分析的意义。精神分析的目的，就是根据精神官能症的一些病历材料，分析和治疗这种疾病。

第四，这个观点就是老话重谈了，我们又回到了问题的原点。我们曾说过，即使没有检查作用，我们也难以解释梦，因为我们还要将梦的象征语言翻译成日常语言。梦的象征作用是与检查作用并存的第二个要素。显然，检查作用要利用象征作用，因为两者的目的相同，都是让梦变得难以理解。

如果更深入了解，我们就会发现梦的伪装作用的另一个成因，这个原因我们会在下文提到。但是，在结束梦的象征作用这个话题之前，我们必须先提出一个问题，那就是为什么神话、宗教、艺术和语言中存在的很多象征能被人接受，而梦的象征作用却遭到了很多有知识、有教养的人的反对呢？这难道是因为梦的象征和性的关系太密切了吗？

第十一讲·梦的运作

诸位！了解了梦的检查作用和象征作用之后，即使你们不能够完全了解梦的伪装作用，至少也能够解释多数梦了。你们可以运用下面两种方法进行了解，当然，这两种方法是相互补充的：（1）你们可以诱导做梦者，让他们自由联想，直到他们能由潜意识的象征明确找出他们的潜意识思想；（2）运用你所知道的知识，了解梦中的意象所象征的意义。这两种方法会遇到一些阴暗之处，我们在后面就会讲到。

现在，我们暂且回到之前没有充分准备解梦的状态，讨论一下梦中的显意和隐意的关系。我们认为其中存在 4 种关系：（1）以部分代表整体；（2）隐喻或者暗示；（3）象征；（4）意象。现在，我们将讨论范围扩充，比较一下梦的显意和由此推得的隐意。

如果你们总是能够将梦的隐意和显意区分清楚，那么我相信，你们对于梦的了解程度恐怕大大超过了我的《梦的解析》的读者。不过，我还要向你们强调一点，那就是将梦的隐意转变成显意的过程，叫作梦的运作；反之，从梦的显意回溯到梦的隐意的过程，就是梦的解析。也就是说，解梦其实就是揭露梦的运作机制。对于儿童的梦来说，愿望的满足是很明显的，但是梦在运作的时候也有一些变化，因为白天的时候，愿望是以思想的形式存在的，到了梦里，则变成了视觉影像。这种梦只需要追溯其变化过程，而不需要过多解释。其他各式各样的梦由于伪装作用，因此梦的运作过程非常复杂。我们只有通过解析，才能够重建这些伪装的梦的隐意。

我曾经有机会比较了很多种类的梦的解析，所以我现在要详细说明梦在运作的时候是怎样处理关于梦的隐意的材料的，你们需要留心静听，才能够完全了解。

梦运作的第一道程序就是压缩作用，也就是说，相比于隐意，梦的显意更加简单，就像是隐意的缩写。除去少数几种情况之外，一般的梦都存在压缩作用，而且压缩程度很高。绝不会有这种情况，那就是梦的显意的范围大于隐意，或者说意义比隐意丰富。压缩作用分为以下几种：（1）某些潜在意义完全消失；（2）隐意中的很多感觉只有某个片段进入了梦的显意；（3）隐意中很多共有的性质，在显意中合并了。

以上 3 种方法造成的结果不难想象，因此你们一定不会反对我将其统称为

"压缩"。你们从自己的梦里，也能够发现一些压缩作用的实例，比如几个人合二为一。这种合并而来的影像看上去外貌像甲，衣着像乙，职业像丙，但是你知道他其实一直都是丁。4个人的属性，鲜明地表现在了同一个人的影像上面。当然了，这种作用也受到了事物本身以及地点等等因素的影响，和人一样，这些事物或者地点如果具备梦的隐意所强调的种种共同属性，它们就会以这种共同属性为核心，混合形成一个新的概念。压缩的各个部分混合之后，就会像几个照片同时投影于一个荧幕一样，形成一种模糊不清的画面。

这种作用所需要的事物的通性，一开始我们会觉得不存在，但事实证明是我们特意造成的。因此，这种意象混合的形式，在梦的运作机制中占有很重要的地位。关于这种压缩作用的例子，我们在讨论造成语误的因素的时候见到过。你们总还记得那个年轻人说要"送辱"一位女士（"beleidigen"的意思是"侮辱"，"begleiten"的意思是"送"，合起来便成了"begleitdigen"，即为"送辱"）的例子。一些诙谐的话语，也是根据这种压缩作用形成的。

不过，除了这些之外，压缩作用可以说是不常见而且很奇特的。有很多幻想性的创造，就和梦里几个人合二为一的现象非常接近，很多成分实际上不能够相互包含，但是在幻想中，就能够结合起来，比如古代神话故事中半人半马的怪物和一些无稽的怪物，以及画家伯克利笔下的那些怪物。事实上，这些创造性的幻想，并不是发明，而是根据已有的事物，重新进行组合。梦的运作有下面一些特征：梦运作的材料中含有一些令人不快的、想要反对的材料，梦的运作就是运用混合、交叉的方法，把这些材料和思想转化成为一些令人无法理解的奇怪事物，然后比较确切地表达出来。在其他领域，翻译者在转变事物的时候总会保留一些原材料的区别，而梦就不一样了，它会像诙谐语言一样，通过淘汰筛选，将两种意义合并，通过双关的形式进行表达。想要直接了解这种运作特性是很困难的，不过，你们只需要知道，这种特性在梦的运作机制中占有非常重要的地位。

虽然压缩作用让梦变得模糊难以理解，但是却不会让我们感觉到梦的检查作用的影响，我们可能会认为这是由于机械的原因或者为了节省思维。然而，事实上梦的检查作用仍是非常明显的。

压缩作用的结果令人惊讶，因为假如两种不同的隐意合成了一个显意，那么当我们认为自己完全了解了梦的时候，可能就会漏掉梦的另一种意义。

压缩作用对于梦的显意和隐意还有另一种影响。因为显意和隐意之间的关系非常复杂，相互交叉之下，其中的一个显意可能就会同时代表几个隐意，而一个隐意可能又被转换为几种不同的显意。因此，一个显意的各种联想，都是无序的，我们需要等到完全解析梦境之后，才能使各种隐意完全呈现出来。

因此，梦的运作采取的是一种非常复杂的机制，这种机制与我们想象的大不相同。既不是一个字翻译为另一个字，也不是一个符号翻译成另一个符号，也不是有明确规则的选择作用，更不是以一种要素代表另一种要素的代表作用。

梦的运作的第二道程序是"转移作用"。幸运的是，我们并没有遇到新的问题。我们知道，转移作用是由于梦的检查作用造成的，其有两种方式：（1）一个隐意不是被其本身的另一部分替代了，而是被另一种关系较远的事物替代了，就像是隐喻一样；（2）隐意的重心会从一个要素转移到原本不重要的要素上面，这种转移，就导致了梦的奇怪、荒诞。

事实上，我们在清醒的时候也经常会用隐喻替代一些事物，不过这和梦里面的隐喻有一个很大的区别。清醒的时候，我们用以隐喻的替代物与原来的事物都是有很大关联的，因此易于理解。诙谐幽默的话语，也经常会运用隐喻，只是这种隐喻一般都来源于外在的联想，比如谐音、双关等，而不是来源于内容上的内在联想。不过，诙谐话语的联想仍旧会被了解，事实上，如果不了解隐喻背后的意义，笑话的原意也将完全丧失。梦的转移作用所用的隐喻就没有什么条件限制，它们和原意之间的联系非常浅薄疏远，不易被了解；即使有人说明了其中的关联，别人也会觉得这种解释太牵强了，就像是不成功的冷笑话而已。事实上，这就是梦的检查作用的目的，不让我们追溯到隐喻的原意。

我们在清醒的时候，为了达到诙谐幽默的效果，有时候会运用到意义转移的方法，但假如为了表达自己的思想，这个办法绝对不是很有效的。转移会造成很多混乱，比如下面这个例子：某村里一个铜匠犯下了死罪。法官虽然认定其有罪，但是考虑到村子里只有这一个铜匠，绝不能死，因此，就转而判了一个裁缝绞刑，因为村里有 3 个裁缝，死一个无关紧要。

从心理学的角度看，梦的运作的第三道程序是最有趣味的。这就是将思想转变为视觉影像的过程。当然了，我们需要明白的是，并非所有的隐意都呈现为视觉影像，有的思想在梦里仍旧是以思想的方式存在于做梦者的脑海中。再说了，视觉影像也不是思想唯一的转变对象。不过，我们承认一些例外情况的同时，也要知道，视觉影像仍旧是梦境的基本面貌，这一情况极少变化；而且我们早就知道，视觉影像就是梦的要素之一。

显然，这个程序并不是很容易的一个过程。现在，你们试着用几张图画来描述报纸上的一篇政治文章，你需要把其中的文字完全变成图画。文中的人物很容易用图画表现，甚至可以表现得更完美。但是，如果你们想把那些抽象的文字，或者说表达思想关系的词语，例如关系词、连词等变成图画，就会遇到困难。这时候，你们会试着把抽象的文字先译成其他文字，这些文字也许不常见，但其语根的成分，更容易被转化成具体图像。据此你们就会想到这样一个事实：抽象的文字可能原本就是具体的，只是它们原来具体的意义逐渐丧失了而已。所以，这个时候，你们就会追溯这些字原有的意义。或许你们会惊喜地发现："占有"（possess）一词之实际意义，其实就是"坐在其上"（possess ＝ potis＋sedeo）。事实上，这也是梦的意象转化的原理。这种情况下，你们很难精确地表示所有的意思，因此，你们就不能指责梦在将难以具体化的成分转化成图像时候的勉强，比如，梦会用一些破损，如断臂伤腿等形容婚姻的破裂，并以此消解化字为图的困难。

现在来看下面一段文字：

神的惩罚：通奸引起的手臂受伤

安娜是一名士兵的妻子，她控告科勒孟妮犯了通奸罪。安娜在诉状中写到，其丈夫在出征的时候，曾和科勒孟妮发生了不可告人的事情，两人每次发生关系之后，其丈夫都会付给科勒孟妮 70 元钱。除此之外，科勒孟妮还从安娜丈夫那里得到了很多金钱，这间接导致安娜及其子女忍饥挨饿，艰难度日。安娜有很多证据：她丈夫的同僚曾见到过被告和原告丈夫一起在酒店痛饮至深夜。另外，被告也曾当着很多士兵的面，要求原告丈夫早一点儿和他的糟糠之妻离婚，以便两人双栖双飞。此外，被告的管家也多次在被告房间中见到过被告和原告的丈夫在一起，两人赤身裸体，未着寸缕。

不过，在判决前一天，被告在法官面前拒不承认任何事实。她说自己根本不认识原告丈夫，与其发生亲密关系的说法更是无稽之谈。

另一个证人，M先生听了这话后很惊讶，他说自己曾经见到过被告与原告的丈夫接吻。

在之前的几次庭审中，原告丈夫也曾出庭作证，证明其没有和被告发生任何亲密关系。不过，在昨天，他交给了法官一封信，信中请求法官撤销他原来的证词。他向法官坦白，他与被告确实保持了很久的亲密关系，直到去年7月才停止。之前的庭审中，他之所以否认两者的关系，是因为被告曾经找到他，跪下请求他的帮助。原告丈夫在信中写道："今天，我觉得我必须在法庭中完全认罪，因为上帝已经开始惩罚我了，我的手臂受了伤。"

不过，法官认为犯罪事实是去年的事情，现在已经过了起诉有效期，因此判定被告无罪，撤销了控诉。

这个故事中，手臂受伤就成了婚姻破裂的注解。

有一些表达思想关系的词语，表现的时候就更难了，例如"因为""所以""但是"等，这时候，只好略去。同样的道理，因为梦里的思想内容会被转化为人物或者活动，梦里就会多出一些元素。当然了，如果你们能够准确地用图画表现出思想关系，那就再好不过了。同样的道理，梦也会运用奇形怪状的、明白或者隐晦的、抑或是分为几部分来表现隐意。一般来说，梦的分段的数目和梦的主题数目或者隐意数目大致是相同的。一个简短的起始的梦，往往会引起之后的详尽的长梦。梦中情境的改变，主要是因其被次要的隐意替代。因此，梦的形式也是很重要的，我们需要对此做出解释。同一晚上的几个梦往往具备同一个隐意，这是因为做梦者都是为了控制住一个强大的心理刺激。一个单独的梦，则会运用双重象征，也就是说一个以上的象征来控制难以控制的刺激要素。

如果仔细比较梦的隐意和显意，我们就会对所有的方面感到意外，比如说梦中非常荒谬的事情，也是具有意义的。事实上，医学与精神分析学在这一点也有很大的观念分歧。医学观点认为，人在做梦的时候，心理活动暂时停止了，所以梦才会荒谬没有逻辑；而我们则认为，梦之所以荒谬，正是因为我们的心理活动没有停止，而是试图通过一种荒谬将隐意表现出来。比如之前我们遇到的一个绝佳的事例，那就是看戏的那个梦（一个半弗洛林买3张票），这个荒谬之处想要表现的意思是："结婚太早实在是太荒谬了。"

另外，在解梦的时候，通过揣测我们就会发现，做梦者总是怀疑其中的某项要素是不是真的进入了梦境，为什么说进入梦境的就是这个要素而不是其他要素呢？一般来说，隐意中确实没有和这些怀疑相对应的东西；它们完全是由检查作用不能完全抑制隐意造成的。

我们发现了一个惊人的事实，那就是梦的运作的方式和梦隐藏意义的方式是相反的。我们早就知道，梦的隐意中共通的地方会在显意中合而为一。事实上，相反的意向也是一样的，会在显意中表现出来。梦的显意可以分为正反两面，能够代表3种意义：（1）只代表正面的意义；（2）只代表反面的意义；（3）同时代表正面和反面的意义。这3个意义究竟怎样选择，我们只能通过分析两者的关系来确定。梦里面即使没有"不"这种否定词，也至少会有一些双关的词语。

不过幸运的是，语言的发展和梦的运作这个奇怪的过程也有相似的地方。很多语言学家认为，最古老的语言中，所有相反的字，诸如强弱、明暗、大小等，在最初都是同一个语根，比如古埃及语中，"ken"同时表现"强"和"弱"。为了不引起误会，人们说话的时候会运用不同的音调和姿势；书写的时候，他们会在前面加上定语，也就是表示不同口语的图画。比如，在"ken"的后面画上一个挺胸直立的人，表示"强"；画上一个跪在地上的人，就表示"弱"。不过，具有正反两种意义的字在代代相传的过程中，由于语根发生了变化，因此分离了。就像是兼具"强"、"弱"两种意思的"ken"，分离出来了两个字："ken"（强）和"kan"（弱）。事实上，不仅是古文字，近代，甚至是现在仍旧常用的语言中，也留存了一些具有正反两种意义的字。在这里，我将引用阿贝尔作品（1884年著）中的一些例子进行说明：

拉丁文中具有相反意义的字词：

altus ＝高或深；sacer ＝神圣或邪恶。

语根变化的例子如下：

clamare ＝高呼；clam ＝静静地，默默地；siccus ＝干燥；succus ＝液汁。

在德文中 Stimme ＝声音；stumm ＝哑。

如果将相近的语言加以比较，也可得到更多的例子：

英文：lock ＝闭锁；德文：Loch ＝洞穴；Lucke ＝裂隙。

英文：cleave ＝分离，附着；德文：kleben ＝粘着，附着。

英文"without"原来兼有正反两种意义，现在则只用以表示否定的意思。但是"with"不仅有"偕同"的意思，还有"剥夺"的含义。这一点通过"withdraw"（取消）和"withhold"（阻止）等字便可明白了（德文 wieder 一字可以用来作比较）。

梦的运作的另一特点也可通过语言发展表现出来。在古埃及语及其他后来的语言内，音的前后位置变换，能够造成不同的字表示相同的意义。英文德文有很多这样的意思平行的词语，比如：

Topf（pot）— pot（陶盆）；Boat — tub（船）；Hurry — Ruhe（休息）；Balken（beam）— Kloben（棍状物）；wait — tuwcn（等待）。

拉丁文和德文平行意义的例子如：

Capere — packen（捉住）；Ren — Niere（肾）。

梦在运作的时候，变换单字音节的途径有很多种。其中之一是我们非常熟悉的意义倒置，比如意义相反的字相互替代。不过除此之外，梦中也会出现情景倒置或者说两人亲属关系的倒置，这就导致我们的梦像是一个奇妙的世界。本来应该是猎人追兔子，到了梦里可能会变成兔子追猎人。另外，有时候事件发生的先后顺序也会发生倒置，原本是先因后果，到了梦里，结果却出现在了原因之前，这让我们想起来一些二流戏院中演出的戏剧，主角已经倒地身亡了，致其死亡的两声枪响方才由两侧传了出来。我们解析梦的时候，常常需要将最后的内容放在最前，将最前的内容放在最后，这样才能够解释出梦的真正意义，这是因为梦里面，事件的前后顺序被倒置了。你们应该记得，在梦的象征作用中也能够发现这种现象。比方说落水和浮出水面，代表了分娩这个含义。另外，上梯或者上楼，与下梯或者下楼的意义是一样的。我们要明白，梦在表现隐意的过程中，这种自由是有利于伪装作用的。

这些事实都说明，梦的运作具有原始的特征。这是因为，梦的运作机制依附于古代文字，在解释的过程中也有与古文字解释相同的困难。我们在后面谈到这个问题的时候会详细解释这一点。

现在，我们来讨论梦的运作的其他相关问题。梦的运作，主要是将文字形式的隐意，用知觉形式，尤其是视觉形式表现出来。事实上，我们的思想原本就来源于知觉形式，最早的时候，思想的材料就是一些知觉意象，更形象地说就是记忆图像。之后，这些记忆图像才借助文字的连缀，成为了思想。因此我们说，梦的运作过程就是思想的退化还原过程，在这个回溯发展的过程中，一些新的事物就会消失掉。

这就是我们所要讲的梦的运作的意义。了解了梦的运作机制之后，我们对于梦的显意的兴趣会降低，不过，我们还是要大致叙述一下显意，毕竟显意是我们在梦里直接接触的部分。

到这里，梦的显意在我们眼里已经不是那么重要了，这是自然的。事实上，我们也不会去在意显意是精细小心地组合而成的，还是分裂出来的一系列不相干的小片段。即使梦的显意看上去具有某些含义，我们也知道这只是伪装，和梦的真正含义没有直接的关系，这就类似于我们根据意大利教堂的门面不能推知其构造与地基一样。即使有时候梦的显意没有经过伪装，赤裸裸表现出隐意，我们也并不知情，这一切，只有在了解了梦及其伪装机制之后，才能够确定。由此，我们可以推测，梦的隐意中一些相关的成分，在梦中可能会疏远隔离，这种关系就像是隐意和显意的关系一样。

一般情况下，我们不能够把梦当作是表里如一的连贯性很强的故事，不能够用显意中的这一部分来解释那一部分。实际上，多数的梦就像是由水泥粘合起来的岩石，粘合之后，我们看到的界线，已经与其内部的界线完全不同了。梦的运作过程中，还有一个过程，那就是将经过梦运作之后的成果连接成为一个整体，这就是梦的二次修饰作用。为了使梦难以理解，在这个修饰作用中，梦的材料会被打乱次序，交叉混乱地组合起来，与隐意相差很远。

当然了，我们也不需要过分夸大梦的运作效果。整个运作过程不外乎这 4 个活动：压缩作用，转移作用，形式转化以及二次修饰。另外，梦中的一些心理表现，比如判断、批评、惊讶或者推演等都不是由梦的运作导致的，也不是对于梦的回想的感觉，而是闯入显意的一部分隐意，这部分隐意没有被修改成与显意相符合的形式。另外，只有极少数的梦能够创造出做梦者的话语，其他的梦只是将做梦者的所见所闻或者说过的话当作是潜意识，融合在显意里面。梦的运作也不包含数字计算，显意中的计算或许只是隐意中计算的副本，只有数字的混合或者是估算，都会出现荒唐的谬误。正是因为这些情况，我们才会失去对显意的兴趣，转而将目光转向伪装背后的隐意。不过，我们在理性探讨的时候，不能够使兴趣转移得太远，不能够把隐意当作是梦的全部，不能将原本适用于显意的评论加在隐意上面。要知道，"梦"这个词指的是隐意经过梦的运作之后呈现出来的形式，因此，如果知晓精神分析的人将显意和隐意混淆，那就很奇怪了。

经过精神分析的努力，我们发现梦的运作包含了压缩作用、转移作用以及形式转化等活动，这是非常新奇的发现，梦的运作过程竟是如此别致，这在精神生活领域是绝无仅有的。通过将梦和其他平行领域，诸如语言、思想的研究进行比较，你们就会发现精神分析与其他研究之间的关系。将来，在知道了梦的运作机制其实是精神官能症症候群的一种的时候，你们就能够知道这种研究结果的重要性。

当然，我明白一点，那就是我们关于梦的研究还不足以为心理学做出贡献。但是，我们至少能够确定两点：第一，梦的解析证明了潜意识的存在，事实上，潜意识就是梦的隐意；第二，通过对梦的解析，我们才知道，我们心里的潜意识是如此丰富活跃，这也给了我们超出想象的启发。

现在，我觉得是时候通过一些事例来说明我们前面所说的各种观点了。

第十二讲·梦的事例以及解析

诸位！我现在要向你们讲述的仍然是关于梦的片段的解析，而不是让你们参与长梦的解析，你们不要因此而失望。你们或许会觉得自己已经准备好了解析长梦，或者说解释了上百个梦之后，已经可以随口说出一些很好的例子，用以证明自己对于梦的运作和梦的隐意的理解。这个想法并没有什么错，但是想要这么做，还会遇到很多困难。

首先，我们必须承认，没有人会将梦的解析当作是自己的主要工作。换句话说，什么情况下，我们需要对梦做出解释呢？有时候我们会研究朋友的梦，不带有什么目的性；还有的时候，我们会为了精神分析的研究而解析自己的梦；不过大多数情况下，我们需要研究的是患有精神官能症的患者的梦，并将分析结果作为精神分析治疗的材料。精神官能症病人的梦非常丰富，能提供给我们的材料也丝毫不亚于常人，不过，我们研究的目的是为了治疗他们的病，所以一旦获得了我们需要的信息，就不会再接着分析他们的梦。另外，由于梦是起源于潜意识的，而我们并不能完全清楚潜意识里面的材料，所以很多梦难以充分得到解释，只有等到治疗奏效，我们才能充分解析这些梦。想要详细论述这些梦，我们还需要清晰地说明精神官能症的所有秘密，但是，这一点我们做不到，因为梦的研究本来就是为治疗精神官能症做准备的。

现在，我很希望能够放弃精神官能症患者的梦，而是去听一下对你们这些正常人的梦的解析。但是，你们知道，要想解梦，就需要直面人格中最不能为别人知道的秘密，这些秘密可能是自己或者朋友们难以承受的。因此，你们的梦，很多时候也不便解释。这只是关于梦的性质方面的困难，除此之外，还有一个困难，那就是梦非常难以描述。大家都知道，梦对于做梦者本人而言，是非常陌生而奇异的，对于不明白做梦者人格的人来说，更是非常令人惊异。关于梦的著作中，有很多精巧细致的梦的描述，我自己的作品中也有关于一些病例的描述。关于梦的解析最好的例子，要数兰克著作内的记录，他记录了一个少女两个梦的分析。这两个梦的描述只有两页，但是关于梦的分析占了76页。如果我们选取一个复杂冗长而且有很多伪装的梦，那就需要借助联想和回忆，用很多材料进行证明，反复解释，这样的话，恐怕需要一个学期的时间。仅仅一次演讲的时间，是不允许我们这样分析一个梦的。所以，大家请不要急躁，我会仅仅从精神官能症患者的梦里选取几个片段，明示梦的一两个特点，这算是一个比较简单的方法。最容易陈述的是梦的象征，然后是梦的表象的回溯还原。下面，我们慢慢说一下以下这些梦的缘由。

第一，有一个梦只有两个简略的图像：做梦者的叔叔正在抽烟，虽然那天是星期六；一个妇人正抱着做梦者，就像是抚摸孩子一样在抚摸他。

第一个图像说明，做梦者的叔叔平时不会在安息日[1]抽烟，因为他是一个虔诚的信徒，绝不会如此妄为。第二个图像中的妇人，事实上是做梦者联想到的自己的母亲。这两个图像情境之间，必然存在一定的关联，关联之处在哪里呢？做梦者知道，如果叔叔可以做平时不能做的事情，那么自己也可以，于是相似情景就会被加入。"像我叔叔这么虔诚的信徒都在安息日抽烟，那么我就可以让

---

1 安息日，犹太人在安息日只吃蔬菜，禁烟禁酒。

我的母亲爱抚我了。"显然，从这里我们可以知道，在安息日的时候，被母亲爱抚和抽烟一样，都是犹太人的禁忌。你们应该记得，我曾说梦的隐意之间的逻辑关系会在梦里消失，我们的思想会在梦里碎裂成片段。梦的解析就是把已经消失的逻辑关系重新填补。

第二，我的一些关于梦的著作问世之后，社会上很多人就把我当作是公共顾问，几年来，很多人通过信件向我描述他们的梦，并征求我的意见。一部分人给我提供了梦作为我的研究材料，还有人自己已经做了解析，这让我万分感激。下面这个例子是一位慕尼黑的医科学生在 1910 年的时候做的梦。我引述这个梦是想让你们知道，如果做梦者不将自己的梦如实相告，解析梦就会非常困难。想必你们一定认为，翻译象征是解析梦的理想方法，而自由联想没有什么作用，那么，我现在就要你们打消这种偏见。

据这个学生所述，他在 1910 年 7 月 13 日拂晓，做了下面这个梦：我梦到自己正在杜平根[1]的街上骑自行车，突然一条狗窜了出来，咬住了我的鞋跟。我往前骑了一小段之后，下车坐到路边石阶上面。然后我开始用力打狗，因为它紧紧咬着我（狗咬我以及这个过程却能够引起我的快感）。这时候，对面有两个坐着的老太太，她们看着我笑，面目狰狞。于是，我马上醒了过来，就像是之前做梦一样，逐渐清醒并明白了全部梦境。

显然，在这个例子中，象征对于解梦没有什么帮助，不过做梦者继续对我说："我最近在街上看到了一个女人，我倾慕她，但是却没有很好的结识途径。我是一个喜欢动物的人，她也是，知道这一点之后，我就大为动心，想要通过她的狗认识她。"他还说了一点，那就是他曾经看到过狗交配，他巧妙地将两条狗分开，引得了别人的惊奇和赞赏。我们还知道一点，那就是他倾慕的这个女人经常和这条狗一起散步。不过，在他的梦的显意中，只有那个女人的狗，却不见那个女人。或许那个面目狰狞的老太太就是那个女人的象征，但是我们根据他的描述并没办法这么证明。骑自行车则是真实场景的写照，现实中他每次

1　杜平根，德国的一个城市。

见到那个心爱的女子的时候，就总是骑着车。

第三，当我们最亲爱的人死了之后，我们会在某一段时期将逝者已不在的事实和自己期望他们复生的愿望结合起来，做一种特殊的梦。有时候死者虽然已经死了，但在做梦者梦中犹如还在人世一样，做梦者不知道对方已经死了，似乎只有知道之后，对方才真的死了一样。有时候似乎是半死半生，又活又死，这在梦中都会有特殊的标志。这样的梦并不是毫无意义的，因为梦就像是童话故事一样，允许死而复生的情况发生。在我看来，这种梦似乎可以用一种普遍合理的解释，做梦者希望死者复生的愿望最为突出。我从这类梦中选择一个作为代表进行介绍，大家会看到其中的荒谬，其分析也能够证明我们上述的观点。一个做梦者在自己的父亲去世几天之后，做了如下一个梦：

"我的父亲已经去世了，可是我又梦到他从棺木中起来，面带病容地继续活着，我尽量阻止他注意到这一点……之后我又梦到了别的事，离这个梦境越来越远。"

我们知道，做梦者的父亲确实已经死了，这是事实；但是至于从棺材中出来，这就不是事实了。做梦者还讲到了一件事，他为自己父亲送葬回来之后有了蛀牙，疼痛难忍。他想起来犹太人的一句格言："牙齿疼痛的话，就将其拔掉。"于是，他就照做，去找牙医。但是牙医认为拔牙并不是治疗牙痛最好的方法，牙痛贵在能忍。医生说："我会在你牙齿中放一些药，用以杀死你的牙神经，三天后你再来，我帮你把死掉的牙神经取出来。"做梦者忽然像意识到什么，说："这'取出来'不就是梦里面从棺材里出来吗？"

他的话是对的吗？事实上，这两件事并不是平行关系，因为取出来的不是牙齿，而是牙齿的一部分。不过根据我们的理论，梦的运作过程中是允许这种不符合的情况存在的。也许做梦者因为梦的压缩作用，将已经死去的父亲和自己的牙齿合而为一了。关于牙齿的很多解释，显然是跟做梦者的父亲没有什么关系的，因此，这个梦显得非常荒谬。那么，做梦者的父亲和他的牙齿究竟存在什么样的联系呢？

做梦者觉得这种联系必然是存在的，因为他知道一句俗语，那就是说梦见牙齿掉落，就会有亲人逝去。

我们知道，这句俗语的解释显然是不对的，即使有道理，也只是歪理而已。因此，如果我们从梦的内容其他成分的背后发觉了梦的意义，就更让人惊讶了。

我未再追问，但做梦者接着叙述了他父亲生病、逝世以及他们父子之间的关系。他的父亲卧病在床很长时间，他需要长期伺候，花钱治疗。虽然花费了很多金钱，可是他并不介意，也没有失去耐心，更没有希望自己父亲早点儿死的念头。能够坚守犹太人的孝敬老人的观念，这让他很自豪。因此，他在梦中将父亲和蛀牙混合起来，这件事令他非常惊讶。一方面，如果以犹太人的治疗方式，他牙疼必须拔掉；另一方面，他需要坚守犹太人的原则，不惜一切金钱和精神的损失来为自己的父亲负责，不能有怨言。如果说他对于父亲和牙齿有相同的情感，那就是说他希望自己父亲死亡，这样的话，父亲的病痛和自己的巨额开销能够早日完结。这样解释的话，两者情景相似的情况就能够令人信服了。

我相信这个解释，而且我认为他之所以为自己的孝顺感到自豪，就是为了阻止这个念头。一般人在这种情况下可能都会在某种程度上希望父亲早点过世，同时他们又会说"这对于父亲而言也是一种慈悲和解脱"，事实上，这只是粉饰自己的真实意图。现在，需要注意，梦的隐意的伪装已经消除了。我们可以相信，这种观念只是暂时性的、无意识的，也就是说，梦的运作正在进行中；另一方面，对于父亲的厌恶感或许是起源于童年时代的潜意识，这种意识在父亲生病期间伪装起来，隐藏在他的意识中。通过对梦里面其他隐意的了解，我们就更能够确定这个观点了。做梦者童年的时候有手淫行为，他的父亲总是会阻止他，这一点梦里虽然没有，但是存在于他的记忆中。做梦者到了青春期之后，他的父亲考虑到社会道德，仍旧会阻止他的手淫行为。于是，做梦者对于父亲就有一种敬畏，这也是他和父亲关系的感情基调。

现在，我们根据做梦者由手淫引起的心结，就能够解释梦里面的情景了。"面带病容"实际指的是压抑的另一句话："这里要是没有牙齿就不好看了。"同时，也暗指做梦者青春期的时候手淫过度而面带病容。做梦者在梦里运用了梦的一个常见的方法，那就是转移，将病容转移到了自己父亲身上，然后自己就没有压力了。"继续活着"一方面指的是做梦者希望自己父亲继续活着的愿望，另一方面是得到了牙医的建议，那就是不把牙齿拔掉。"我希望阻止他注意到这一点"，这一点显然指的是父亲已死的这个事实，但同时指的还有手淫的心结。实际上，年轻人自然都会想方设法向父亲遮掩其性生活。最后，我还要告诉你们一点，那就是关于牙痛的梦通常都是指代手淫以及对于手淫招致惩罚的恐惧。

由此可知，这个看似难以解释的梦由下面3个方面构成：（1）繁杂的压缩作用；（2）将隐意中的一部分思想完全隐藏；（3）用双关的事物象征最深层的隐意。

第四，我们很早就了解到，有一些很普通的梦，其本身并没有荒谬之处，但是却不被社会道德允许，这就让我们心存疑问：为什么我们会梦到这些无聊的小事情呢？为了解释这一点，我要引述3个梦，这3个梦相互之间是有联系的，它们是由同一个少女在同一天晚上做的3个梦。

（1）她从大厅走过的时候，头撞到了灯架，顿时鲜血直流。这样的事情，她在现实中从未遇到过。关于这个情景，她有一番解释非常值得注意："那时候我的头发真是令人担心，我的母亲曾跟我说：'好孩子，如果你的头发一直这样，你的头就会像屁股一样，光秃秃的。'"有这句话可以推知，头实际上就是下体的象征，关于灯架就不需要过多解释了，因为我们已经知道，梦里凡是可以拉长的事物，都可以象征男性生殖器。所以说，这个梦真实的含义就是女孩的下体因和男性生殖器接触而流血。另外，通过做梦者的联想我们就可以了解这个梦的另一个意义，那就是这个女孩一直觉得月经流血是和男人性交造成的，事实上这也是很多少女对于性的一个普遍认识。

（2）做梦者在葡萄园中看到了一个深深的洞，当然了，她知道这个洞是由于树被拔去造成的。她这样描述自己的想法："树已经没有了。"通过这句话我们知道，她在梦里没有见到树，这句话还含有另一层意思，让我们很轻易地能够解释其象征。这个梦表示了另一个关于性的非常幼稚的认识，就是说女孩本来和男孩一样，有相同的生殖器，后来被阉割掉了，因此长成了现在的不一样的形状。

（3）做梦者站在自己熟悉的书桌抽屉前，一旦有人动了抽屉，她就会立即发觉。我们知道，一切抽屉、箱子、盒子，都可能是女性生殖器的象征，也就是说，这个书桌抽屉也是生殖器的象征。她心里非常恐惧，因为她知道，性交（抑或是她认为的一切生殖器接触）都能够在生殖器上留下痕迹。

在我看来，"知道"是这3个梦的重心。做梦者记得，并且深深地为自己孩童时代对于性的探索感到骄傲。

第五，这又是一个关于象征作用的例子。介绍之前，我先叙述一下做梦者睡前的心境。一对恋爱中的男女共度了一个晚上。做梦者是那个女人，母性气息很浓，每当两人拥抱，她都想到生孩子。不过，他俩在共处的时候，却又不得不用外泄的方式防止精子进入子宫。于是，第二天清晨，女人就做了下面这个梦：

大街上，她被一个带着红帽子的军官追赶。她跑上楼梯，试图逃脱，他紧追不舍。最后，她气喘吁吁地跑到屋里，把房门反锁，将那个追赶的男人挡在外面。然后，透过钥匙孔，她看到那个男人坐在门外的椅子上哭泣落泪。

很明显，被红帽子军官追赶以及气喘吁吁地上楼梯，一看就知道象征的是性交。另外，做梦者把军官关在门外是由于梦的倒置作用的结果，事实上，在性交结束之前就退出的是男人。与此相同，她梦到男人哭泣，其实是将自己的悲痛之情转移到了男人身上，而男人留下的眼泪，象征的就是流失的精液。

你们一定知道，有人曾指责精神分析将所有的梦都赋予了性的意义。现在，你们就能够明白，这个指责是不正确的。那些满足愿望的梦，一般都是用以满足最迫切的需求，比如口渴、饥饿，或者渴望自由，可能是安乐的梦，也可能是不安的梦，或者是贪婪自私的梦。但是你们需要记得，根据精神分析，那些伪装程度很高的梦，大多数（少数例外）都用于象征性欲。

第六，我给你们讲这些例子，是有特别用意的。在第一讲里，我说过，想让你们相信精神分析的理论是很困难的，现在你们一定了解我的意思了。不过，只要你相信精神分析各个理论之间存在密切的关系，你就能够很容易地接受精神分析领域的其他观点。梦的象征作用就是引发这些观点的简便途径。现在，我要向你们讲述一个以前发表过的梦，做梦者是一个更夫的妻子，一个穷苦的女人。从她的梦里，你们就会知道我们关于性象征的解析，是不是牵强附会，因为这个女人显然是没有听说过关于梦的象征作用或者精神分析的。她的梦是这样的：

"……于是有人破门而入，惊惧之下，她高声呼喊更夫。可是更夫已经在两个无业游民的陪同下进入一个教堂内。教堂门前有几个石阶，背靠一座高山，高山上则是一片森林。更夫穿戴着盔甲，颔下有很多棕黄色的胡子，与更夫一起的两个无业游民身上穿着袋子似的围裙，静静地随着更夫往前走。从教堂到山顶的路是一条两侧矮树丛生的小路，越往上走，树就越高，到山顶之后成了繁密的森林。"

据此，你们就能轻易地明白这个梦的象征：3个人在一起，也就是"三位一体"，这是男性生殖器的象征；高山、森林、教堂圣地则是女性生殖器的象征；上山的动作，则是性交的象征。梦中的"高山"，其实就是人体的一部分，指的是解剖学中所说的阴阜。

第七，现在，我再来叙述一个可以借助象征作用解释的梦。这个梦很有价值，值得我们注意，因为做梦者虽然没有理论知识，却能够知道其中包含的所有象征。梦中的情形非常令人惊异，我们不知道引起这种情景的缘由。

梦境中，做梦者正在维也纳公园和自己的父亲一起散步，他们看到了一个大圆厅，厅前有一个小屋，屋里有一个看起来很松软的气球。他的父亲看到这个之后，问他气球是用来做什么的。儿子向父亲作了解答，虽然他很奇怪父亲为什么会问这样的问题。过了一会儿，他们走进了一个天井，天井里面铺了一张很大的金属片，父亲想要剥取一大片金属片，但是由于怕被人发现，便四下张望。尽管如此，父亲还向儿子解释说自己只要和管理员打声招呼之后，就能够随便剥取。经过几个石阶就能够走到天井下面，下面有一个洞穴，洞穴两侧有皮椅一样的软垫。洞底部有一个长长的高台，台子后面还有一个洞穴。

以下是做梦者自己的解释："那个大圆厅代表了我的生殖器，那个气球象征着我的阳具，之所以比较松软，是因为我嫌自己的阳具太软了。"下面是更加详细的说明：大圆厅代表的是臀部（小孩往往会将之当作是生殖器），大圆厅前面的小木屋代表的是阴囊。梦里做梦者的父亲询问生殖器的功能，事实上，现实中的情景应该是倒过来的，应该是儿子询问父亲。不过，现实中做梦者从未这样询问过自己的父亲，所以这只是一种假设："如果我询问我父亲那个问题的话……"这样一来，这个隐意就非常明白了。

铺着金属片的天井我们难以找出象征意义，不过这可能是暗指做梦者父亲的营业场所。顾及父亲，不能太直白，所以梦里就用金属片代替商品。另外，梦中的言辞没有什么变化。做梦者觉得父亲赚的钱都是用不正当手段获得的，因此他继承父业的时候，深以为耻。由此可知，这个梦的隐意可能是这样的："（即使我问他）他也会像欺骗顾客那样欺骗我。"我们认为剥取金属的含义是商业欺诈，但是做梦者不这样认为，他认为这是暗指手淫行为。这个解释是我们所熟知的。另外，手淫的象征形式也与这个解释契合，隐意中手淫总是会以相反的观念表现出来（也就是说"我可以光明正大地去做"）。因此，将这件事推脱到父亲头上，就像是前面说的发问一样，跟我们理解的正好一样。因为洞穴两侧有软垫，因此做梦者将其当作是阴道的象征。而我倾向于将进入洞穴再出来当作是性交的象征。

另外，做梦者是这样解释洞内的高台以及高台之后的第二个洞穴的。他说自己曾一度和女人保持性关系，但是由于自己太软，不能够畅快发泄，因此，他希望经过治疗之后，自己可以恢复正常的性能力。

第八，接下来我再讲述两个梦，这两个梦的做梦者是一个外国人，有一夫多妻观念倾向。通过这两个梦，我们就可以知道做梦者即使经过伪装，我们也能够发现其在梦中的踪迹，梦中的皮箱都是女性的象征。

（1）做梦者要进行长途旅行，将自己的行李通过马车运到车站。他有很多皮箱，运送的过程中重叠起来放在一起，其中有两个看上去像是旅行商人用的黑皮箱。他劝慰某人说："那两个黑箱子，只要送到车站就好了。"

在接受治疗的时候，做梦者表示自己实际上确实曾带了很多行李去旅行。

那两个黑皮箱代表了两个黑女人，这两个黑女人在他心里占有很重要的位置。其中有一个黑女人想要跟他一起去维也纳，不过在我的劝阻下，他发电报阻止了她。

（2）另一个梦是关于海关的场景：一个旅客打开自己的行李箱，一边抽烟一边面无表情地说："我这箱子里可没有什么违禁品。"虽然海关人员相信他的话，但是检查的时候却找出了一件非常严重的违禁品。这个旅客万分无奈，只好说："好吧，真是没办法。"那个旅行者其实就是做梦者本人，而海关人员就是我。一般情况下，他对我非常坦白，不会有隐瞒，但是因为最近和他发生关系的一个女人是我认识的，所以他决定不告诉我。为了摆脱干系，他将这种羞愧难当的事情转嫁到了另一个陌生人身上，好像自己没有在梦里，与自己无关一样。

第九，这也是一个象征作用的例子，我在之前并没有讲到过。

做梦者与自己的妹妹以及两个朋友一起走在路上，这两个朋友是一对姐妹，做梦者与那对姐妹都握了手，可是没有跟自己的妹妹握手。

他并不记得现实中发生过这样的事情，只是回忆起了另一件事，他曾在某段时间对一个女人乳房发育缓慢的情况感到惊讶。因此，他梦到的那对姐妹就是乳房的象征，如果这不是他的妹妹，他可能就会去摸一摸看了。

第十，这是一个关于死亡象征的例子：做梦者和两个人一起，横跨一座很高的铁桥。他当时还记得同行两个人的名字，只是醒了后忘记了。过了一会儿，与他同行的两个人不见了，取而代之的是一个戴小帽、穿套裤、长得像鬼的男子。他询问这个人是不是送电报的，对方否认；是否是马车车夫，依旧否认。然后梦境继续，场景非常令人惊骇。醒了之后，他通过追忆，幻想自己由于铁桥折断而坠入深崖。

如果做梦者声明梦里的人自己不认识，或者忘了对方的名字，那就说明那些人实际上和他关系密切。这个做梦者有3个兄弟，如果他非常害怕另外两人死，那就是期望他们死。至于送电报的情节，是由于做梦者觉得电报经常通知坏消息。通过梦中那人的穿着，他可能是一个点灯人，点灯的人，其实也会像死神灭掉生命之火一样灭灯。由马车夫，他想到乌兰德[1]歌颂卡尔王航行的诗，他想到诗里的惊涛骇浪和两个随行的人，而做梦者自己，就是诗中的卡尔王。跨越一个铁桥，这个想法来自于一句俗语："生命是一座吊桥。"

第十一，这个例子也是一个关于死亡的梦：做梦者从一位不认识的绅士那里，接过了一张黑边的名片。

第十二，我再来叙述一个梦，你们会对这个梦很感兴趣，这个梦的一些部分与做梦者的精神官能症是有关系的。

他正在一列火车上，火车停在旷野中。他觉得这列火车会有意外发生，因此需要马上逃离。于是他穿过一节节车厢，逢人便杀，被害者包括司机和列车长等。

这个梦让做梦者想到了他的朋友跟他讲过的一个故事。在意大利的铁道上，一个疯子被单独安排在一节小车厢中，但是由于一些差错，这节小车厢中还有一名普通乘客。结果，这名普通乘客被疯子杀死了。由于做梦者心里有一个强烈的意念，那就是杀光"每一个知道自己秘密的人"，于是，他就把自己当成了故事里的疯子。其后，做梦者又列举了一个更好的梦因。做梦前一天，他曾在戏院看到了一个女孩，他原本很想娶那个女孩为妻，但是出于嫉妒放弃了。他认为自己嫉妒心很强，而那个女孩又很不可靠，他可能会由于嫉妒杀掉别的竞争者，这太疯狂了。穿过很多房间，或者像梦里那样穿过一节节车厢，其实是结婚的象征，这一点我们早就知道了（与之相反的情景代表了一夫一妻制）。

至于为什么火车停在旷野中，他就觉得会有意外事故发生呢？做梦者又讲了下面一个故事：

有一次，他乘坐的火车突然停在了站外，车里的一个女人说恐怕会有撞车事故发生，应该将腿高高翘起。"将腿高高翘起"，这句话让他想到了在戏院中遇到的那个女孩，他和她最相爱的时候，两人曾到郊外游玩，异常快乐。不过他得到了一个结论，那就是娶那个女孩实在是太疯狂了。当然了，综合所有的情景，我能够确定，他心里仍旧存在着想娶那个女孩的疯狂想法。

1　乌兰德（1787-1882），德国诗人。

第十三讲·梦的原始性与幼稚性

诸位！由于梦的检查作用，梦在运作的时候会将潜意识伪装，转变为其他形式，这一讲我们就来讨论这个问题。这些潜意识原本跟我们清醒时候的普遍的、有意识的思想差不多，但是由于经过伪装之后多出了很多特点，这让我们难以理解。我们曾说过，这样的表现机制可以追溯到文明演化史中早就过去的时代，比如象形文字、象征思想甚至人类思想语言没有形成的时期。因此，我们将梦的运作机制称为是"原始的或者退化的"。

据此，你们或许能够做出推测，那就是如果我们对梦的研究足够深入，能够对我们现在不是很了解的早期的原始文明有更多的理解，就能够得出一些有价值的结论。虽然我还没有涉足这个领域，但是觉得这是完全可能的。我们之所以说梦的运作是"原始的"，主要是因为梦的回溯有两个意义：第一，个体幼年的回溯；第二，种族幼年的回溯。个体的幼年时期其实是系统发生学的早期，也是人类种族发展过程的缩略版本。我相信，我们是能够区别什么是属于个体早期的心理发展，什么是种族早期的心理发展的。比如，我们所认为的象征意象，就是属于种族发展的留存，而不是在个体发展过程中获得的。

不过，这显然不是梦的唯一特征。根据自己的经验，你们一定知道一个非常特别的现象，那就是人幼年时期的健忘。人在一岁到五六岁甚至八岁这一时期的记忆，和后来的记忆经验是不一样的，留下的印迹不同。虽然有的人声称自己的记忆没有间断，能够记得从幼年到现在的所有经历，但是事实上，情况不是这样的，一般的人关于幼年的经历都是一片空白。我觉得，这个现象还没有引起人们足够的惊讶。儿童在两岁的时候就能够说话，能够适应一些复杂的心理情景，但是，他们说的话却总是被忘掉，即使有人在几年后提起，他们也绝不会记得。按道理来说，幼年时候人们经历很简单，应该记得更清楚才对。而且我们也不能说记忆就是非常高难度的精神活动，事实上，智商低的人，记忆力反而好。

现在，要提醒你们注意上述的第二个特点，这个特点是基于第一个特点产生的。人在幼年最初几年的经历虽然被遗忘了，但是很多都作为意象保留在了回忆中。至于为什么被保留，尚没有充分的解释。对于成人来说，记忆具有淘汰作用，能够过滤掉生活经历中不重要的部分，保留重要的部分。但是，幼年保留的记忆却不是这样的，保留下来的不是幼年的时候重要的或者他们自己认为重要的记忆，往往是一些丑恶的、无意义的事情。这让我们不得不惊讶，为什么会是这样呢？我曾经用精神分析法去研究幼年的遗忘以及片段回忆的问题，得到了一个结论，那就是幼儿和成年人是一样的，都是在记忆中保留重要的经历。不过，幼年时候所谓的重要的经历，在记忆中一般都被一些琐碎的事情代替了（凭借压缩作用和彻底分析就能够回溯唤醒所有被遗忘的经历）。

在进行精神治疗的时候，我们能够将幼年记忆中的空白填补起来，如果治疗取得效果（治疗经常奏效），我们就能够唤醒那些遗忘已久的幼年记忆。事实上，人的幼年记忆并没有被忘记，而是因为无法把握被隐藏了起来，成为潜意识的一部分。不过，这些潜意识中的经历有时候会流露出来，形成梦境。所以说，梦境可以恢复重现那些隐藏起来的幼稚的记忆。精神分析的著作中经常会有这样的例子，我也曾贡献了其中一例。有一次我梦到了一个人，这个人对我有恩，我能够清晰地看到他的样子。他只有一只眼睛，又矮又胖，肩膀耸得很高，综合这些情景，我推测这人是个医生。幸运的是，当时我的母亲还在世，于是我就询问她一位医生的外貌，这位医生从我出生到我3岁的时候都在我的故乡，他经常来看我们。母亲回答我说，这个医生只有一只眼睛，又矮又胖，肩膀高耸。我曾听她老人家讲到一次把医生请到家中的事，但我已经忘得干干净净了。梦的另一种"原始的"特点，就是能够唤醒人幼年时候的已经被遗忘的经历。

这个结论与另一个悬而未决的问题密切相关。你们或许还记得一个让你们惊异的理论，那就是梦乃是由邪恶的欲望或者强烈的性欲引起的，梦的检查作用和伪装作用就是为了消除转化这些欲望。如果我们现在解析一个梦，做梦者对于解析结果即使不表示抗拒，也会非常惊讶，因为他明明对一些事情一无所知，他内心期望的也是相反的结果，那么为什么这些事却还进入了他的内心？对此，我们可以毫不迟疑地回答他，指出引起这种心理的缘由，尽管他自己会抗拒否认：这些邪恶的欲望经常是起源于过去的事情，特别是最近发生的事情。我们甚至可以告诉他，他曾有过这样的冲动，只是后来忘记了而已。比如有一个女人曾梦到自己唯一的女儿（当时只有 17 岁）死在了床上。后来，经过我们的辅助分析，她才想起她曾有过希望女儿死掉的念头。她的这个女儿是不幸婚姻的结晶，这个女人结婚不久就和自己的丈夫离婚了。女儿出生之前，她曾和丈夫吵架，恼怒之下她挥拳打自己的胸腹，想要杀死肚子里的孩子。很多妇人都和这个女人相似，尽管他们非常疼爱自己的孩子，甚至是溺爱，但是这是后来的想法。怀孕之后她们一度希望腹中胎儿不再发育，甚至会将这种想法付诸行动，尝试各种伤害胎儿的行为，所幸这些尝试没有造成重大的伤害。因此，希望自己最疼爱的人死掉的愿望看起来令人惊讶，事实上却是由早期的一些关系引起的。

有一个男人的梦暗示了他希望自己最疼爱的长子死掉的想法，解析梦的时候，这人承认自己以前确实产生过这样的念头，有过这样的愿望。他经常感到失望，认为自己的婚姻不幸福，因此他的孩子还是婴儿的时候，他常常会想，如果这个孩子早早死掉，他就可以重归自由，做想做的事情了。还有很多类似的憎恨的情感，都是由往日一些回忆或者在心理生活中占有重要地位的事情引起的。由此你们或许会推断，认为如果两个人的关系一直保持正常，没有什么变故，那么，这种心理就不会产生了。我赞同你们的想法，不过我还要提醒你们一点，那就是任何判断都需要通过解析得到，梦的显意的意义是有限的。比如做梦者梦到自己希望至爱的人死掉，或许这只是一个令人恐惧的表象，事实正好相反，那个至爱的人或许是由另一个人幻想而来的。

但是，看到这样的解释之后，你们心里会产生一个更重要的疑问。你们可能会说："即使通过回忆能够证明做梦者内心的死亡幻想，这也不是梦境的真正解释，这个意向绝不会形成强大的刺激，因为做梦者早就将其克服，这种意向仅仅成为了潜意识内部的回忆，没有了任何情感意义，那么为什么会引起梦境呢？所以这种意向不能够证明你的假定。"确实，你们的理由足够充分，并且这个问题牵扯太多，我们可能需要重新确定一下对于梦的学说的态度，才能够回答这个疑问。但是，请大家原谅，我仍旧坚持原来的观点，由于讨论范围的限制，我现在不能再谈这个问题。如果现在能够确定已经被克服的意向就是梦的起源，那么我们应该可以满足了。这样的话，我们就可以继续追溯其他邪恶念头的缘由。

现在，我们暂且讨论一下"死亡幻想"这个问题。大家都明白，这种念头是由被无限放大的利己主义引起的。生活中与我们关系复杂的人有很多，比如母亲、爱人或者兄弟姐妹，某些时候他们难以避免地成为我们生活中的障碍，于是，我们就会马上在梦里除去他们。如果这个理论得不到充分的证明，就难以令人相信，因为这种邪恶的人性实在是太让人惊异了。然而，我们需要相信，一个人在某段时间有自私的想法是正常的，以亲近的人为目标的邪恶心理也能够在过去的经历中看出端倪。比如一个小孩子，他们会先爱自己，然后才知道为自己亲近的人做出牺牲，因此，他们就会毫不遮掩地表现出利己心（这种经历在后来会被忘掉）。小孩子一般都是先有利己心，等到长大之后才能够脱离利己主义，懂得去爱别人，即便是有的孩子在一开始就爱别人，也是因为别人能够满足他的要求，这也是利己心的表现。

在这里，我们最好拿小孩子对兄弟姐妹的情感与对父母的情感相比较，小孩一般都是不喜欢自己的兄弟姐妹的，关于这一点他们会坦然承认。可以确定的是，小孩一般都会在成人之前的很多年仇视自己的兄弟姐妹。虽然成年以后，兄弟姐妹之间会有一种温柔关怀的情感，但是在这之前，先出现的是仇视的心理。我们经常会见到这样的现象，两岁半到四岁的孩子看到弟弟妹妹出生之后，就会明确表示自己不喜欢新生儿，希望送子鹳鸟把他们再叼回去。在这种心理基础上，我们就会经常听说小孩子借机欺负新生儿，甚至伤害或者攻击他们。如果小孩与新生儿年龄差距较小，等到他们精神世界有了一定发展之后，会渐渐适应自己弟弟或者妹妹的存在；如果小孩与新生儿年龄差距较大，他们将弟弟或者妹妹视为自己的趣味来源或者活玩偶，并且产生一种温柔关爱的情感。另外，如果两个孩子相差 8 岁以上，而且较大的孩子是女孩，那么母性的本能会让她产生照看、保护弟弟的情感。所以说，不要为在梦里发现了希望兄弟姐妹死掉的愿望而感到惊讶，这是童年早期的情感造成的。当然了，如果兄弟姐妹仍旧在一起住，即使童年的晚期也会出现这样的情感。

孩子们在育儿室的时候，经常会因为争夺父母、或者公共物品、房子内的空间而激烈争斗。发生争执的双方，可能是兄妹，也可能是姐弟。正如萧伯纳所说："对于一个英国小姐来说，最怨恨的人可能是其母亲；如果有人让她更加怨恨，那一定是她姐姐了。"这句话让人惊异。兄弟姐妹之间的怨恨已经很难理解了，那么，父母和子女之间的怨恨又是如何造成的呢？

正如我们期望的那样，儿童们会觉得母女或者父子的关系更加亲密，相对于兄弟姐妹之间的敌视，如果父母和子女之间缺乏爱意，是更加罪恶的一件事。如果说兄弟姐妹之间的爱是凡俗之爱，父母和子女之间的爱则是神圣的。但是，通过日常生活中的观察，我们发现不是这样的，成人和孩子之间的关系往往暗藏着敌意，并不像社会所标榜的那么高尚和理想，如果子女不被孝顺的观念约束，或者说父母没有了慈爱，双方的怨念迟早会爆发。这种敌视产生的原因非常容易了解。我们知道，同性的亲人之间更容易产生疏远或者隔膜。女孩之所以怨恨母亲，可能是由于母亲以社会普遍观念限制她们的性自由，有时候则是因为母亲不想被弃之一边，与女儿争宠。这种情形在父子之间表现得更加明显，在儿子看来，父亲就是自己不愿意面对的社会压力的代表，在父亲的约束下，他们不能够自由地做想做的事，不能放纵早期的性快乐，更不能自由支配家庭财富。如果父亲是国王，儿子希望其去世的愿望就会更加强烈。父亲和女儿或者母亲和儿子之间，则更多的是无私的慈爱，不容易产生这种悲剧的情况。

你们或许会问，这个事实人尽皆知而无人愿意说，为什么我在这里要谈呢？这是因为多数人都会过分夸大社会理想而否认生活中重要的事实，那么，与其让说风凉话的人来说真话，不如由心理学家来谈。事实上，否定这种事实也只是在遮掩现实生活，在戏剧或者小说中，这种情感因素都是被赤裸裸地揭露出来的。

　　因此，如果很多人的梦中会出现诸如儿子排斥父亲，女儿疏远母亲这种愿望，那是不足为奇的。我们可以推测，这种愿望在清醒的时候也存在于我们的意识中，平时隐藏在另一种动机后面，就像我们前文中的第三个事例，做梦者将真实的愿望隐藏在心疼父亲病痛的情感之中。清醒的时候，敌视的情感往往会被更加柔和的情感压制，只有在梦里的时候才能表现出来。梦里的这种敌视情感是被放大的，我们的解析就是将做梦者的这种情感恢复到其在精神世界中应有的地位。类似父子或者母女的这种敌视态度，主要起源于子女幼年时期，所以成人们不会承认自己在清醒的时候有这种情感。

　　显然，我所说的情感竞争，充满了性的意味。男孩子在很早的时候就会对母亲发生特殊情感，进而将母亲视作是自己的所有，敌视与之争夺的父亲。同样的道理，女孩也会觉得母亲侵占了她在父亲那里的位置，妨碍了她对父亲的情感。通过观察，我们就会发现这种情结来源很古老，我们将之称为"伊底帕斯情结"。这个称谓来源于一个伊底帕斯的神话，儿子产生了两种极端的愿望，那就是杀死父亲，娶母亲为妻，与梦相比，这是另一种呈现方式。原则上讲，我并不认为这种关系就能够表示亲子之间的所有关系，实际上的关系更加复杂，有时候这种情结会非常强烈，有时候则会隐而不见。不过，可以确定的是，这种心理是儿童心理生活的重要部分，却经常被我们忽视。现实中，父母往往会偏爱与自己性别不同的孩子，父亲宠爱女儿，母亲宠爱儿子，这种情况会刺激子女产生伊底帕斯情结。另外，当夫妻双方在为人父母之后情感淡漠的时候，他们就会将情感转移到孩子身上，弥补自己和对方之间爱意的缺失。

　　提出了伊底帕斯情结之后，精神分析学不仅没有得到人们的感激，反而激起了很多成年人强烈的抵制、抗议。有些人虽然承认这些令人讳莫如深的情感，却提出了违背事实的解释，夺取了这种情感的价值，这相当于是不承认。而我则相信这个事实，这是用不着否认也不需要掩饰的。在希腊神话中，这种情感已经被当作了大家的宿命，我们还是安心承认吧。实际生活中，人们排斥伊底帕斯情结，将其当作是街谈野史，但是，希腊神话中这种情结却处处流露，这种现象令人觉得有趣。兰克通过细心研究发现，诗歌或者戏剧不仅会把这种情结当作是素材，还会像梦的检查作用一样，对其进行一系列的变换、修饰和伪装。所以说，很多成年的做梦者即使没有和父母发生冲突，也可能会有伊底帕斯情结。另外，由于幼年的性欲望会遭到父亲的恐吓，儿童们还会形成一种与伊底帕斯情结密切相关的"阉割情结"。

有这些事实，我们就可以对儿童的精神生活做下一步的研究，现在，我们试着解开另一种被禁止的愿望，也就是过度性欲的原因。在此之前，需要先研究儿童性生活的发展，通过对其不同方面的研究，我们发现了以下几个事实。首先，认为儿童没有性生活，或者推测只有在青少年时期生殖器发育成熟后才第一次有性生活的观点是荒谬的。实际上，儿童在很早的时候就有了丰富的性生活，只是他们的性生活与成人认为的常规的性生活不同罢了。与常规的性生活相比，成人所认为的变态的性生活有以下几点不同：（1）打破了物种界限（如人兽之间的性）；（2）没有厌恶的感觉；（3）打破了伦理界限（也就是血亲之间不能通婚或者发生性关系的界限）；（4）打破同性恋的界限；（5）将身体的其他器官与生殖器官等同对待。实际上这些界限在一开始是不存在的，经过发展和教育才逐步形成。年幼的时候，小孩子不会受到这些界限的约束，他们一开始并不知道人和禽兽有多大的差距，直到年龄渐长，才感觉到自己与别的动物不一样。人们对粪便的厌恶感也不是在人生之初就有的，而是经过了后天教育才有这种情感。他们也不是一开始就注意到了性的区别，年幼的时候，他们认为男女生殖器原本就是一样的，他们最初的性欲和好奇心，一般都以自己最亲近的人或因其他原因而以自己最喜爱的人，如父母、兄弟姐妹或保姆等为目标。最后，他们身上还有一个特性，那就是不仅在生殖器上寻求快感，还会因为身体的其他部分也能得到相同的快感而认为其他部位和生殖器功能相同，这种情况在恋爱之后会达到高潮。所以我们可以说孩子是多重变态的。可能由于压抑作用，我们身上只是残留了这些冲动的痕迹，成人们不仅竭力忽略这些现象，还从中剥去了性的意味；最后，他们甚至全盘否定了这个事实。这些人可能会一边在育儿室中训斥儿童在性方面的"顽皮"，一边却坐在写字台边，努力辩称儿童在性方面是纯洁的。事实上，儿童在独处或者受到诱导的时候，就会表现出非常低端的性变态。很多成人不会因此而严肃惩罚孩子，他们会认为这是孩子的诡计或者花样而已。这种态度是正确的，因为我们不能用道德和法律去约束小孩子，事实上成人也难以完全控制自己的行为。但是，我们应该重视这些事实，并据此探究儿童性生活，了解人类奥秘，这些事实是先天性格倾向的证据，也是儿童后来心理发展的基础。如果我们能够在梦中发现这些变态的愿望，那就说明这些愿望在梦中回到了婴孩时候的幼稚状态。

在这些被严令禁止的欲望中，乱伦的欲望，也就是想和父母或者兄弟姐妹性交的欲望尤其特殊，非常重要。我们当然知道人类社会是怎样憎恶这种兽欲，至少表面上声称是憎恶的。有学者曾给出荒谬的理由证明乱伦是可怕的，并以此来解释人们对于乱伦的憎恶。有的人则认为近亲结婚会导致物种退化，禁止乱伦就是一个非常好的保护物种的办法。还有人认为一个人幼年的时候如果遇到乱伦的情况，就会导致性欲减退。可是，如果这些解释是合乎情理的，那么人类自然就不会出现乱伦的情况，为什么还需要强行禁止呢？这令人难以理解。事实上，禁令恰恰证明了这种欲望是强烈存在的。儿童在最初会经常性地将近亲作为性爱对象，这个事实是经过精神分析研究证实的，长大后，他们才会对这种心理产生反感，不过这种反感的来由我们还无从得知。

现在让我们综述一下怎样用儿童心理研究的结果来解梦。我们已经知道，儿童早期的经历以及心理特征，比如自私或者说乱伦心理等，都是存在于潜意识里，能够作为材料在梦中得到呈现，在梦境中，人们就可以返回幼年时期。这个结论不仅能够证明"潜意识就是儿童的心理生活"，还能够消除"人性本恶"这种令人不愉快的观点。因为原本看上去可怕的罪恶，其实只是儿童时代独有的、精神生活初期简单幼稚的部分。这些简单幼稚的部分很少，而且我们也不会以严格的道德标准要求儿童，因此对此不以为意。在梦中，我们的思想就退化到了幼儿时期，于是，这种邪恶似乎又出现了，我们会为此感到不安，不过，这只是令人受骗的假象而已。我们可能会为梦的解析结果感到羞愧，但事实上，我们的罪恶并没有达到很严重的程度。

如果说梦里的罪恶只是幼稚的冲动，我们只是回到了原始伦理初期，重新有了孩子的思想情感，那么，我们原本不应该因为这些梦而感到羞愧不安。但是，理性只是心理生活的一部分而已，有很多情感是非理性的，我们仍旧会感到羞愧不安，即使我们明白这是不必要的。包含罪恶冲动的梦会受到梦的检查作用的束缚，一旦出现了例外，有的意识没有经过扭曲和伪装而进入梦境，我们就能够轻易识别并为此羞愧恼怒。另外，有时候梦即使进行了伪装，我们也能够识别出来，然后为此羞愧难当。你们想一想那个老妇的例子，我们还没有解析她的梦，她就已经痛斥所谓的"爱情服务"，说那个梦非常荒谬。所以，关于梦的罪恶的问题仍旧悬而未决，如果我们继续研究下去，或许还能够得到一些关于人性的推测或者结论。

根据研究成果，我们已经得到了两个结论，不过，这两个结论仅仅是引出了新的值得怀疑的问题。第一，梦的退化还原作用，不仅能够将我们的思想转变成一种原始的表达方式，还能够唤醒精神生活中原始的欲望，比如自我的原始的支配欲，性的原始冲动等，甚至还能够将我们原本占优势的、现在退化成潜意识的观念还原成古老的幼稚的心理，这说明梦的退化还原作用不仅是形式上的，还具有实质性的意义。第二，"潜意识"已经成为了一个特别的领域，而不只是暂时的潜在的意念的表示，它有独特的欲望以及表现方式，有特殊的运作机制。那些通过梦的解析得知的潜在的思想是不属于潜意识领域的，事实上，它们与我们清醒时候的思想大致相同，只是他们仍是潜在的意念，我们应该仔细辨别这个相互冲突的意思。有些意念来自于我们的意识生活，具备意识生活的特征，我们称之为前一天的"残念"，残念和来自于潜意识领域的意念一起组成了梦，梦就是在这两个意识领域之间形成的。潜意识对于残念的影响，很可能就是退化还原作用的条件。这个推测可能就是我们在对心理进一步探索之前，对梦的性质进行的最深入的研究了。为了区别梦里意念的潜意识性质与源自幼儿时代的潜意识材料，我们很快就会赋予梦里意念的潜意识性质新的称谓。

当然，可能还会有人问：在睡眠的时候，究竟是什么力量压迫了我们的精神活动，以至于出现了退化还原作用呢？为什么必须借助这种退化还原作用，我们才能对付干扰睡眠的刺激呢？如果检查作用导致一些精神活动不得不伪装，不得不以古老的、难以理解的方式表现出来，那么，那些原始的冲动和欲望为什么还会重复出现呢？总之，形式上和实质上的还原退化作用到底有什么意义呢？想要圆满地回答这个问题，我们只能以动态上的观点说这是形成梦，进而消除刺激的唯一的方法。不过，到现在为止，我们找不到充分的理由支持这个回答。

第十四讲·愿望的满足

诸位！现在是不是需要重复一下我们的研究过程呢？我们正打算将精神分析法付诸应用，却遇到了梦的伪装作用，然后为了了解梦的通性，我们将伪装作用搁置一旁，先研究了儿童的梦，在对儿童的梦有了了解之后，我们接着研究梦的伪装作用。然而我们发现之前两方面的研究成果很难贯通，于是，我们现在有必要将其连贯起来。

这两方面的研究都表明，梦的运作的基本形式就是将思想转化成为幻觉意象。另一个令人疑惑的问题就是转化机制是怎样的，不过这是普通心理学的研究范畴，我们现在不去讨论。通过研究儿童的梦，我们知道梦就是满足某一愿望，帮助我们消除干扰睡眠的刺激。当然，我们不能对伪装的梦下同一个定义，不过我们一开始就期望这些梦和儿童的梦也是相关的。如果我们能够证明所有的梦都像儿童的梦一样，都是以幼年经历为原材料，都具有儿童的本能冲动和心理特征，那么，我们的期望就能够实现了。如果完全了解了梦的伪装作用，我们就会产生进一步的疑问：关于愿望的满足的观念是不是也能够解释经过伪装的梦？

之前，我们已经解析过很多梦，不过却没有完整讨论过关于愿望的满足这个问题。我们之前解梦的时候，你们也一定会经常有这样的疑问："既然梦的运作就是为了满足一些愿望，那为什么从这些梦中看不到愿望的满足呢？"这也是很多外行的批评家质问的，因此是个重要的问题。你们应该知道，人类对于新的理论见解原本就有厌恶、抵制的心理，这种心理的表现就是将新的理论见解缩小到不能再缩小的范围，如果可能的话，还要再贴上一个标签。那么，"愿望的满足"就是关于我们的梦的理论的标签。他们一听到梦是愿望的满足，就会问"这是怎样满足愿望的"以期推翻我们的理论。他们可以马上想到很多带有不快的，甚至令人恼怒恐惧的梦。从这些事实看来，精神分析学关于梦的主张似乎不成立。不过这个问题不难回答，在伪装的梦中，不会公开表现出愿望的满足，我们需要主动寻找，因此，只有解析了梦之后才能证明。我们还知道，伪装的梦背后的愿望是被检查作用禁止、抛弃的，事实上，正是因为这些愿望，梦才会有伪装作用和检查作用。但是，如果想让一般的外行批评家知道"必须先要解析梦，然后才能回答愿望满足的机制"是很困难的。事实上，他们之所以不愿意解说愿望的满足这个理论，也正是梦的检查作用导致的，他们之所以会用质问代替内心的真实想法，之所以否认通过检查作用的梦的愿望，就是由于梦的检查作用。

　　当然了，我们自然需要说明为什么很多内容令人痛苦的梦会存在，为什么"焦虑的梦"会存在。到这里，我们首次接触到了梦中的感情的问题，这个问题值得我们进行特别的研究，不过不幸的是，我们现在还没有办法进行讨论。如果梦是愿望的满足，那么令人不快的情绪显然是不可能进入梦境的：批评家们的这个观点似乎是正确的，不过他们忽略了 3 点，关于这个问题的非常复杂的3 点：

　　第一点，梦的运作有时候不能完全达到愿望的满足，于是，隐意中不愉快的感情就会出现在梦的显意中。通过分析，我们就会发现，在每一个梦中都能够证明，隐意中的痛苦和不快，远比这些隐意引起的梦更加强烈。因此我们说，梦不能够让我们真正实现愿望，就像是口渴的人梦到喝水，但是口渴不能真正消除，梦醒之后仍旧需要喝水一样。即使这样，它也是符合我们理论的梦，也保有梦的基本性质。也就是说"虽然不足以实现愿望，但是仍旧是一个实现的形式。"不管怎样，这种非常明显的意向是值得赞美的。类似的梦的运作失败的例子很多，之所以会失败，很大程度上是因为梦的运作虽然可以很轻易地改变梦的形式，却难以左右情感变化。人的情感非常固执，因此，梦运作的时候，虽然将痛苦不快的内容转换为愿望的满足，但是无法改变其中的感情。由于梦的情感和内容不一致，比如说无害的内容也会伴有不愉快的情感，于是那些批评家就有理由说梦不是愿望的满足。对于这些拙劣的批评，我们可以说，在梦的运作中，愿望的满足是很明显的，因为只有在梦里，这些倾向才会被分离。批评家们之所以是错的，就是因为他们不了解那些精神官能症病人，他们高估了内容与情感的紧密关系，不知道内容改变的时候，情感可以保持不变。

第二点，这一点更重要而且深刻，也同样是一般人所忽视的。愿望的满足当然会令人产生快感，让什么人产生快感呢？显然是拥有愿望的人。不过我们知道，做梦者对他们的愿望的态度非常特别，他们会放弃自己的愿望，抗拒自己的愿望，总而言之就是不愿意有这些愿望。于是，愿望得到满足并不会给他们快感，反而会使他们感到不快，虽然还需要进一步证实，但是我们也能够根据经验推测，这就是梦里"焦虑不安"的来源。在对于愿望的态度方面，做梦者好像分成了两个人，这两个人由于某些共同点才合二为一。现在，我要用一个童话故事说明，而不是将这个问题放大。一个慈爱的仙人说要满足一对穷夫妇3个愿望。他们知道后兴高采烈，因而决定慎重地选择3个愿望。然而就在此时，邻家烤香肠的味道飘了过来，妻子在食欲大动之下希望有两条香肠。于是，转念间香肠就出现在他们面前了，第一个愿望满足了。男人看到这个景象之后非常生气，恼怒之下希望这两条香肠挂在妻子鼻尖。于是，香肠就真的挂在了妻子鼻尖上，而且再也拿不下来了，第二个愿望也实现了。男人的愿望实现之后，妻子当然非常生气。他们毕竟是夫妻，只好将第三个愿望用来把女人鼻尖上的香肠取下来。这个结局想必你们也能猜到。这个故事或许可以比喻很多道理，但是在这里，我们只是用它来说明一个事实，那就是如果两个人不能心念合一，那么一个人的愿望可能就会让另一个人焦虑不安。

现在，我们就不难解释那些焦虑不安的梦了。再讨论清楚一点之后，我们就能够运用这个被很多观念支持的假说了。这一点就是，在焦虑的梦中，往往没有伪装作用，也就是说，它避开了梦的检查作用。焦虑的梦通常是毫无掩饰的愿望的满足，并且，这个愿望是做梦者抗拒的，不愿意接受的，于是，焦虑不安的情感就替代了检查作用，出现在梦中。儿童的梦是公开的愿望的满足，这一点是做梦者愿意承认的，别的梦则是被压抑的愿望很隐秘的满足，焦虑的梦的机制，就是被压抑的愿望公然得到满足。梦中的焦虑是因为被压抑的愿望太过强大，以至于检查作用只能适当牵制，却不能将其完全压制，于是，这种愿望就会几乎或者完全得到满足。我们的立场和检查作用是相同的，因此，如果被压抑的愿望得到了满足，我们就会产生不愉快的情绪，就会产生抗拒心理。所以，你们可以将梦中的焦虑不安，当作是由无法压制愿望的强大力量而产生的焦虑不安。仅仅通过梦的研究，我们无法得知这种抗拒心理为什么会导致不安，我们需要通过其他研究进行解释。

适用于没有伪装作用的梦的假设，应该也适用于那些稍经伪装或者其他的产生与焦虑相等的不快情绪的梦。一般来说，焦虑的梦会将我们惊醒。在那些压抑的愿望还没有完全战胜检查作用进而得到满足的时候，我们就已被惊醒了。这时候，这些梦的目的（保护睡眠）并没有实现，但是梦的基本性质是不变的。梦的作用就是保护我们的睡眠不受干扰，因此我们将其称为是夜的守护者或者睡眠的守护者。如果守护者没有足够的力量赶走那些干扰因素或者危险，就会把睡眠者唤醒，梦就是这样的。不过，还有的时候，我们即使会因为做梦而感到焦虑不安，但是也会在睡眠中安慰自己："这只不过是个梦而已。"于是，就可以继续安睡。

你们或许会问，梦中被压抑的愿望什么时候才会战胜检查作用呢？这应该根据愿望和检查作用两方面而定，二者的力量本应该是平衡的，之所以会出现偏移，就是由于梦的检查作用的标准发生了改变。我们知道，不同的情况下，梦的检查作用运作基准也不一样，它会根据梦的内容而改变检查的严格程度。

现在我们再加上一句，那就是梦的检查作用一般都是不定的，即使对于相同的内容，也不会总是依照同样严格的执行尺度。如果检查作用突然感觉到无力对抗梦的愿望的强大力量，就不会再对梦进行伪装，而是采用最后的方案，让做梦者感到焦虑不安，进而干扰、破坏睡眠。

不过，令我们惊奇的是，我们对于这些罪恶愿望为什么只是在晚上出现，进而干扰睡眠给不出任何解释。想要回答这个问题，我们就要采用关于睡眠本质的另一个假定。在白天的时候，邪恶愿望受制于检查作用的强大力量，因而没有可能进入意识中。但是到了晚上的时候，检查作用就会因为睡眠的到来而像其他精神活动一样，松弛下来，于是，被禁止的愿望趁虚而入。一些精神官能症病人认为自己是主动失眠的，他们害怕做梦，害怕检查作用万一松弛下来产生的结果，因而不敢入睡。不过，我们可以毫不困难地知道，检查作用松弛下来之后，也不会造成什么严重的后果，因为睡眠的时候，我们不具备活动机能，即使邪恶愿望趁虚而入，也只是造成梦境，没有实际意义上的伤害。这种安稳的情形之下，睡眠者就会由他而去，安慰自己说："只是睡眠而已"，然后继续入睡。

第三点，如果你们记得做梦者在反抗自己梦境的时候，就像是由密切关系而联系在一起的两个人，那么你们就知道另一种使愿望的满足非常不快的方法，那就是惩罚。这里我们可以再次借用那个关于3个愿望的神话故事。盘子里出现香肠，第一个人（妻子）的愿望就被满足了；香肠挂在了妻子鼻尖上，第二个人（丈夫）的愿望就被满足了，事实上，这个愿望就是对妻子那个愚蠢愿望的惩罚。在精神官能症中，我们也会看见和这个故事里第三个愿望相像的愿望。人类心理生活中，有很多力量强大的惩罚意向，这就是导致我们痛苦的主要缘由。你们或许会说，既然这么痛苦，那就表明所谓的愿望并没有得到满足。不过稍经研究，你们就会发现自己的认识是错误的。现在，和将梦等同为任何事物，也就是学者们所说的种种可能相比较而言，愿望的满足，焦虑的满足，惩罚的满足都是狭隘的。事实上，焦虑本就是愿望的反面，如我们所知，正面和反面能够很容易被联想到一起，在潜意识里合二为一。另外，惩罚其实也是一种愿望的满足，它是检查作用愿望的满足。

所以，总的来说，不管你们怎样反对愿望满足的观念，我都不会动摇。当然了，我也不会逃避接下来的工作，那就是证明愿望的满足在每一个梦中都存在。现在，让我们回想之前那个用一个半弗洛林买了 3 个破损座位的梦，我们能够从中获得很多关于梦的知识。希望你们还记得这个梦，一天一个妇人听丈夫说比自己小 3 个月的爱丽丝订婚了。当晚，她就梦到自己跟丈夫一起到戏院看戏，在戏院中，他们一侧的座位空着。她的丈夫说，原本爱丽丝以及她的未婚夫也会来的，但是后来因为不愿意用一个半弗洛林买 3 个破损座位而放弃了。她当时觉得无所谓，说这对他们来说有益无害。在这个梦的隐意中，我们已经发现了她对丈夫的不满，她后悔自己跟丈夫结婚太匆忙了。或许我们并不了解这种悔意是怎么转变为愿望的满足的，但似乎在显意中却能够发现一些痕迹。我们已经知道，由于检查作用，结婚"太早，太匆忙"这个隐意是不能直接表露的，只能通过戏院的空座位进行隐喻，"用一个半弗洛林买了 3 个破损座位"，这句话本来难以理解，现在运用象征作用的有关知识，我们就不难理解。"3"是男人的象征，这句话的意思就是指用嫁妆去买男人（我用那么丰厚的嫁妆，原本可以买一个比丈夫好十倍的男人）。显然，"到戏院去"就象征着结婚，而"买票太早"就象征着结婚太早了。那么，结婚的象征就是愿望满足的机制造成的，这个妇人对于结婚太早的不满程度，并不一直都像刚听说好友订婚那时候一样。事实上，某些时候她还会因为结婚而沾沾自喜，觉得自己比朋友过得幸福。我们经常会听说这样的事情，一些天真的女孩在订婚之后，就会变得开心起来，因为她们订婚之后就可以看所有的戏剧，可以看以前被禁止观看的任何东西。

另外，好奇心和"窥视"的欲望也是来源于性的"窥视冲动"，尤其是对父母行为的窥视，这是毋庸置疑的。这个冲动造成了女孩早婚的强烈冲动，于是，到戏院去看戏就自然而然地成为了结婚的隐喻。现在，她因为结婚太早而后悔，于是想到了结婚好的一面，那就是可以满足自己的"窥视冲动"，这个很久之前的愿望冲动支配了她，于是，结婚的意象就被替换为去戏院。

或许可以这么说，我们刚才举的例子并不恰当，不足以说明隐藏愿望的满足，事实上是可以的，因为所有经过伪装的梦，在解析的时候都需要经过一个曲折繁杂的过程。这样的研究程序当然是能够起到作用的，不过，通过过往经验我们发现，这是梦的理论体系中最容易引起矛盾和误解的一点，因此，我还愿意在理论上做出更详尽的说明。另外，你们会觉得我已经收回了部分主张，因为我曾说梦可能是愿望的满足，也可能是类似焦虑不安这样的惩罚的形式，也就是愿望反面的满足。你们或许会认为，这是让我进一步让步的好机会。另外，还有人会斥责我，说我陈述得太简略，以致原本已经明了的事实也难以令人相信。

　　在对梦的解析有了如此了解，并且接受我们的所有理论之后，你们对于梦是愿望满足的理论一定还有很多疑问，你们可能会问："如果我们说每一个梦都有含义，并且能够通过精神分析明示出来，那么我们为什么非要将其归于愿望的满足的范畴之内，并否认其他所有不利证据呢？为什么夜里的思想不像白天那么色彩纷呈呢？另外，就像你说的，为什么有的梦是愿望的满足，还有一些梦却是诸如恐惧惩罚一样愿望满足的反面呢？为什么非要说梦是愿望，或者说愿望的反面呢？说不定梦也会是一个决心的体现，或是一种警示，或是关于某种问题两面的考虑，或是一种谴责，或是良心的不安，又或者是对于事业的新的尝试等其他意义。"

　　我们或许可以说，如果其他理论都达成了一致，那么即使这一点存在异议也是无关大局的。我们早就知道了梦的意义以及发现这种意义的方法，这还不够吗？如果非要过分严格地限制梦的意义，说不定还会将以前的努力白白浪费。其实也不尽然，关于这个问题的异议关系到梦的知识要点，并且也会影响到梦的知识对于精神官能症的重要意义。在为人处世方面，"屈己从人"很有道理，但是这个做法对于科学研究是有害无益的。

　　那么，为什么梦的意义不是多种多样、纷繁复杂的呢？关于这个问题，我要说，它们未尝不可如此，如果它们是这样的，我也绝不反对，但是我确实不知道它们为什么不是这样。梦的意义并不是多种多样的，这个事实限制了梦的定义不能宽泛通俗。我还要说的一点是一个假设，假如梦确实可以代表多种思想形式或者理智作用，这个假设不是虚构的，我在研究某种病理的时候，曾记录过一个一连做了三夜、之后就再也没做过的梦。我当时就是将那个梦解释为一种决心，当这个决心付诸实施之后，梦就再也没有出现的必要了。后来我又公布了一个梦，我将其解释为表达忏悔的梦。然而，为什么我现在却自相矛盾，非要说梦永远、唯一的意义就是愿望的满足呢？

与其接受谬误，我宁愿自相矛盾，因为谬论会削减我们关于梦的所有苦心研究的结果，会让我们将梦和梦的隐意混为一谈，认为梦的隐意和梦是等同的。确实，梦可以被代表或者象征为刚才所说的各种思想形式，比如决心、警示、反省、措施、预备或者某种尝试等。但是，仔细观察你们就会发现，这些思想形式只是梦的隐意。通过梦的解析的一些案例你们就会知道，我们的潜意识中确实存在很多诸如决心、预备、反省这些思想内容，梦的运作就是将这些材料组成梦境。所以，如果说梦代表了一种决心，一种警示或者其他，这是未尝不可的。事实上，精神分析研究也经常会用这个办法，比如，我们一般情况下都是想要努力解开梦的表面，探究其中潜藏的隐意。

因此，我们在想办法探究梦的隐意的时候，发现了令人惊奇而又疑惑的结论，那就是我们的潜意识中活动着很多丰富繁杂的心理。

言归正传，你们说梦可以代表各种思想形式，这个观点是正确的。但是，你们必须清楚一点，那就是你们的观点是一种简略的表达形式，并不是将这些思想形式说成是梦的根本性质。你们在说到"一个梦"的时候，指的必须是梦的显意，也就是梦的运作的产物，或者是指梦的运作过程，也就是将梦的隐意转换为显意的过程。如果你们所说的"梦"指的是其他含义，那就会导致观念混淆，造成谬误。如果你们所说的梦仅仅是指梦的隐意，那就要说清楚，不要因为说话不明确而增加问题的复杂度，因为我们知道，梦的隐意只是转化为显意的原材料。有的人只知道梦运作的结果（梦的显意），却不能解释这种结果的来由（梦的起源）和制造过程（梦的运作）。你们犯的错误与此类似，你们混淆了梦的材料和梦的制作过程。梦的唯一的要点就是处理思想材料的运作过程。

即使某种实际情况下我们可以忽略这一点，但现在我们是在谈理论，绝不能忽略。另外，通过分析观察我们可以知道，梦的运作不仅是将隐意转变为前面讲到的原始退化的表现形式，也会附加一些实际动机，这个实际动机就是潜意识中的愿望，由于附加了这个愿望，梦的内容也就发生了改变。所以，如果你们仅仅讨论梦所想要表达的思想形式，那么它可以是任何思想，比如警示、决心或者预备等，否则，梦就往往是潜意识的满足。如果你们认为梦是梦的运作的结果，那它就只能是愿望的满足，而没有别的意义。所以，梦绝不仅仅是决心或者警告。决心或者其他思想形式，会在梦里经过潜意识中愿望的辅助而被翻译成原始的形式，最终转化的结果就是一种愿望的满足。愿望的满足是梦的唯一的惯常特性，其他性质都不是必要的。梦确实可以是一种愿望，它由我们清醒时的某一隐藏的愿望，在某一潜在的思想形式的帮助下转化而成。

我很清楚前面讲的一切，但我不知道你们是不是也非常明白。当然，要想证明并不容易。首先，证明需要证据，而证据需要经过分析很多梦才能够得来。其次，梦的概念中最重要的这一点，我们需要结合其他现象（精神官能症现象）一起讨论，才能够令人信服，可是我们在将来才会谈到。你们如果知道了各种现象之间存在密切联系，就会知道一种现象的性质没有被发现，另一种现象的性质就很难被探查。现在我们还不了解与梦相类似的另一种现象，精神官能症症状，因此，对于梦的了解也只能暂且停顿。我只能再举一个例子，用以得出一种新的结论。

且让我们再次讨论那个一个半弗洛林买 3 张票的例子。举这个例子并没有什么特殊用意，我们可以先大略叙述一下这个梦的意义：做梦者听说自己的好朋友刚刚订婚，于是后悔自己与丈夫结婚太早了。她觉得自己如果耐心等待的话，可能会找到一个更好的男人，并因此轻视自己的丈夫。我们还知道这些隐意是基于一种窥视冲动而形成梦的愿望的，也就是说，她希望可以没有限制地看戏，这种心理是由于她想看看结婚后生活的好奇心造成的。我们还知道，小孩子的这种好奇心是被父母性生活引起的。也就是说，这是一种幼儿时期的愿望，成人的这种愿望，也必然是源于幼儿时期。不过，做梦者前一天得到的消息（好朋友订婚了）仅仅是引起了她的悔意，而没有引起她的窥视冲动。一开始，这种愿望冲动（窥视冲动）和梦的隐意是没有关系的，我们在解梦的时候，即使不涉及窥视冲动，也能够分析出梦的结果。但是，悔意却不足以促使梦境产生。事实上，"结婚这么匆忙实在是太傻了"，这种思想完全不能够产生任何梦，只有引起了想要看一下婚后生活的愿望之后，才能够引起梦。她的梦就是早年的愿望形成的，这个愿望就是："我已经结婚了，所以我现在可以到戏院里看以前不能看的一切了，而你却还不能，还需要等待。"因此，去戏院也就成了梦的内容。于是，情景发生了反转，最近的懊悔被替换成了愿望满足的胜利感，与之相应的是窥视冲动得到满足的自豪感。正是后者的满足，决定了梦的显意的内容，也就是做梦者坐在戏院看戏，而她的朋友却没有办法看戏，只能待在一边。梦的其余部分都是这个愿望满足情境中不易被了解的变动，背后潜藏着隐意。梦的解析工作就是忽略掉愿望满足的部分，去发现背后令人痛苦的隐意。

我讲的这一大段话，其实就是想要引导你们注意到已经被逐渐揭露出来的梦的隐意。第一，做梦者对于隐意毫不知情，这一点一定不要忘记。第二，这些隐意相互关联，都是对于引起梦的各种刺激应有的反应。第三，它们和其他心理活动以及理智活动具备相同的意义。我想给这些隐意一种比之前更加严密的名称，那就是前一天的残念（the residue from the previous day），对于残念，做梦者既可以承认，也可以否认。现在，我们需要区别清楚"残念"和"梦的隐意"。如我们之前学到的，凡是通过梦的解析而发现的一切意念，都是"梦的隐意"，而"残念"则仅仅是梦的隐意的一部分。于是，我们就可以这样概述做梦的情形：除了前一天的残念，还有一种强大的、被压抑的潜意识中的愿望，这种愿望促使了梦的形成。由于前一天的残念在创造梦的其他部分的时候，受到了这种愿望的影响，所以，我们以清醒时候的观念看梦，会觉得难以理解。

以前，我曾说过一个比喻，用以说明残念和潜意识愿望的关系，现在我要重述一遍：无论想完成什么样的事业，都需要一个承担费用的资本家和一个负责设计的计划家。在梦的形成过程中，负责资本家工作的永远都是，并且只能是潜意识的愿望，它提供梦形成所需要的精神力。计划家则是前一天的残念，决定精神力的运用方式。当然了，多数资本家都有一些计划设计的基本知识，而计划家有时候也有一些资本。原本，这种情况会使事情变得更简单，但是实际上，却使事情更加困难了。在国民经济学领域，同一个人的资本家职能和计划家职能，我们也需要加以区分，这种区分就是我们这个比喻的基础。梦在形成的过程中，也有类似的变化，我不再细说，你们自己思考吧。

谈到这里之后，我们就不能进一步讨论这个问题了。因为我想你们早就有了疑问，现在是时候提出来了。你们或许会问："所谓的'残念'，是潜意识中的，形成梦所需要的愿望也是潜意识的，它们在意义上是相同的吗?"这个问题很有道理，也是整个问题的重点。

它们都是潜意识中的，但是意义并不相同。正如我们所知道的，梦的愿望起源于幼儿时期，具有很特别的机制。如果我们用不同的名称来区别这两种"潜意识"，那是很方便的。不过我们仍需等待，直到我们熟悉了精神官能症的现象之后再说。如果最后潜意识被证明只是荒诞的幻想，那么我们现在将其定义为两种，就太令人惊异了。

所以，我们讲到这里就暂告一段。你们又听了一段没有说完的话，不过我们希望，因为我们的努力，这方面的知识研究能够更进一步。我们自己不也通过这种学习而获得了很多新的、惊奇的知识吗?

第十五讲·几点疑问与批评的观察

诸位! 我们讨论了一些关于梦的新学说和新观念，在结束这个问题之前，需要论述一下与此有关的一些疑点。留心听了几次演讲之后，你们大约会有下面几点疑问和批评。

第一，你们可能会有这样的感觉，我们在解梦的时候，即使坚持一贯的方法，在遇到了模糊歧义的问题时，也难以做出选择，因此常常没有办法将梦的隐意破译出来。首先，某一种事物被用作象征之后，还是原来的事物，我们究竟是应该取其表面意义呢，还是取其象征意义？这一点难以揣测。如果没有客观证据，我们在解析梦中某一点的时候就难以判断，未免有点主观臆断了。其次，两个相反的事物会在梦里合二为一，那么，任何一个梦中的意象究竟是采用了正面的意义还是反面的意义，这也难以确定，这又是一个主观臆断的风险。另外，梦中往往会有倒置的事件，那么解梦者又可以根据主观判断去假定是否发生了倒置。最后，你们可能也听别人说过，谁也不能确定某一种解释就是唯一的解释，谁都不敢确保自己不会忽略掉其他的可能合理的解释。既然解梦者可以主观判断，那么关于解梦结果的客观性就让人不敢恭维。或者你们会认为，之所以会造成过错，梦的解析之所以难以令人信赖，并不是因为梦本身难以确定，而是因为我们关于梦的定义和前提有误。

不可否认，你们的话有一定道理，但是我认为这并不足以支撑下面两个结论：（1）我们所进行的梦的解析是解梦者主观臆断的；（2）研究结果既然不完美，那么过程就是错误的。如果你们指责的是解梦者的方法技术而不是"随意决定"，那么我会赞同你们。个人因素导致的不同自然是存在的，尤其是在遇到难以解析的梦的时候。不过，这是没有办法的事情，各种科学研究都存在这样的问题，同样的方法，这个人应用起来就会劣于，或者优于另一个人。比如说关于象征的解释，看似很主观武断，可是如果加上梦的意象彼此之间的关系，考虑到梦和做梦者的生活以及当时心境的关系，我们就只能够做出一种解释，而将其他解释视为无效，如果这样想的话，你们就会改变对梦的解析错误的印象了。在你们看来，假定的错误是造成解析不完全的原因，事实正好相反，歧义、矛盾以及不确定恰恰是梦应有的性质，知道了这个之后，你们的这个结论就完全丧失力量了。

回想一下，我曾提出过这样的主张，即梦的运作是将梦的思想翻译为类似象形文字一样的原始表现形式的方法。虽然这种原始的表现形式具有一定程度上的模糊和不确定性，但是我们仍旧需要认识到它在实际应用中的价值。就像是古文字中"原语"具有相反的两个意义一样，梦在运作之后，能够将相反的意义合二为一，这个事实你们早就知道，这是语言学家阿贝尔士提供给我们的。他在1884年完成的著作中提到，古人在交流的时候会用到双关语，但是并不会造成误会。我们可以根据说话者的声调、姿势以及上下文确定说话者的意思究竟是正还是反。书写的时候，没有办法看到姿势，这时候为了防止双关意造成误解，就会运用小小的图画区别开来，就像是"ken"这个象形文字，如果附上一个屈膝者的图，就表示"弱"；如果附上一个直立的图像，就表示"强"。

　　古代的表达体系，特别是最古老的语言中，经常会含有意义不确定的文字。就像是萨姆族[1]文字中有很多子音，读者需要根据自己知道的，并结合上下文才能够将母音补充出来。象形文字表达的原则也与此类似。这些情况都是现在文字所难以容忍的。

　　正是由于这个原因，人们在很长一段时间内都没有办法明白埃及文字的发音。另外，埃及人的神圣的典籍中，也有很多模棱两可的记录，例如，作者会按照自己的意愿决定图画究竟该从右向左读还是从左向右读。作者会按照自己的意愿将图画排列成直行，只有通过观察图画上的人或鸟的方向才能够明白。如果文字在某一件较小的物品上，作者会更加随意，按照自己的偏好和物品的地位决定符号的排列顺序。破解埃及文字最大的障碍就是字与字之间没有空间，每页中图画之间的空间相等，因此我们很难知道某一个符号究竟是上一句的结尾还是下一句的开始。与此不同的是，波斯的楔形文字两字之间会用斜线分隔。

　　中国的语言文字最为古老，至今还有4亿人在使用。我并不懂中文，我只是为了想在中文中发现一些和梦相类似的模糊性，才研究了一点儿关于中文的知识。结果并没有让我失望，因为我从中发现了多得令人惊讶的模糊性用法。大家都知道，中国语言由很多字音组成，有的是单音，有的是复音。其中几种主要的方言共有大约400个音，这几种主要方言每一种大约有4000个词

---

[1]　萨姆族：即犹太族。

汇，也就是说，每一个音平均有 10 种不同的意义，其中有的音意思较多，有的意思较少。因此，为了避免这些意义混淆，就会想出很多办法，比如将两个音合成一个字，或者是运用"四声"。还有一种非常有趣的现象，中文中并没有文法：谁也没有办法确定一些单音节的字究竟是名词或者动词或者形容词，他们的字后面并没有标注性（gender）、数（number）、格（case）、时（tense）或式（mood）等。正如我们说表示思想的语言是梦的原材料一样，这种语言也只是有原材料，而没有相互之间的关系。中文中一旦出现了语义不确定的地方，就需要读者根据上下文的意思自行揣摩。比如中国的一句俗话"少见多怪"。这句话很简单，易于了解，可以翻译成"一个人见识越少，令他感到怪异的事物就会越多"；不过这句话也可以译为："见识少的人，免不得会经常感到奇怪"。当然，我们用不着对这两种意思进行选择，因为它们只是文法不同而已。中文虽然存在一些不确定的意义，但是这并不妨碍它成为一种表达思想的便捷工具，由此我们就可以知道，不确定性未必就会引起误会。

当然了，我们必须承认，梦在表达思想方面，难以和语言具有相同的地位。因为语言本就是用以表达思想，其目的就是为了让人们互相了解。而梦则不是这样的，梦绝不是表达思想的工具，恰恰相反，它是为了掩藏思想，不让人看出来。因此，我们也无须为了梦中有很多难以解释的疑点就惊异困惑。通过研究我们可以发现，不确定性（人们常常以此作为否认梦的解析的证据）其实是所有的原始语言以及表达方式的通性。

事实上，我们只有通过实际应用才能够确定我们对梦的了解到了哪种程度。我个人认为，这个理论程序可以适用于很大范围。如果对比一下那些善于分析的、专业素质高的人的分析结果，我的见解就能够得到证明。一般情况下，一些外行人，甚至科学家在研究上遇到难题或者不确定的问题的时候，就会持怀疑态度，以此来彰显自己的优越感，实际上我要说，这种做法是错误的。

或许你们不知道，巴比伦和亚述文字在被翻译成通用文字的时候，也遇到过这种现象。很多人觉得楔形文字的翻译者都是在凭借自己的想象虚构事实，觉得他们的研究其实就是欺世盗名而已。关于这个怀疑，皇家亚洲协会在 1857

年曾做过一个试验，用以辨别是非。4名从属于这个协会的研究者，罗林生、克斯、霍克和欧伯特，他们都是在此项研究中声名在外的人，他们分别各自研究翻译同一块新发现的碑铭，然后都将译文密封寄送给协会。协会成员对比这4个版本的译文，发现4人的翻译大致相同。所以，这种研究的科学性是经过过去成就验证的，未来的进步也完全可以预卜。在此之后，那些原本不甚了解的学者逐渐不再讥笑这类研究了，楔形文字的翻译工作从此之后也更加清晰客观。

第二，这个反对观点与你们的一个印象有关，或许这个印象你们是无法避免的。也就是说，有的人觉得我们通过对梦的解析得到的结果大都是生拉硬凑、牵强附会，可以说没有道理，甚至是荒唐可笑、滑稽无比的，于是，他们就会对精神分析学横加指责。这类性质的批评很多，我现在举出最近的一例。瑞士，这个号称崇尚自由的国家中，一位校长因为对精神分析产生了兴趣而被迫辞职。为此，这个校长曾提出抗议。现在，我们将伯尔尼某报中登载的瑞士当局对于此案中精神分析的评价大略转述如下："在苏黎世大学福斯特博士[1]的著作中，有很多荒诞滑稽的例子，实在是令人惊诧。……一个校长，竟然会相信这样的理论和证据，实在是令人诧异。"据说，他们是经过了"冷静判断"才说出这样的话的。不过，我认为所谓的"冷静"是自欺欺人。现在，让我们对于这些问题进行更深入的研究，我觉得更深入的研究绝不会造成什么伤害，也不会招致更多的"冷静判断"。

一个人如果仅凭第一印象，就对于心理学中比较深奥的问题发表意见，这种狂妄和浮躁让人唏嘘。在他们看来，我们的解释是强词夺理，没有任何意义，因此他们会认为我们的理论是错误的，整个研究都是毫无价值的浪费。这些批评家一定没有想到我们的解释之所以会给人这种印象，是有原因的，事实上，如果他们想到这一层，也许就会去探究一些更好的理由了。

这种批评之所以产生，与梦的转移作用有很大的关系，你们一定早就明白，

---

1 福斯特博士（1873-1956），苏黎世的牧师兼教育家，喜欢研究精神分析。

转移作用是梦的检查作用的主要途径。由于转移作用的存在，梦中就会出现所谓的隐喻和替代物。梦的隐意和隐喻之间是通过一种非常奇特而淡薄的联想迅速确立起来的，因此我们很难辨认隐喻，也很难明白隐喻背后的隐意。梦的检查作用就是为了将我们的本意，也就是隐意隐藏起来，于是我们就没有办法将隐意从它原本应该存在的地方找出来。在这个问题上，近来边境的关员比瑞士教育当局更加聪明，他们在检查文书和计划书的时候，通常不是检查书夹或者信封，因为他们知道，间谍或者走私者不会将其放在这些东西原本应该在的地方，而是应该在类似两层鞋底之间的不易被发现的地方。虽然，那些地方的违禁品会被"硬拽"出来，但这种搜查方法不失为一种精巧的方法。

　　既然承认了梦的隐意和表面替代物之间的离奇微妙，甚至是荒诞可笑的关系，那么我们就知道，很多事例中梦的意义是没有办法查知的。要解析这些梦，仅靠我们自己的力量是不行的，我们需要借助过去经验的指导。要知道，清醒而正常的人，是没有办法猜出梦的隐意和显意之间的关系的。这需要做梦者直接运用自由联想的方法得出（替代物源自于他们内心，因此他们有能力做到这些）；或者需要做梦者提供材料，我们不需要特别深入分析就能得到答案。如果没有做梦者给予我们的这两种帮助，我们就永远无法了解梦的意义。现在我来讲述一个最近发生的例子。我的一个女病人在接受精神分析治疗的时候，她的父亲去世了，她需要承受这种丧父之痛，因此总是会梦到自己的父亲复活。有一次她梦到自己的父亲出现在了某个特殊场合，他还说："现在11点1刻了，现在11点半了，现在11点3刻了。"我们该怎样解释这种时间报告呢？她只能是这样解释这个奇怪的梦，她说自己的父亲喜欢看到年长的孩子准时到餐厅吃午饭。这个联想和梦中的要素是相合的，但并不足以解释梦的起源。从那时的治疗中，我有足够的理由怀疑，她对自己的敬爱的父亲暗怀一种敌意，虽然她竭力压抑，仍不能消除，这个意向就是产生梦的其中一个原因。于是，我们让她自由联想，她的联想范围显然开始远离梦的内容。她说自己在做梦的前一天曾回想过一次心理学问题讨论，一位亲戚说："原始人（Urmensch）在我们的内心复活了。"由此我们可以知道，她就是因为这句话而幻想她的父亲死而复生，并在梦中变为一个报时者（Uhrmensch），一次又一次报告午餐时间。

这种谐音或者双关的字是专属于分析梦的人所有，我们平时可能会轻易忽略掉。另外，还有许多例子，我们想要判断它们是笑话还是梦并不容易。不过，你们要记得，有时候语误也可发生同样的疑难。有一个人说梦见自己和叔父一起坐在叔父的汽车（auto）内，他的叔父抱着他亲吻。说完之后，这个人会马上自动解释这个梦，说这个梦有自慰的意思（在我们关于原欲的理论中，"自慰"一词表示不借外物来满足性欲）。难道这个人会为了捏造出一个笑话来欺骗我们，因而把"auto"谐"autoerotism"之音作为梦的一部分吗？我认为绝不是这样的，他的确曾做了这样的梦。然而，为什么梦和笑话会有这样的令人惊异的相同点呢？这个问题曾引导我们走向另一条路，当时我因此而不得不对诙谐进行透彻的研究。研究结果表明了诙谐的起源：诙谐是一些念头在潜意识的修改下形成的。既然诙谐受到了潜意识的影响，那么它也受到了压缩作用和转移作用的影响，因为这两个机制都属于潜意识领域，也就是说，诙谐受到了和梦的运作相同的机制的影响。这就是梦和诙谐的相同之处。不过，两者也有不同之处，那就是"梦的诙谐"与一般的诙谐相比，不能够引人发笑，至于为什么会有这样的不同，我们需要进一步研究之后才会知道。人们对于"梦的诙谐"是很漠然的，他们觉得这种诙谐没有技术含量，笑点贫乏，不能令人发笑。

关于这点，我们需要遵照古人解梦的方法。对于我们而言，这种方法虽然没什么用，却可以给我们提供一些关于梦的解析的事例。我将以一个历史上非常重要的梦为例。关于这个梦，普罗塔克[1]和塔蒂斯的亚特米特罗有两个版本的记载，这两个版本略有不同。这是亚历山大大帝的一个梦，他在围攻特洛（Tyre）城的时候遭遇了城内军民的强力抵抗，很长时间都攻不下来。某夜，亚历山大做了一个梦，他梦到一个半人半兽的怪物（satyr）在跳舞。随军出征的解梦者亚里士特洛解释了这个梦，他将"satyr"一词分为了"bα T'νρoζ（特洛

---

1 普罗塔克，古罗马史学家，著有《伟人传》。

城是你的了）",因此,他预测亚历山大大帝能够取得胜利。受此鼓励,亚历山大下令继续攻城,不久之后,特洛城就被攻破了。由此可见,这个看似牵强的解释,实际上是正确的。

第三,如果你们听说一些研究解梦的精神分析学者也反对我们的理论,我想你们一定会感到奇怪。事实上,人们一旦有了新的犯错的机会,一般都是不会轻易放过的。他们一方面由于观念混乱,一方面由于对理论的归纳缺乏理由,于是就会和医学上梦的学说犯同样的错误。有一个错误的观念,想必你们早就知道,那就是:梦的目的是想办法适应当时的情景或是为了解决未来的问题。换句话说,梦有"预知倾向"或者目的(这是米德的见解)。我们已经说过,这个观点忽略了梦的运作机制,没有将梦和梦的隐意区分清楚。那些将梦当作是"预兆"的人,以预知来表示潜意识,他们就会犯两个错误:一是这种见解没有任何创新;二是过于片面,会有遗漏。因为潜意识心理有很多作用,而不仅仅是对未来的反应。还有一种错误认识,认为所有的梦背后,都隐藏着"希望他人死掉"的意向,我不清楚这个假说有什么意义,我只知道,有人之所以这么说,是因为他们分不清梦和做梦者的全部人格。

另外,还有一种见解也是缺乏理由的,有人仅根据一部分例子做出了不恰当的概括,他们认为每一个梦都能够通过两种方式进行解析,其中一种是前面所讲的"精神分析"解析,还有一种方法则是"寓意象征"的解析。这个见解(来自于西伯勒)的目的是忽略人的本能意向,进而对更高等的梦的功能进行描述。这种见解能够适用于一部分梦,但如果要推而广之,就是白费力气了。还有一个见解,相信你们都听过,那就是说各种梦都能够用两性化观点来解释,也就是说每一个梦都能看作是由男性意向和女性意向混合而成(阿德勒[1]的学说),关于这一点,你们想必很难理解。事实上,这种情形也是偶尔会有的,以后你们在研究某种歇斯底里性的精神病的时候,就会发现这类梦的构造和这种病的症状很相似。我之所以告诉你们这些关于梦的特性的新发现,就是想让你

---

1 阿德勒(1870-1937),精神分析家,认为人都有自卑情结,各种心理疾病皆由此产生。

们了解并警惕，至少不会怀疑我的学说是来自于不正确的判断。

第四，曾有人认为，那些接受精神分析治疗的人，为了迎合医生，会特意按照医生的理论去描述梦的内容，于是有的人经常梦到性的冲动，有的人在多数时候会梦到支配别人，有的人甚至梦到再生（这一点是由著名心理学家史德凯 [1] 发现的），因此，梦的研究是不客观的，也就没有应有的价值。事实上，这是个无力的指责。首先，这些梦他们早就在做了，那时候还没有所谓的精神分析治疗，因此不会影响到他们的梦。其次，现在正在接受治疗的病人，在接受治疗之前也是各有所梦的。这个新发现对于梦的理论没有什么意义，我们不久就会发现这个观点不攻自破。几天生活之后，只有我们在清醒时候感触最深的事情或者情绪，才能通过过滤作用出现在梦中。如果说医生对于病人的言语鼓励对于病人非常重要，也能够像其他的令人感兴趣的、无法平息的刺激一样，通过过滤作用，成为干扰睡眠的刺激，进而组成梦境。医生对病人所做的思想工作和其他能够引起做梦的情景一样，都能够隐藏在思想中成为梦的内容。我们原本就知道，梦可以由实验引起，具体来说就是，实验可以作为组成梦的一部分材料。精神分析学家能够像实验家一样，对病人进行干预和影响，比如佛德在做实验的时候，就会让接受实验的人的四肢保持某种位置和姿势。

不过，我们只能够影响梦的材料，而不能影响梦的目的或者内容，这是因为潜意识中引起梦的愿望和梦的运作机制是不会被外界影响到的。我们在讨论那些由身体刺激引起的梦的时候，通过做梦者对于身体或者精神刺激的反应就可以知道，梦境的生活具有特殊性和独立性。所以，刚才所说的批评又是将梦和梦的材料混淆了，因此才会认为梦的研究没有客观价值。

虽然我已经尽我所能告诉你们所有关于梦的知识，但是你们仍旧会觉得我讲每一个问题的时候都不够详细，可能会觉得我略去了很多内容。之所以会有这样的感觉，是因为梦和精神官能症的现象关系密切。相对于先研究精神官能症再研究梦而言，我们将梦的研究作为研究精神官能症的做法显然更加明智，

1　史德凯（1868-1940），精神分析家，以研究性心理和梦著称于世。

不过正是因为这样，我们只有等对精神官能症有所了解之后，才能对梦有更深入、更明确的了解。

我花了这么多时间和你们讨论梦的问题，不知道你们会不会觉得浪费了时间，不过我要说的是，我一点儿也不后悔，因为想要你们在短时间内相信精神分析的主张非常困难，我只有先通过梦的解析引起你们的兴趣。我们可能需要很多个月，甚至于很多年的努力，才能够说明精神官能症症候是有意义、有目的的，是由病人的生活经历形成的。与此相比，如果想通过梦的种种事实证明精神分析的一些理论前提，比如潜意识的存在，梦的材料遵循某种机制，或者说存在使其表示出来的推动力等，可能只需要 3 个小时的努力。如果我们知道梦的构造与精神官能症类似，那么我们就可以通过回想做梦者迅速恢复清醒和理性的过程，进而明白精神官能症是由于精神生活力量失衡导致的。

第三篇

精神病症通论

弗洛伊德认为，每个人都有"精神病"的潜质，只是有人发作了有人偶尔发作。现在抑郁症、焦虑症、强迫症高发，其实，从某种意义上讲，都是精神出了问题。

第十六讲·精神分析与精神医学

一年过去了，很高兴看到你们仍旧过来继续听讲。去年的演讲中，我们主要是运用精神分析解释了过失和梦，今年，我希望让你们了解一下精神官能症的现象。很快你们就会发现，这种现象与我们讲过的梦和过失有很多地方是相同的。不过，在演讲之前，我要声明一点，那就是你们一定不要抱着跟去年一样的态度听我今年的演讲。去年，我一直以你们"健全的理解力"作为考量，每讲到一个理论的时候，总是先征求你们的意见，故意和你们理论，听任你们的责难。现在，不会再这样了，很简单，你们关于过失和梦的经验不比我少多少，对于这两种熟悉的现象，你们即使没有经验，也能够轻易获得。可是，精神官能症就不是你们熟悉的现象了，如果你们不是医生，那么除了听我的报告之外，就几乎没有和这种现象接触的机会。另外，即使你们的判断力非常好，在对讨论的主题一无所知的情况下，能派上什么用场呢？

当然了，我这么声明并不意味着我会将自己当作是一个权威者，你们只能够无条件接受我的理论。如果你们产生了这样的误会，那就太冤枉我了。我这样做的目的是引起你们的兴趣并打破成见，我并不希望你们迷信于我。现在，你们暂时不必相信，也不必抗拒，因为你们对精神官能症一无所知，还没有判断的能力，所以只需要认真听，让我的话在心中留下印记就行了。信仰是很难得到的，不思考就得到的信仰是没有价值的，是不牢靠的。如果你们并不是像我一样，研究了多年的精神官能症，并从中发现了一些惊人的现象，那么你们完全没有义务相信这些问题。所以说，你们怎么可以在学问和知识上如此浮躁，怎么能轻易相信，妄加评论，或者随便提出异议呢？难道你们不知道所谓的"一见钟情"的爱恋，是由一种很不寻常的感情的心理作用引起的吗？另外，精神分析也不需要病人的信仰，因为过分的信仰会让我们焦虑。我们最喜欢的态度是病人能够对精神分析抱有合理的怀疑态度。因此，我希望你们也能够让精神分析理论在你们心里渐渐形成，通过与一般医学或者精神医学相互结合，形成一种牢固的观念。

当然了，你们也不要认为我说的精神分析见解是一种臆想的观念。事实上，精神分析经过了直接观察和推论，是经验的结晶。虽然，这种观点的可靠性还需要经过整个学科的发展才能够判断，但是，我经过了 25 年的努力，也算是有些年头了，我可以毫不夸张地说，这个研究的观察是一项非常困难，非常紧张，需要专心致志才能完成的工作。我有这样一个印象，那就是很多批评家往往不会考虑我们理论的基础，他们认为我们的理论仅仅是通过猜想得出的，因此横加指责。对于反对者的这种态度，我是绝不谅解的。之所以会发生这样的状况，是因为一直以来，医生对于精神官能症都不够注意，他们不愿意倾听病人的叙述，也就不能通过对心理现象细致的观察得到深刻的发现。我在演讲中不会提到个人的批评，而只会给出一些少数批评意见。有人曾说："辩论出真知"，关于这句话的真理性，我绝不认同。这句话是由古希腊的诡辩派哲学提出的，明显是错误的，因为它过分夸大了辩证法的价值。与此相反，我觉得科学上的辩论大都是没有意义的，事实上，这些辩论往往只是一些私人意气之争。几年前，我参加过一次正式的科学辩论，这是我平生唯一一次，当时我的对手是慕尼黑大学的罗文菲[1] 教授，辩论之后，我俩成为了好友。我没有办法保证每一次辩论

---

1 罗文菲，弗洛伊德的早期弟子，后因认为弗洛伊德的精神官能症不变说不充分而产生争论。

都会取得那次一样好的结局，因此多年以来，我都没有胆量再去做类似尝试。

你们一定觉得，我是因为顽固不化、不够谦虚，不能够接受别人的批评才不参与公共讨论的，用科学界比较文雅的一个词就是"冥顽不灵"。我要这样回答：如果你通过艰苦的研究得到了一个结论，你一定会坚决拥护自己的主张。另外，从研究一开始到现在，我甚至已经很多次修正自己的观点，或者增删，或者修改，全都照实发表出来了。可是，这种坦诚的态度得到了什么结果呢？有的人不去看我修改之后的见解，而是对于我之前的见解随意批评。还有的人借此讽刺我的善变，说我不能坚持自己的见解，因而不可信任。如果你时常修正自己的学说，他们就说你最后修订的理论也可能是错的，不值得相信；如果你坚持己见，不轻易让步，他们会说你顽固不化，不能够虚心听取意见。面对这样前后矛盾的批评，我们没有好的办法，但求心之所安就行了。这就是我对于学说的态度，我将会本着自己的良心，继续根据后面的研究不断修正我的学说。我现在还没有发现让我改变这种立场的必要，我相信将来也不会有。

现在，为了说明精神分析学对于精神官能症的理论，并方便类比，最简单的办法就是列出一类与过失和梦类似的例子。在我的诊疗室中，经常会见到一种叫作"病态动作"的精神官能症。病人在诊疗室中倾诉多年的苦恼之后，别人可能会觉得这没什么，采用轻度水疗法就行了，然而见多识广的分析家就不能这样表示。有人曾问我的某位同事怎样处理这样的病人，他耸耸肩说："罚他们钱来赔偿我的时间损耗。"由此，你们即使发现很少有病人去找精神分析家，也绝不会感到吃惊。我的候诊室和诊疗室中间有一道门，两室之间铺有地毯，诊疗室还有一道门，显然，我这样布置自有我的道理。病人从候诊室进来的时候，常常会忘记关门，有时候两扇门都开着。看到这种情况之后，不管对方是体面的绅士还是时髦的少女，我就会马上毫不客气地请他或者她回去把门关上。当然了，我这样的举动会给人以傲慢无礼的印象。我也知道有时候我这样做未免会误会了对方，因为有的人握不住门把手，只有借助别人的帮助才能把门关上。不过多数情况下，我都是对的，因为如果一个人在进出的时候不关门，让医生候诊室和诊疗室之间的门开着，那么这个人就是下等人，应该遭受我们的轻视和冷淡。你们不要抱有成见，进而误会我的意思，先听我把话说完。一个病人只有在候诊室里没有其他人的时候，才会在进诊疗室的时候忘记关门；如果候诊室里有一个陌生人，他们就绝不会忘记。他们一定会把门关好，因为他们为了保护自己的利益，不愿意第三个人听到自己和医生之间的谈话。

从这里可以看出，病人忘记关门并不是偶然现象，也不是没有意义甚至说无关紧要的事情，这表明了他们对医生的态度。就像是很多人去见地位较高的人一样，他们希望得到医生的保护和帮助。他们或许会先打电话，确认自己什么时候能够进入，他们也会希望到时候候诊室会像欧战时杂货店前的长队一样，有病人候诊。可是来了之后，他们会觉得很失望，因为自己只是进到了一个布置朴素的房间。于是，他们就想惩罚一下医生，因为自己没有受到隆重的礼遇。然后，病人会故意不关上诊疗室与候诊室之间的两道门，以此表示："这里现在没什么人，事实上，不管我在这里坐多久，也还是没有别人会来的。"那么，在接下来的谈话中，他可能还会摆出一副傲慢无礼的样子，除非我们将他的这种念头早早地扼杀掉。

分析这种病态的动作之后，你们就会发现：（1）这种动作并不是偶然的，而是具有某种动机、意义或者目的；（2）造成这种动作的心理情景是能够被一一指出来的；（3）从这些动作中，我们能够推知一个更重要的心理程序。另外还有一点，那就是动作者并不知道这么做背后的心理情景。不把两扇门关好的人，绝不会承认他们那么做是想要侮辱我。可能有的人的确记得自己因为候诊室空无一人而觉得失望，但是他们并没有意识到这种失望与后来的病态动作有关联。

现在，我们对比一下这种病态动作和某一个病人的观察结果，进行一个比较性研究。我想列举一个最近发生的例子，之所以举这个例子，是因为这是新近发生的一件事，我能够大略将其叙述下来。不过，即使是大略叙述，也有很多情景需要详细说明。

一个年轻军官请了短假返回家里，让我去治疗他的岳母。这个老太太的家庭生活非常幸福，但是她心里总是会产生一个无聊的念头，这个念头使得她和家人都感到烦恼不安。这个诚实的老妇人 53 岁了，她身体健康、性情和善。见到我之后，她毫不掩饰地说出了自己的病情。她和自己的先生一起住在乡下，他的先生是一个大工厂的经理，两人的婚姻非常幸福。在她的描述中，她的丈夫对她贴心得难以言喻。从恋爱到结婚，再到之后的 33 年中，他们俩从来都没有发生冷战、争吵或者一丝一毫的嫉妒。她的两个儿子都结婚了，并且也都很幸福，而她的丈夫也没有因此而卸下自己的责任，仍旧在工作。一年前，一件令他无法理解的事情破坏了她的快乐和幸福。她收到了一封匿名信，信中说她的优秀的丈夫和另一个少女正如胶似漆，她相信这封信的内容。另一方面的详细情况是这样的，这位老妇人有一个深得她信任的女仆，她们两个经常会聊天，无所不谈。这位年轻女仆非常嫉恨另一个年轻的姑娘。与这位女仆相比，那个女孩非常幸运，她虽然和女仆的出身差不多，但是由于受过商业训练，因此进了工厂之后，由于男员工需要服役，她就顶替了职位，升职了，待遇也有所提高。另外，她住在工厂里，别的男主管都认识她，并称她为"女士"。这种好境遇令这位失意的女仆感到非常厌恶，于是，她就会利用一切机会揭发那个女孩从来没有的罪状。一次，老妇人和这个女仆谈到了一位登门拜访的老绅士。有人曾说这个老绅士已经与自己的妻子分居，和情妇住在一起了。老妇人表示她难以理解为什么会这样，还说："如果我丈夫也有一个姘头，我就会感到非常厌恶。"这次谈话之后第二天，老妇人就接到了一封匿名信，这封信的字迹经过了伪装，而内容正是她所害怕的事情。信中所说的与她丈夫不清不楚的女孩就是那个女仆所嫉恨的女孩，因此老妇人断定这封信就是那个心怀恶意的女仆伪造的。这个判断可能是对的。但是，尽管老妇人觉得其中有诈，并不相信，而且通过周围的环境也能够看出这是一个卑鄙懦弱的伎俩，但她最终还是为此而病倒了。在这种刺激之下，她将自己的丈夫叫回来横加指责。她丈夫反应非常合理，先是笑着否认这件事，然后安抚她并请来家庭医生（也就是工厂的医生）给她诊治，想要尽快让自己的妻子平复情绪。另外，他们做的第二件事也合情合理，他们并没有辞退工厂里的那个被陷害的女孩，而是将那个女仆辞退了。从那之后，这个老妇人经过平心静气的思考，也不再相信信的内容，不过，她的疑心病却还是随时会复发。比如，一旦听到那个女孩的名字，或是路上遇到了那个女孩，她就会疑心大作，焦虑怒骂。

即使不借助精神医学的研究经验，我们只是通过老妇人关于临床病症的描述就能够知道：（1）和别的精神官能症患者不同，这个老妇人在描述病症的时候过于平静，说明她隐藏得太深了；（2）在内心深处，她还相信那封匿名信的内容。

对于这样的病例，精神科医生会采取什么样的态度呢？我们知道，他们认为病人不关门的病态动作是偶然事件，没有心理学意义，因此没有研究价值。而对于这个心怀嫉妒的女病人，他们的态度就不一样了。病态的动作似乎是无关紧要的，病例本身却非常重要，引起了精神科医生的注意和兴趣，因为主观上，这种病态会令人非常痛苦；在客观上，这种病态会让家庭陷入分裂的危险。首先，精神科医生会将这个症状的一些基本性质进行归纳分类。那个老妇人的怀疑并不是杞人忧天，或许她丈夫的确与那个女孩有染。另外，还有一些地方没有意义，令人难以理解，那就是虽然出轨并非是不寻常的事情，但是病人绝没有充足的理由可以证明自己可爱忠诚的老伴确实做了，除了那封匿名信之外。她应该知道自己的嫉妒心理非常荒唐，因为那封信的来源完全可以解释，不能够作为充分的证据。她的确知道这一点，但是内心深处仍旧信以为真，难以摆脱痛苦。我们将这种没有逻辑的、不切实际的意念称为是"妄想"，这个老太太之所以痛苦，就是由"嫉妒妄想"引起的。当然，这就是这个病理的本质特征。

如果这一点成立了，我们对于精神医学的兴趣就会大大增加了。既然客观事实不能够使一种妄想消失，那就说明妄想不是源于现实。那么，妄想究竟是源于什么呢？妄想的内容多种多样，为什么这个事例里单单是嫉妒呢？另外，哪一种人才会有妄想，特别是嫉妒的妄想呢？我们原本想请教精神科医生，但是他们给不出答案，他们只是回答了我们这许多问题中的一个。通过研究这个老妇人的家族历史，他们会得出这样一个答案，那就是如果病人家族中经常发生类似的精神疾病，那么病人可能就会患上妄想症。也就是说这个老妇人之所以会有妄想症，是遗传因素造成的。这句话看上去挺有道理的，但是这就是所有问题的解释吗？这就是她生病的唯一原因吗？病人为什么会产生这种妄想症而不是别的妄想，这个问题不足为道吗？这一切都是由遗传因素支配的吗？这个因素的作用是决定性的吗？也就是说，不管她的生活中有什么样的情绪或者经历，到一定时候都会产生妄想吗？你们可能想要知道精神医生能不能给我们进一步的解释，我要说，他们不能给出进一步的解释。"知道就是知道，不知道就是不知道，只有骗子才会编造空话骗人。"他们虽有丰富的经验，但是只是以诊断和妄测病例将来变化就感到自满自足。

然而，对于这些病例，精神分析就能够做得更好吗？我的回答是肯定的，我想说，即使对于隐晦的病症，精神分析也能够发现一些事实，让我们的了解更加深入。首先，请你们注意下面这个难以理解的细节：令老夫人产生妄想的起源是那封匿名信，而匿名信就是由她自己招惹出来的。因为在之前一天，她告诉那个心怀恶意的女仆说自己觉得最可怕的事情，就是丈夫也和别的女人有染。女仆寄信的恶念正是由此而生。也就是说，那个老妇人的妄想并不是由匿名信而起，实际上，它作为内心的一种恐惧的愿望，原本就存在。另外，通过这短短两小时分析，我们还发现了几个需要注意的要点。那个老妇人在叙述了病情之后，我又让她叙述一下自己的情绪、观念和记忆，她冷漠地拒绝了。她表示自己已经将该说的都说出来了，心里已经没有别的念头了。两小时后，她自称自己完全好了，不会再有妄想的念头了，因此，我们的分析就停止了。她之所以这么说，一定是内心有了抗拒心理，不愿意再接受更深层次的分析了。不过，她在这两小时之内偶然说出的几句话，我们必须加以解释，而且也可以解释出来，解析的结果指出了她妄想症的来源。原来，她有点儿迷恋她的女婿，就是那个将我请到她家的人。她并没有意识到这种迷恋之情，或者说没有完全明了，由于她和女婿之间存在亲情，于是，她就用自己的慈爱掩盖了自己的迷恋之情。我们根据自己的了解，不难揣测出这位贤惠、慈爱的老妇人的心理。她的这种不可思议的迷恋一直存在着，但是不能够进入到意识中，于是，她就会感到非常郁闷。这种郁闷压抑难以解除，于是只好通过心理机制的转移作用，变成了嫉妒妄想，这实在是一个简单的方法。妄想会让她觉得，不仅是她对于年轻人有爱恋之情，她的老伴对于年轻姑娘也有爱恋，于是，她感情上的不忠就会逃过良心的谴责。也就是说，她之所以妄想自己的老伴与别的姑娘有染，仅仅是为了缓解自己的痛苦，安抚自己的伤口。她没有察觉自己的爱恋，但是由此引起的反应（捏造出来的丈夫和那个女孩的奸情）给了她种种便利，从而在意识中形成了一种强迫性的妄想。关于妄想来源的所有的辩解都是没有作用的，因为辩解的对象都是"反映"，而不是潜意识中力量强大的原来的意识（她对于女婿的迷恋之情）。

现在，让我们总结一下精神分析对于妄想症的研究结果。当然了，前提是我们认为我们收集获得的材料是真实正确的，关于这一点，你们不必怀疑。第一，所谓的妄想并不是没有意义的，也不是无法解释的，妄想含有意义，有合理的动机，与病人的情感经历有很大关系。第二，一种妄想乃是由另一种心理历程所引起的必然反应，另一心理历程的内容可由其他表现推测；另外，妄想之所以不真实，并且缺乏逻辑客观性，都是由它和另一种心理历程的关系造成的。妄想是由一种自我安慰的愿望造成的。第三，妄想之所以是嫉妒妄想而不是其他妄想，是由其背后的情感经历决定的。通过这些你们就能够知道，妄想和我们之前分析的病态动作有两个相似的地方，那就是这些症状背后有其他的意义和意向，它们和潜意识中的愿望有关系。

当然了，到此为止，我们还不能解答这个病例相关的所有疑点。实际上，问题还有很多，有一些暂时没有解决，还有一些由于情况特殊，可能根本无法解决。比如，这位老妇人婚姻幸福，那么她为什么还会爱恋自己的女婿呢？另外，即使产生了爱恋，也应该找其他消除的办法，为什么非要通过将心事转嫁给丈夫这种方法求得解脱呢？请不要觉得这些问题不值一提，事实上我们通过收集材料，已经能够为这些问题提供各种可能的回答。更年期到来之后，性欲的突然增加令病人非常难受，仅此一点或许就足够解释了。另外，还有一个可能性，近年来，病人那忠实优秀的丈夫的性能力已经不足以满足她日渐强烈的欲求。实际上，通过观察我们就能够知道，世上只有这种男人才会特别体谅妻子精神上的痛苦，因而会对妻子忠实、贴心。还有另一个重要的事实，那就是为什么这个母亲爱恋的对象竟然是自己女儿的丈夫。这其实是由对于女儿的强烈欲望（这种爱欲源于母亲的生理构造[1]）转移而来的，母女之间本来有特殊关系，现在转移到了女婿身上。或许我可以告诉你们，那就是从远古开始，人们就给岳母和女婿之间的关系赋予了一种特别的性意味，这种关系在一些原始民族中更是被严格制止的禁忌（参见鄙人于1913年出版的《图腾与禁忌》一书）。无论是就积极的一面还是消极的一面而言，这种关系都超出了文明社会的限制。那么，我们刚才讨论的病例到底是上面的一种因素在起作用，还是两种，甚至三种因素同时作用的结果呢？这一点我无法回答，因为我们在两小时的分析之后，没有办法再继续下去了。

我刚才所讲的你们还没有办法理解，这一点我很明白。我说这些只是为了比较一下精神医学和精神分析的工作。在此基础上我要问你们一个问题：你们是否看到，这两者的研究的方向性质是矛盾的？精神医学撇开了精神分析的方法，只是给出了遗传这个普通而渺茫的原因，而没有通过对于妄想内容的讨论去发现更接近事实的科学的原因。难道两者必须要相互矛盾而不能相辅相成吗？遗传因素和人的经历难道就不能相互融合、共同发挥作用吗？你们应该知道，精神医学的研究基本上没有什么内容是和精神分析研究相抵触的，也就是说，抵触精神分析研究的是精神医学医生，而不是精神医学本身。精神分析和精神医学的关系，就像是组织学和解剖学之间的关系一样，一个是研究表面形态，一个是研究内部构成。后面的两个研究一直都没有什么抵触，而是相辅相成、互为依据。你们都知道，虽然解剖学现在已经成了科学医学的研究基础，但是它以前也是和现在的精神分析一样被咒骂，从前的社会严禁医学家解剖尸体，现在社会指责我们探究人的心理活动，这是同样的道理。或许在不久的将来你们就会发现，精神医学如果离开了精神分析中关于潜意识活动的知识，也就失去了科学的基础。

精神分析研究虽然经常受到驳斥，但是你们之中仍有很多人对其保持好感，

---

1 可以理解为孕育女儿的生理过程。

寄予希望，因为你们知道，精神医学现在对妄想症还无能为力，那么精神分析治疗疾病的能力就是它存在的基础。精神分析能够解释这些症状的结构，能不能进一步将其治愈呢？我要说，不能，绝对做不到。到现在为止，精神分析也和其他疗法一样，不能治愈妄想症。你们也能够看到，对于刚才所说的妄想症，我只能做出初步分析，我们确实能够了解到病人发生了什么，但是并不能让他们自己明白。然而，你们难道会因为分析没有达到最终的效果，就否认这种分析吗？我觉得不能这样。埋头研究而不去在意是不是会有成效，这是我们的权利，也是我们的义务，确实如此。说不定什么时候，我们的零碎的研究能够聚集成强大的力量，也就是治愈疾病的力量，我相信，这一天总会到来的。所以说，精神分析即使暂时不能治疗妄想症或是其他精神病，但也是一种不可忽视的科学研究工具。有一点无须讳言，那就是我们的研究尚未达到目的，因为我们研究的对象是有生命和意志的人，他们需要先有动机，然后才能参与我们的研究，可是他们没有。所以，我将用下面一句话结束今天的演讲：大多数的精神官能症是很难治疗的，而精神分析法的研究进展已经初步具备了治疗的能力，某种程度上，与其他医学治疗相比，我们的治疗效果是遥遥领先的。

第十七讲·症状的意义

诸位！我在上次演讲中提到，精神医学并不在意个别症状的结构和内容，而精神分析则通过对结构内容的研究，发现了这些症状背后的意义，并且发现，这些症状和病人的生活经历关系很大。奥地利生理学家布鲁尔[1]在1880至1882

1　布鲁尔（1842-1925），奥地利生理学家，精神分析的先驱者。

年间发现并治愈了一个歇斯底里精神病患者，从此以后，这种病被人们熟知，他也闻名于世，因此我们认为是他发现了精神官能症症状，对于这种病症，他的功劳首屈一指。另外，法国著名神经学家加涅[1]通过单独研究，也得到了相同的结论。事实上，加涅在布鲁尔公布研究结果之前已经将自己的观察结果公布出来了，布鲁尔则是在10年之后（1893至1895年，也就是和我合作期间）才将自己的研究成果发表。至于谁是最早的发现者并不重要，因为你们知道，很多发明都不是一蹴而就的，需要很多次努力，多数时候付出和收获也不成正比。比如哥伦布发现了美洲大陆，但是美洲大陆并没有以他的名字命名。事实上，伟大的精神科医生刘镭在布鲁尔和加涅之前就已经发表了自己的看法，他认为如果我们有能力解析，就会发现连精神病人的妄想，其背后都含有某种意义。我承认，我在很长一段时间内都非常看重加涅的观点，他认为精神病人的症状，其实就是其内心"潜意识观念"的表现。然而，加涅后来过于慎重了，他似乎觉得潜意识只是一个暂时的没有实际意义的名词，只是一句"空话"，没有明确的意义。从那之后，我就不再理解加涅的理论了，我认为，是他自己枉送了他的学术地位和功绩。

精神官能症症状和梦以及过失是一样的，也有意义，也与病人的生活经历密切相关。我将举例说明这个要点。我将会从另一种特殊的精神官能症症状中举例，而不是选择歇斯底里精神官能症，之所以这么选择，我有自己的理由。虽然不能证实，但是我敢肯定，我们只要耐心观察，就可以对任何一种精神官能症有一定的了解。这种精神官能症就是强迫症，它与歇斯底里症不同，它并不会公开喧嚷，让所有人都知道，它只是作为精神层面的病症隐藏在病人内心，并不会表现出身体上的症状。最初的时候，精神分析的研究对象主要是歇斯底里症和强迫症，通过分析，精神分析已经能够协助治疗这两种病症。不过，相对来说，强迫症更适合精神分析研究，因为它没有肉体上的表现，更易于了解明晰。实际上我们了解到，强迫症的一些性质表现，比歇斯底里症更加极端和

1　加涅（1859-1947），法国精神病理学之父。对强迫症、歇斯底里症等尝试用意识下的心理性力量求解。

明显。

　　强迫症的表现是这样的：病人总是会莫名其妙地想要做奇怪的事情，他对此一点儿兴趣都没有，不想做却又由于某种冲动，不得不做。无论驱使他的思想有多乏味，即使一点儿意义也没有，甚至完全是荒唐的，病人都不得不受这种思想的驱动，直到身心俱疲，令他们劳心费神、不能自已，似乎是生死攸关的大问题，他们即使很不愿意，也难以摆脱。看上去病人内心的冲动似乎是幼稚的、没有意义的。然而，事实上他们心中有可怕的念头，比如犯下重罪的诱惑，于是，病人不仅会将之视为自己不应该有的念头而加以排斥，还会惶恐地用各种方法预防和逃避，他们甚至会通过放弃、限制自己的自由等方式来消除这种冲动。他们的预防和摆脱通常都取得了成功，事实上，他们的冲动从来没实施过，取而代之的是强迫性动作，这都是一些安全无害的琐事，他们会将一些程式化的日常动作当成是繁琐艰苦的工作，比如上床、洗漱、穿衣、散步等。这些思想、冲动以及动作不会以相同的比例出现，而是以其中个别项为主，强迫症的名字就是由此而定的。不过，它们的共同之处仍是非常显著的。

　　显然，这是一种很疯狂的疾病。精神科的医生即使运用最荒诞的幻想，也绝不会凭空捏造出这种病，事实上，如果不是每天都见到这种现象，我们自己也不敢相信这种病的存在。你们千万不要认为，只要劝说病人转移自己的注意力，努力摆脱荒诞的想法，或者不去做没有实际意义的动作就能够治愈他们了。其实他们也是这么想的，只是做不到罢了。病人清楚自己的处境，也支持你对于他们的病症提出的见解，事实上他们自己也能够得出相同的结论，但是他们就是难以控制自己，没办法制止自己的行为。他们之所以做这种强迫性的动作，似乎是因为受到了一种强大的力量的推动，这种强大的力量，是平常生活状态下的精神力量难以抗衡的。病人只能够将这种力量进行转移和替换，用比较缓和的思想替代原有的思想，以可以预防的冲动替代原有的冲动，以其他的动作替代原本的行为，这是他们唯一可以采取的方法。总之，这种强迫性思想和行为没有办法消除，只能被转移。这种病症的最根本的特点就是转移（包含原来形式上的转变）作用，比较严重的病人，对于精神生活中的相对价值和相对观念，会区分得更加严密。除了积极性质和消极性质的强迫症之外，他们的理智观念会充满怀疑，这种变化会蔓延加重，到最后对于原本非常普通的事情，他们也会感到疑虑。这一切的改变都会让病人变得更加忧虑，更加彷徨，他们会渐渐限制自己的自由，为此耗费心神。同为精神官能症，强迫症病人和其他病症病人不同，他们很有精力，善于判断，一般情况下，他们的智慧甚至高于常人。他们的道德水平普遍很高，绝不会做违背良心或是错误的事情。这种病症的病态表现和性格如此矛盾，让人迷惑，于是你们一定会觉得要想发现病因实在是太难了。这个顾虑是不必要的，因为我们现在要做的，只是找出一些病症背后的意义罢了。

通过前面的讨论，你们一定很想知道现在的精神医学对于精神官能症有多少贡献，说实话，真是少得可怜。除了给出病症名称之外，精神医学不仅毫无贡献，还将患有强迫症的人说成是"退化变质的人"。这种说法实在是难以令人信服，因为这不是一种解释，而是一种充满价值意味的妄断，是一种贬低。我们可以肯定，退化的结果就是产生各种奇怪的行为，事实上，这种病人也确实跟一般人不一样。但是，相对于其他精神官能症病人，比如歇斯底里病人或者精神病[1]人，他们难道更加"退化变质"吗？显然，这个形容是不负责任的，是不恰当的，因为你们会发现很多才华横溢、硕果累累的人们也有过这样的症状。这些伟人们非常慎重，给他们作传的人也总是会碍于情面，会隐去他们不好的性格。不过也有例外，一些对于真相非常狂热的人，比如著名作家左拉，正是因为这样，我们才知道他一直都患有很多奇怪的强迫症，他本人也为此非常苦恼。

对此，精神医学为了了结困难，或许会用另一个词搪塞，将病人称为是"退化的天才"。这固然是个好办法，但是，我们发现，通过精神分析，有可能会像治愈其他的不退化的精神官能症一样，永远消除这种特殊的强迫症。事实

1　精神病与精神官能症不同，它是一种严重的精神疾病，病人的思考、感情、反应、记忆等都有障碍，且会产生妄想和幻觉。

上我自己就获得了这样的成效。

我将会提出两个实例用来说明。第一个事例是旧例，这是因为我找不到比它更合适的例子；第二个是新近发生的，我之所以将其提出，是因为这个事例清楚明白，详细具体。

我曾遇到一个年近30的女病人，她患有严重的强迫症。我原本可以治愈她的，可惜世事难料，我的工作被意外制止了，关于这个意外我以后或许会告诉你们。她除了做一天中必须做的事情之外，还会做下面一些奇怪的事情。她会经常从自己屋里跑到隔壁房间，站到屋子中央的桌子边，然后按响铃将女仆叫来。女仆过来之后，她或许会吩咐女仆做一些琐事，或许没什么事情，只是让女仆退下然后回到自己房间。对此，我非常好奇，虽然这个行为并不具有危险性。我并没有协助，病人自己轻描淡写地将原因说了出来。我难以猜测到这个动作背后的意义，因此无法解释。每次我问病人："为什么这么做，有什么意义？"她总是回答说："不知道。"不过，终于有一天，我劝说她不要顾虑某种举止后，她突然就想起来自己强迫行为的起因，她详细地描述了事情的经过。她在10年前嫁给了一个年龄比她大很多的男人，然而，结婚当晚，她发现自己的丈夫是个性无能。当天晚上，她的丈夫为了试验自己的能力，屡次跑到她的房间，可是，屡试屡败。第二天早上，她的丈夫羞愤难当："要是让铺床的女仆看到了，一定会瞧不起我。"于是，他就将面前的红墨水倒在了床上，可是，他并没有将其倒在红斑应该出现的位置。起初，我并不了解这件事和强迫症有什么关系，因为这两个情景的相似之处仅仅是一个女仆以及从一个房间跑到另一个房间。然后，病人将我带进隔壁房间，我看到隔壁房间的桌布上有一个大斑点。她向我作了进一步的说明，她说自己站的位置能够保证女仆一进屋就看到那个斑点。到此为止，关于这件事我们虽然还有一些疑问，但是已经能够确定，她的强迫症与新婚夜的经历必然存在联系。

首先，我们要知道，病人照着丈夫的动作从一个房间跑到另一个房间是为了让自己替代丈夫。要想将事情说通，我们还需要假定桌子能够替代床，桌布能够替代床单。这种替代关系看上去太牵强了，不过我们可以参考梦中的象征。

在梦里，桌子通常都是象征床，"床和桌子"在一起就象征着结婚。也就是说，桌子和床是能够相互替代的。

这些证据都表明，这个强迫动作的意义是重要情景的重现。不过，我们不能为找到这些相似点就感到满足，如果仔细研究两种情景的关系，我们就可以发现这种行为的目的。叫来女仆显然是这个动作的最重要的一环，病人的目的是让女仆看到红斑，这和她的丈夫认为"要是让铺床的女仆看到了，一定会瞧不起我"正好关联。她想要替代自己的丈夫，让红斑处在应该存在的地方，这样的话，女仆才不会小瞧自己的丈夫。为了达到这个目的，病人将原来的情景进行修改转化，然后不断重现，想要以此弥补原来的漏洞。另外，还有一点非常重要，那就是她想掩饰自己丈夫性无能这件事，想要修正那天用红墨水的悲剧。她的强迫动作和做梦相似，都是为了满足自己的愿望，她的愿望就是："不，那天的事情不是真的，我丈夫的性能力是正常的，他并没有在女仆面前丢脸。"她想要借助强迫行为恢复丈夫在那个悲剧的夜晚丢失的信誉。

我还要告诉你们这个病人的一些事实，这些事实都能够适用于上面的分析，都能够用以解释她难以理解的强迫行为。她和丈夫已经分居很长时间了，正准备与其离婚。可是，她很难从心里将自己的丈夫抹去，很难摆脱自己的丈夫，于是她只好远离人群，远离别人的诱惑。另外，她还将自己的丈夫理想化，幻想自己原谅了丈夫。如果这样做，她就有了和丈夫分居的正当理由，就不会受到恶意污蔑。还有，丈夫离开了自己的陪伴，也还能够安然生活。这就是她的病症最深处的秘密。通过对这个无害的强迫行为的分析，我们就能够了解到病人的主要病因，并发现强迫症的一般特征。我认为这个病例将强迫症的一切都包含其中，因此希望你们多多对其进行研究。关于强迫症的解释，一般都是病人突然间想到的，不需要经过精神分析家的引导和影响。另外，他们的解释大都是源于成年时记忆清晰的事件，而不是幼年的被遗忘的事件。正是因为这样，批评家对于我关于这种症状解释的批评就毫无威胁了。当然了，需要明白，这种幸运的情形我们不可能总会碰到。

还有一点令人惊奇，病人的无害的强迫行为竟然是源于她一生中最为私密的一件事，不是吗？洞房初夜是一个女人最不愿意轻易示人的，而现在，关于她的性生活的秘密我们完全知道了，这一点难道就没有什么特别的意义吗？你们或许会认为，我是为了自圆其说，所以才挑了这么一个特殊的例子。至于是否如此，我们先不讨论，且来看第二个例子。这是个很平常的例子，只是睡前的预备事务，这和第一个事例完全不一样。

病人是一个19岁的发育正常的姑娘，她是独生女，是父母的掌上明珠。她接受的教育和知识显然比她的父母好，而且她性格活泼，精力旺盛，可是不知道为什么，近几年她变得非常神经质。她情绪很不稳定，易怒，特别是容易对她的母亲动怒。另外，她渐渐抑郁，整天疑心重重，犹豫不定，到最后甚至不能单独到广场或者街道上。关于她的复杂病状，我不打算进一步详细说明，不过我能够做出两种诊断，那就是空间忧虑症和强迫症。现在，我们再来关注一下这个女孩的睡前动作，离开了这些准备工作，她就不能睡眠。她需要经过固定的准备形式之后才能入睡，日复一日，雷打不动。其实健康的人睡前也需要一些准备工作，但是都是合情合理的动作。另外，即使他们的准备动作由于环境约束不得不改变，他们也能够很快适应。但是病态的准备动作是无意义的，会浪费很多时间，死板，无法改变。表面上，病人异于常人，似乎是因为过度谨慎了，他们通常以此为借口。然而，我们通过观察就会发现，他们的借口难以掩饰他们准备动作的所有细节，其中的某些细节甚至是和借口冲突的。病人声称自己需要排除一切声音，营造安全的环境，然后才能入睡。为此，她将房间的大钟暂停，将其他小时钟，甚至是床头柜上的小手表都放在了房间外。另外，为了避免花瓶、花盆在坠落的时候惊醒她，她还将其放在书桌上。事实上，她为了营造安静环境的所作所为是不能成立的，小手表即使放在床头柜上，它的滴答声也不会影响到睡眠；时钟有规律的响声也绝不会影响睡眠，甚至有益于睡眠；花瓶、花盆即使不放在书桌上，晚上也不会掉下来摔碎。她自己也知道这些理由不成立，是过度忧虑所致。另外，她还有一些多余的动作并不是为了追求安静，比如她需要父母和自己房间的门是半开半闭的（她会在门口放上一些障碍物，以此达到这个目的），这似乎会招致声音干扰。她还有很多和床有关的最重要的准备工作，床头的长枕绝不能接触到木床架，小枕头要做成菱形摆放在长枕头上，她睡觉的时候，头部正好枕在小枕头上。另外，在盖鸭绒被之前她需要先抖动，使鸭绒蓬松，然后再将其抚平使其均匀。

这些琐碎的细节离题太远了，不能给我们提供新鲜的材料，所以我们暂时不再讨论。不过，要知道，她做这些琐事的时候并不是平心静气的，而是非常焦虑和担心，她做每一件事的时候都会异常谨慎，反复去做。她总觉得这件事没有做好，或者是那件事没有做好，因此总会拖上一两个小时才睡觉，抑或是才让为她担忧的父母睡觉。

对于这个病人强迫行为的分析并不像以前我们遇到的那么简单。每当我提出一些可能的解释或者意见的时候，她都会断然否认或者讪笑怀疑。不过，她在否认了我的解释之后，就会反复考虑这种解释的可能性，然后，她就不再做那种强迫动作了。治疗还没有结束的时候，她就已经戒除了所有的强迫动作。不过我要告诉你们，现在我们进行分析工作的时候，绝不能集中研究某一种单独症状，直到将其完全解释清楚。与之相反，我们需要经常抛开面前的问题，等到另一种情形出现的时候再重新提出。因此，我需要告诉你们的是，这个症状是很多因素结合的结果，由于现在不能进行研究，我们需要若干星期或者若干个月才能够完成研究。

病人渐渐了解到，因为钟表是女性生殖器的象征，所以她才会在夜间将其转移到屋外。钟表之所以象征女性生殖器，是因为它们都具有周期性的规律。当然了，除了女性生殖器之外，钟表还有别的象征意义。一些女人夸赞自己生理周期准时的时候，就会说像钟表一样有规律吧。病人之所以害怕钟表声打扰她的睡梦，是因为性冲动时阴核的兴奋感多次将她惊醒。因为害怕阴核勃起，所有她总是会在睡觉前将所有的钟表移开。花瓶、花盆等容器也能够象征女性生殖器，防止其破碎也是具有意义的。我们都知道一个流传广泛的风俗，那就是新人结婚的时候会摔碎一个花瓶或盆子，在场的人都会拾起一片碎片，用以表示新娘已经有主了。这个风俗可能是由一夫一妻制产生的。这个仪式的一些部分引起了病人的回忆和联想，童年时代，她有一次因为跌倒碰到了玻璃杯或者花瓶而被划伤手指，血流不止。长大后，她对于性交略知一二的时候，非常害怕自己在新婚之夜不会落红，因而被怀疑不是处女。她之所以担心花瓶摔碎，说明她想要摆脱贞洁和初夜落红这些情结，也不愿意在因为流血不流血的事情而焦虑不安。不过，事实上，这些想法和杜绝声响之间的关系是非常微弱疏远的。

一天，她了解到了意识的中心观念，也就是不让长枕头碰到木床架的原因。她说，她觉得长枕头就像是一个女人，而直挺挺的床架子就像是一个男人。所以，她希望会有一种魔法隔绝男人和女人，换句话说就是隔离她的父亲和母亲，不让他们发生性交。在这个动作产生之前，为了达到这个目的，她曾运用另一个更直接的方法，那就是假装害怕，让她父母和她卧室的门半开着。实际上，现在她的睡前准备中还有这个方法。为了通过这种方式窃听父母的举动，她曾数月失眠。有时候，这种举动并不能令她满足，她甚至睡在父母中间，这样一来，"长枕头"和"床架子"就真的被隔离开了。可是，随着年龄的增长，她再也不能舒服地和父母同睡了，于是，她就会假装害怕，和母亲交换床位，让父亲和自己一起睡。显然，这就是幻想的起始，在仪式中就能够非常清晰地看到。

如果长枕头代表女人，那么她抖动鸭绒使其蓬松就也具有意义。有什么意义呢？那就表示女人怀孕，当然了，她不希望自己的母亲怀孕，因为她害怕父母性交之后会再生一个孩子，那样的话她就多了一个对手。另外，如果长枕头代表她的母亲，那么小枕头就代表她自己了。为什么非要把小枕头按照菱形斜放在长枕头上面，而她的头恰好放在菱形中心呢？她很容易就能够想起来，菱形代表女性生殖器，常出现在墙壁上的图画中。于是，她就把自己当作是男人（父亲），而她的头就代表男性的生殖器（砍头象征着阉割可以作为证据）。

你们或许会有疑问，处女的内心真的会有这种可怕的想法么？不得不承认，这种想法很可怕。可是你们不能忘了，这些观念并不是我创造的，我只是将它们引出来了而已。这些睡前的准备动作非常奇特，通过分析你们可以看到，它们和幻想之间存在着相通之处，这一点是不可否认的。不过，你们还要知道，这些准备动作是几个具有相同点的幻想共同作用的结果，而不是由一个幻想产生的，我认为这一点尤为重要。你们应该还记得，她的繁琐的睡前准备工作正是性欲积极一面和消极一面的共同结果，一部分是性欲的亢奋，另一部分是对于性兴奋的排斥。

将这个睡前准备动作同病人其他的症状结合起来分析，我们可能会得到更多的结果，不过，这不是我们现阶段的工作目标。现在，你们要做的就是明白这个事实，那就是病人幼年时期曾经对父亲产生了一种"性爱恋"，她沉醉其中难以自拔。病人对于母亲不友善的感情正是源于此。于是，这个症状的分析结果又指向了病人的性生活。对于精神官能症，我们的认识越深入，就会越感到惊异。

通过选取的这两个事例，我已经向你们展示了一点，那就是精神官能症是有意义的，而且与病人的生活密切相关，这一点和梦相似。当然了，我不能因为这两个事例就让你们完全相信我这句话中的特别意义，但是我也不可能为了使你们相信而继续举例。如果想要充分讨论这一点，我们可能需要每周都讲五个小时，持续一学期才行，因为治疗这样一个病人需要很长的时间。所以，我只能给出这两个例子。你们也可以阅读关于这个问题的其他著作，比如布鲁尔对他的第一个病例（歇斯底里症）的著名的、有代表性的分析。另外，凯尔·杨格 [1]（杨格那时候还只是一个精神分析者，而非一个预言家）对精神分裂症也有很精彩的论述。你们也可以参阅我们的刊物上刊登的各种论文。显然，学者们对于精神官能症的分析和研究非常感兴趣，他们想要尽可能详细地进行解释，以至于与症状相比，其他精神官能症的问题都被暂时忽略了。

在座各位如果有谁对于精神官能症症状有过相当深的研究，就一定知道与此相关的材料非常之丰富。不过，精神官能症的症状因人而异，由此我们就知道，症状的意义和病人的生活存在很密切的关系，因此，研究会遭遇困难。那么，我们要做的就是留心寻找每一个无聊想法和无意义动作背后的动机，去发

1　凯尔·杨格，瑞士心理分析家。

现这个动作发生所需的情境。其中的典型代表就是那位跑到桌子边按铃召来女仆的病人的症状。不过，我们还会经常看到一些与此不同的症状。比如一些典型的症状是很多病例共有的，期间的个体差异很小，甚至不存在。这种情况下，研究者就很难发现症状与病人生活以及过去的特殊情境之间的联系。现在，我们再回过头来讨论强迫症。从各个方面可以看出，那个睡前做很多琐碎准备动作的第二个病人非常典型。虽然她表现出的很多特点能够用来当成一种过往经历的解释，但是此类病人大多有一些独有的规律性重复动作。有的病人会每天洗刷很多次，还有一些空间焦虑症患者，也会表现出一些不耐烦的病态，他们害怕封闭起来的空间，宽阔的广场，长长的直道，或者是小路，如果有人陪着或者有车跟着他们，他们就会认为受到了保护。不过，在一些相似的基础上，每个病人都会构筑自己独特的情景或者情感方式，不同的人之间差别很大。比如有人害怕狭窄的道路，有人则害怕空荡荡的大路，有人只有在人少的时候才敢往前走，有人则需要在四周都是人的情况下才敢往前走。与此相似，歇斯底里症病人除了具有精神官能病人独特的症状之外，还有一些不能被过往经历解释的共性症状。要知道，我们要想做出诊断，需要依据症状中共性的问题。如果我们认为，歇斯底里症的某一典型症状是由某一相似经历或者相同经历引起，比如歇斯底里的呕吐是由病人对恶臭的系列反应引起，现在却又发现另一种呕吐症状的起因与此不同，那就太令人困惑了。病人呕吐可能只是由于一些未知的因素引起的，而分析出来的经历因素可能只是病人捏造的托词，他们只是出于某种内心需求，想要隐瞒真正的原因。

这样的话，我们难免要为这个结果感到沮丧了。需要承认的是，我们虽然可以根据病人的经历完满地解释精神官能症的个别形式，却难以依靠精神分析解释一些共同症状。另外，关于研究解决这个症状的历史意义遇到的困难，我还没有跟你们说。虽然我愿意毫无隐瞒地向你们说出我的所有想法和事情，但是这件事我不想说，因为我不想让你们在研究之初就感到困惑和惶恐。虽然我们对于症状的了解还处于起步阶段，但是我希望你们能够相信我们已有的知识，以此为基础克服未知的困难。希望下面的这个观点能够鼓励你们前进，那就是两个不同的症状之间可能根本没有区别，如果可以确定因人而异的病人独有的症状和他们的经历存在关联，那么我们就可以假定这类疾病的典型症状和人类共有的典型人格相关。精神官能症中常见的一些症状，比如强迫症病人重复性的动作以及疑虑，可能只是很平常的反应，之所以看上去变本加厉，只是因为病人将这些反应病态化了。总之，我们不应该这么快就丧失信心，让我们看看能不能有一些新发现吧！

讨论梦的理论的时候，我们也曾遇到过相似的困难，只是当时我们没有详细论述罢了。梦的显意因人而异，丰富多彩，我们也详细讨论过显意背后的意义。但是，还有的梦非常典型，几乎每个人都有，比如多数人都梦到过摔倒、飞行、游泳、被制止、裸露身体以及一些焦虑的梦。这些梦分析起来也就非常困难，相似的内容，不同的人却适合不同的解析，至于为什么不同的人的梦会有这些典型的共性，我们没有任何值得信赖的解释。但是要知道，这些典型的梦中也有一些共同点，那就是其中都有各个做梦者的个性烙印。只要我们对于这些事实有了足够的了解，我们从其他梦的研究中得到的知识，也能够毫不牵强地用于解释这些梦。

第十八讲·创伤的执着——潜意识

上一讲里面我提到过，我们下一步的研究将会以已获得的知识为基础，而不是以已引起的疑问为基础。前面我们列举的两个典型例子的结论非常有趣，但是到现在为止，我们还没有对其进行探讨。

第一，我们可以看到这两个病人都是"执着"于过去的某一点，难以摆脱，因而与当下以及将来脱节了。他们借病隐遁的做法又无异于古代在寺庙中度完余生的僧侣。第一个事例中的病人，一直被自己早就失去的婚姻牵绊着，她的生活乃至于命运都受此影响。她的症状中，处处都在为她过去的丈夫惋惜，她总是在为丈夫辩解，原谅他，美化他，这些症状行为似乎只是为了和丈夫保持着某种关系。当时她虽然仍旧年轻，能够受到别的男士的喜爱，但她为了保持自己对于爱情的忠贞，就借助各种客观或者幻想的理由，拒不见客，不修边幅，甚至于坐下之后就很难再起来。她也拒绝签名和送礼，因为她觉得无论谁都不能拥有她的任何东西。

第二个事例中的病人是个年轻的女孩，由于青春期的来临，她爱恋上了自己的父亲。她知道自己有病，因此不能和别人结婚。事实上，我们可以猜测，她就是为了借助生病，让自己无法结婚，进而能够一直和父亲生活在一起。

我们忍不住会问：一个人产生这样奇怪、没有益处的生活态度，究竟是出于什么样的原因呢？我们可以假设，这样的生活态度并不是两位病人独有的，而是精神官能症患者的通性。事实上，这确实具有普遍性，是每一例精神官能症都有的、重要的、极具实际意义的通性。布鲁尔第一次诊治的那个歇斯底里症病人，就是在照顾自己病重父亲的时候表现出执着症状的。最后，这个病人虽然被治愈，恢复了健康活力，但是她有一点儿难以适应生活，与现实脱节了，她没有办法处理一个女人应有的事务。通过分析研究我们发现，病症会让病人执着于过去的某个时期。进一步的研究让人感到很荒谬，因为结果表明多数的病例执着的时期都是他们生活初始的时候，比如童年时期，或者吸乳时期。

欧战时发生了一种流行病，就是"创伤性精神病"，当然了，这种病在战争之前已经存在，比如火车事故或者其他危及生命的经历，都会导致这种病。创伤性精神病与精神官能症病人的行为类似，我们可以将两者作比较。精神官能症是自然引发的，这一点与创伤性精神病不一样，我们也不能应用其他精神官能症的观点来说明创伤性精神病，我想以后再告诉你们原因。不过，我们现在要强调的是两者的一个共同点。通过分析我们可以清楚地发现，创伤发生时候的执着作用，就是创伤性精神病的根源所在。病人在梦里会经常性地重现创伤发生时候的情景，某些时候，这些情景完全再现，就构成了歇斯底里性精神官能症。病人们从前似乎不能够完全应付这个情景，现在似乎也不能。这种情况引出了心理活动中的"经济的[1]"概念，因此我们需要特别重视。事实上，"创伤的"这个词除了给出"经济的"这个概念之外，也没有别的意义。人的心灵在遭受了某种经历的打击之后，短时间内受到强大刺激，无论是通过接受或者是调整都没有办法正常应对，这种情况下，心灵的有效功能就会受到永久性的影响，这就是我们所说的创伤的经历。

通过类比，我们就知道，精神官能症病人执着的经历，其实就是创伤的经历。据此我们就可以得出精神官能症形成的简单条件：病人难以承受巨大的情感变化，这一点与创伤性疾病相似。事实上，这个观点与我和布鲁尔在1893至1895年之间创立的一个公式类似，当时我们是为了解释一些新事实才创立这个公式的。前文中所说的那个与丈夫分居的少妇的情况就与我们的解释吻合，她一直都为自己有名无实的婚姻感到遗憾，因而一直执着于过去的情境中。但是，第二个事例，就是那个爱恋自己父亲的女孩的例子，则与这个观点不符合。首先，小女孩对于自己父亲的爱恋是一种很普通的念头，这种爱恋还会随着年龄增长而减弱，因此，不能称之为"创伤"。其次，从发病的过程来看，最开始的爱恋并没有出现什么害处，强迫症的发生是几年之后的事情了。由此可见，精神官能症的病因多种多样，存在着很多不确定因素。不过，我们也不需要因此就将"创伤的"观点当作是错误观点而丢掉，这个观点在其他事例中还有符合的地方，能够帮助我们进行解释。

此路不通，于是，我们只有放弃原来的研究方式，继续寻找正确的研究道路了。不过，在离开"创伤的执着性"这个问题之前，我们要明白，这个现象在精神官能症之外也很常见。每一例精神官能症都包含有执着作用，但并不是说每一种执着都会引发精神官能症，或者与精神官能症混合并发。比如，悲伤也是由对于过去某些事情的执着情感引起的非常典型的心理，它也让人和现在以及未来脱节，然而，即使外行人也能够看出来悲伤和精神官能症的区别。不

1　经济的：指的是人心理上的能量，各种精神官能症的形成，或者是各种人格的养成，都是这种能量消耗的结果。

过，也有的精神官能症可以看作是病态的悲伤。

确实，如果一个人的生活主体被某些创伤经历从根本上破坏，这个人的生活就会完全停顿，他就会永久性地陷入回忆中，难以自拔，他会变得没有生气，失去对于现在和未来的希望，失去生活的意志。但是，这样不幸的人不一定都会成为精神官能症病人。所以，即使它非常常见而且重要，我们也不能过分重视，并将其当作是精神官能症的特征。

由事例分析而得出的第二个结论就没有什么限制的必要了，现在我们将这个结论转述下来。对于第一个病人来说，我们已经知道了引起她强迫行为的私密经历。我们也曾推测讨论了她的强迫行为的动机，但是，我们却忽略了一个原本值得注意的因素。病人的强迫行为持续的时候，她完全意识不到这些行为和她过往经历的关系，她非常坦诚地认为自己不知道强迫行为背后的推动力是什么，动机和冲动原因都被隐藏起来了。通过接受治疗，她想起了病症和经历之间的关系并且自己就能够描述。但是，她仍然不知道自己之所以做那些强迫动作，就是为了掩饰过去的经历并美化自己的丈夫。通过长时间不断的努力，她才确定并承认，这就是自己强迫行为的推动力。

这个不幸的婚姻第一天早上的情景与病人对丈夫的浓情蜜意结合起来，就引起了她的强迫行为，这就是她的强迫行为背后的意义。但她对这个意义的两方面都不了解，她在做强迫动作的时候不了解动作之所由起（the whence）和所欲止（the whither）。强迫动作其实是她内心活动的产物，但是她只知道结果，对于这一结果之前的心理活动却一无所知。这个情况就像是被催眠的人做事一样。伯恩罕曾做过催眠实验，他让被催眠者在醒来五分钟后，在室内打开雨伞，被催眠的人果然照他是指令去做了，但是却不知道自己这么做的原因。我们的病人就是这样的。这就是我们所说的，当我们心中发生"潜意识的精神历程"（unconscious mental processes），就会发生这种情况。我们只有采用这样的称呼，因为现在还没有人能够对此事做出更正确的解释。如果有人认为，从科学的角度讲，现实中潜意识是不存在的，是虚构的。对于这样的抗议，我只能耸耸肩，认为这是毫无道理的。要知道，一些不实在的东西，还可能会产生如强迫行为这样现实的、显而易见的东西呢！

第二个事例的病人基本上也是这样。她曾定下规则，不让长枕头和床架接触，她也一直奉行这个准则，但是她并不知道促成这个准则的原因、意义或者动力。对于这个准则，她不管是淡定处之，还是挣扎反抗，或是怒不可遏，或是想要打消，都是枉然。她只能顺从，按照准则做事，她一直都努力想要知道背后的原因，却丝毫没有结果。没人知道强迫症的这些思想和冲动是怎么来的，也不知道它们为什么能够抵抗正常的精神活动所不能抵抗的阻力。所以，病人毫无疑问会觉得它们就像是来自另一世界的恶魔，就像是人间漩涡中的魔鬼。显然，我们能够发现，这种症状中存在一种和其他精神活动不同领域的活动。也就是说，这种症状让我们对于心中的潜意识有了强大的信心。临床医学只承认有意识的心理学，因此对于这种症状毫无对策，只是将其当作是退化作用的一种形式。我们可以推知，和强迫行为是一样的，强迫思想和冲动一定不是潜意识中的，因为如果没有进入意识，就形不成症状。但是，通过分析发现的之前的精神历程以及通过解释发现的一系列关系，都证明了这些思想和冲动确实是潜意识的，至少，在病人通过我们的分析意识到自己的心理历程之前，是属于潜意识范畴的。

另外，请大家再考虑下面几点：（1）每一个精神官能症病人的所有症状，都能够证实我们通过这两个事例建立的事实；（2）病人无论何时何处都不知道自己症状背后的意义所在；（3）通过分析往往会发现，这些症状都是由潜意识的精神活动引起的，但是在一些有利的情况或条件下，这些精神活动可以转变为有意识的。所以，你们应该能够明白，脱离了潜意识心理，精神分析也就没有了用武之地。另外，有时候我们还能够将潜意识当作是客观的、具体的事物进行讨论。因此你们就能够明白，那些只知道潜意识这个词，却从来没有分析解释过梦，或者没有分析过精神官能症的目的和意义的人，对于这个问题是没有发言权的。通过精神分析，我们就能够探究各种精神官能症症状背后的意义，这个事实是潜意识存在的证据，至少是一个必要的证据，我之所以反复强调这一点，就是想让你们注意。

另外，布鲁尔还有一个发现，比第一个发现更加重要，我们应该感谢他，因为这个发现让我们明白了潜意识和精神官能症之间的关系。这个发现证明，潜意识不仅是症状的意义，它和症状之间还有一种相互替代的关系。另外，症状本身也是潜意识活动的产物，不久，你们就能够了解到这一点。我和布鲁尔都有这样一个主张：无论遇到任何一个症状，我们都可以断定，其意义必然是病人某种内心潜意识活动。换句话说，这个意义先是潜意识，然后表现出了症状。症状必然不是意识活动的结果，潜意识活动一旦成为了意识，症状也就随之消失了。因此，你们就能够发现，这就是我们治疗的突破口，以此为出发点，我们就能够治疗精神官能症。事实上，布鲁尔就曾用这个方法使病人摆脱了病魔，恢复了健康。他发现了一个方法，可以让病人把与症状有关的潜意识活动导入意识活动中，进而消除症状。

布鲁尔的这个理论，并不是推想出来的，而是在病人的合作下有幸观察到的。你们不要将这个理论同你们已经了解到的其他事情勉强进行类比，借以得出一些牵强附会的结论。你们应该将其当作是一个事实，并以此为据，来说明更多的事实。在这里，我将对这个事实做如下引申：

症状的形成其实是潜意识被其他事物所替代。正常情况下，潜意识里的心理活动经过发展，会被人们意识到，然后，心理活动就停止了。如果没有正常发展，或者说这些心理历程被干扰打断，继续隐藏在潜意识中，那么，精神官能症症状也就随之产生。也就是说，精神官能症症状是由一系列的替代作用产生的替代品。如果我们能够通过精神分析，还原这个替代过程，那么，我们就可以消除症状了。

不过，布鲁尔的这个发现仍然只是精神分析疗法的基础而已，之后的研究表明，要想使潜意识中的心理转变成意识，进而消除症状，我们会遇到很多难以预料的困难。治疗过程中，我们要做的是将潜意识中的东西转化为意识中的东西，只有转化成功，治疗才能完成。

为了使你们不会揣测这个治疗结果很容易达到，我要说一些简单的题外话。根据我们之前得到的结论可以明白，精神官能症是由于病人忽略了自己应该知道的心理导致的，这就像是苏格拉底说的"罪恶源于无知"一样。经验丰富的分析家在分析病症的时候，很容易就能够得知病人潜意识中的情感是什么，因此，他们治疗病人的时候就没有那么难，只要消除他们的无知就可以了。至少，症状的潜意识的其中一方面是可以通过这个方法治疗的，另一方面则难以由此推知，那就是病人的生活经历与症状之间的关系。这是因为分析家们并不了解病人的生活经历，只有等他们自己叙述出来。不过，有的病例中，关于这方面也能够通过其他方法而获得，比如我们可以通过询问病人的亲朋好友，通过这种方式不仅能够得知病人过去的生活，甚至能够知道一些病人自己都不知道的事情，比如他们幼年时候的事情。那么，综合两种方法，也就不难在短时间内克服病人的无知。

如果真的是这样，那就太好了，可是事情有时候会出乎我们的意料。有此知也有彼知，知有很多种类，在心理学上不总是具有同样的价值。就像莫里哀[1]说的那样："人各有别。"医生的知和病人的知不尽相同，也就难以达到相同的效果，医生只是把自己知道的告诉病人，那是没有效果的。也就是说，这样做并不能使症状消失。不过，这样做能够得到另一种效果，那就是让分析继续，除此之外，得到的只是一种坚决的否认而已。病人已经得知了他们症状的意义，这是他们以前不知道的，但是他们知道的还不够，因为无知也不止一种。如果对于心理学有深刻的了解，我们就能够知道无知之间的区别。不过，"了解症状的意义就可以让症状消失"这句话仍可以看作是真理，只是它需要一个先决条件，那就是病人需要从内心做出改变，这种改变的心理运作必须是有目的的。我们由此会碰到许多问题，不久这些问题就可视为症状形成的动力学问题了。

现在，我需要停下来问你们一个问题，你们是否感到我所讲的内容过于深奥，并且杂乱无章而难以理解呢？是不是觉得我每说出一段话之后，都会加上很多限制；每引出一系列思想，又会任其消失，因此你们觉得很莫名其妙呢？如果真是这样感觉，那么我非常抱歉。可是，即使如此，我也不愿意为了简单

1　莫里哀（1622-1673），法国剧作家。

而放弃真理，我希望能让你们感觉到这个学科的复杂难懂，我也相信，即使你们难以吸收，多告诉你们一些知识对你们来说也是无害的。事实上，任何一个听者或者读者，都能够整理排列自己听到或者读到的内容，使其符合自己的习惯，从冗长复杂的话语中摘录出自己需要知道的内容。你在开始的时候听得越多，你的收获就会越大，一般情况下这句话是没错的。所以，即使我的话非常繁杂，我也希望你们从中获知潜意识和症状的意义，知道两者之间的关系要点。你们应该能够了解到，我们接下来将向两个方向努力：第一个方向是临床上的问题，那就是人们是如何生病，如何以一种神经质的态度面对生活的；第二个方向是精神动力学的问题，那就是什么样的精神官能症导致了他们现在的病态状况。当然了，这两个方向的问题会在某一点交汇。

今天我不想再进一步讨论了。不过，由于下课时间未到，请你们注意一下前面两个分析的另一特征；那就是记忆缺陷或健忘症（the memory gaps or amnesias），关于这一点，你们也是在以后才能明白其重要性。你们已经知道，精神分析疗法可以概括为这个定义：每个属于潜意识的病因，都必须被引入到意识中。现在，如果说还有另一个定义可以代替这个定义，你们一定会感到惊异。这个定义就是，病人所有的记忆缺陷都需要得到弥补，换句话说，我们要消除病人的健忘症。其实意思还是一样的，就是说我们认为症状的发展与病人的健忘有重要的关系。可是，如果你们回想我们以前分析的第一个事例，就会发现关于健忘症的观点是不正确的。事实上，病人并没有忘记引起强迫行为的情景，她不仅清楚地记得这个，连那形成症状的其他因素也记得。第二个例子中的病人，也就是那个睡前有强迫动作的少女，她也记得病因，只是记得不太清楚而已。几年前的行为，她都没有忘记，她清清楚楚地记得自己之所以强迫父母和自己房间的门开着，是为了让母亲不能与父亲同床。她未曾忘记只是对此感到不安，有一些迟疑和不情愿而已。尤其值得注意的是，第一个事例中的病人虽然无数次重复她的强迫行为，但是从没有觉得自己的行为和结婚初夜之后的情景有相似之处，随后在寻找强迫行为起因的时候，她也没有意识到。与之相同，第二个事例中的少女每夜都保持同样的习惯，并且这个习惯的起因也是这样。她们都没有真正健忘或者有记忆缺陷，但是，令记忆情景重现的线索应该存在，她们却意识不到。这种记忆障碍足以引发精神官能症，甚至可以说是绰绰有余。不过，歇斯底里症与此不同，它的遗忘范围很大。一般情况下，我们在分析歇斯底里症每个单独症状的时候，会发现过往的整个记忆体系。在被记起之前，这些过往印象可以说是完全被遗忘了的。其一，遗忘最初发生在幼年时代，所以，歇斯底里症的健忘，应该是和婴儿时期的健忘直接相关，婴儿时期的遗忘导致我们不能记起精神生活初始的情景。其二，这一点让人非常惊讶，那就是病人最近的经历也容易被遗忘，特别是致病或者使病情加重的经历，要么是完全被遗忘，要么是部分被遗忘。关于最近的记忆中，一些重要的细节或者是被遗忘，或者是被虚假记忆替代。一般情况下，新近的记忆都会躲避分析者，于是，病人的记忆就会呈现出明显的缺口，等到分析快要结束的时候，新近的回忆才会被病人回想起来。

前面已经讲过，记忆损坏是歇斯底里精神官能症的一个特征，有时候，症状性的表现明明发生了，却没有一点儿印象。不过，这只是歇斯底里症的特征，强迫症并非如此，所以，我们可以推测，遗忘只是歇斯底里症心理性质的一部分，而不是精神官能症的一般性质。当然了，这个区别也没有那么重要，下面的讨论就能够说明。一个症状的意义应该由两个要素组成，那就是来源和方向或者说动机，也就是说，引起症状的记忆或者经历和症状所要达到的目的。通过分析可以得知，症状的来源一定是外界的记忆，最初它们一定是有意识的，后来被遗忘而成为了潜意识。而症状的方向或动机最初也可能是有意识的，也可能是一直隐藏在潜意识中的。因此，就像是歇斯底里症一样，构成症状的来源或者记忆有没有被遗忘并不重要。而歇斯底里症和强迫症症状的目的最初都可能是潜意识的。

到这里，我们的精神分析一定会引起人们的不满，因为我们太强调潜意识了。你们或许会觉得人们之所以对此不满，是因为潜意识不易了解，或者说难以证明潜意识的存在，实际不是这样的，你们大可不必为此惊讶，人们的不满来自于一个更深层的原因。科学的研究曾经两次严重打击了人类的自尊心。第一次是人们发现自己所处的地球并不是宇宙中心，而仅仅是渺无边际的宇宙体系的一个小点，这是哥白尼的发现，当然了，亚历山大也曾在学说中表示过类似的观点。第二次就是被证实了人类不是万物之灵，不是上帝的特殊恩赐，只是动物的一种，也具有兽性。这个"价值重估"的生物学研究是我们这个时代的产物，由达尔文、华莱士在前人基础上共同完成。他们最初提出学说的时候，也遭受了人们最激烈的抵抗和责难。

那么到现在，自大的人类又要遭受第三次严重的侮辱和打击，因为现代心理学研究一再揭示人类"自我"的真实面目，证明了人类甚至连自己的心理领域都主宰不了。实际上，我们只是得到少数和潜意识记忆有关的信息就已经很满足了。其实，并不只有精神分析家主张人应该重视内心世界，我们也不是最初提出这个理论的，但是现在却只有我们坚持这个主张，并且努力通过人们的隐秘的经历进行证明，这就是我们研究的宿命。这也正是所有人都责难精神分析，罔顾学者态度，不在乎逻辑道理，轻视我们、攻击我们的主要原因。另外，我们其他方面的研究也不得不干扰了这个世界的和平，你们不久就知道是什么了。

第十九讲·阻抗作用和压抑作用

诸位！我们需要更多一些经验才能够对精神官能症有更深的了解，其中有两种见解，很容易就能得到。它们都非常特别，一开始的时候也令人惊奇。不过，我们去年已经做了很多相关准备工作，所以你们应该可以很容易理解。

第一点，这是一个奇异而令人难以置信的现象，那就是当我们针对病人症状进行治疗的时候，病人会激烈反抗，试图阻挠我们的治疗。这个现象最好不要向病人家属提起，因为他们会觉得这是我们长时间治疗难以取得成功的借口。病人虽然极力阻挠，但是他们自己并不承认。我们如果能够让病人知道并承认他的阻抗行为，那么治疗就能够前进一大步了。试想，病人出现症状之后，他自己以及亲友必然心急如焚，他们会在时间、金钱、精神以及自我控制上做出很大牺牲，以期治愈病症，如果我们说病人本身拒绝治疗援助，那岂不是太不合情理了？可是，事实就是这样，如果你们责备的理由是这个现象不合情理，那么我要用一个实例作为回答。比如一个人因为牙痛去看医生，当医生拿出钳子想要帮他拔出蛀牙的时候，他却又找借口推辞逃跑了。

病人的阻抗方式繁多而巧妙，很难发现，因此，精神分析者要特别留心。我想，通过梦的解析，你们已经非常熟悉精神分析的治疗方法了，那就是想办法让病人处在一种宁静的自我审视状态下，不做其他事情，摒除杂念，按照出现的顺序，把自己感知到的内心的一切陈述下来，比如情感、思想、记忆等。我们需要明白地提醒他们，不要对内心的想法进行筛选取舍，不去关心那些想法是不是太"令人讨厌"，或者太"无聊"，或者"不重要"，或者"与主题无关"，或者太"没有意义"，不去管它们有没有陈述价值。我们要让病人放弃任何阻抗心理，只是留意脑海中浮现出来的想法，我们还要让病人明白，对于这个规则是否严格遵守，直接关系到治疗的效果和治疗时间的长短。从梦的解析的方法我们可以知道，凡是被分析者极力质疑或者否认的想法，都足以用来发掘潜意识。

这个规则建立之后，发生的第一件事就是它成为了病人阻抗作用的第一个目标，病人为了限制这个规则，会想出各种方法。他们先是表示自己什么也没想，然后又说想得太多了以至于无法选择。然后，通过他们说话时长时间的停顿就可以推想出一个令人很惊讶的结论，那就是他们忽而驳斥这个想法，忽而驳斥那个想法。最后，他声称自己感到羞愧，实在是没有办法继续陈述了，他想要借助这种情感使自己不再遵守规则；或者说，他想到了一些事，这些事是关于别人的，和他自己无关，因此不必遵照规则；又或者说他刚才想到的事情实在是太不重要、太愚蠢无聊、太荒诞不经了，认为我绝不会想要知道这些无聊想法的。这就是病人敷衍推辞的方法，尽管我一再提醒他，务必将所有的事情全部陈述下来，但是他一会儿这样，一会儿那样，最后什么也没提供。

事实上，不管是哪种病人，为了防备分析者的进攻，他们都会想办法将自己思想中的某些部分隐藏起来。我曾遇到一个病人，他非常聪明，将他曾经有过的最亲切的一段恋爱隐藏了数周之久。当我指责他打破了这个神圣的规则的时候，他辩解说这是个人隐私，不需要明示出来。不过，精神分析治疗的时候，绝不允许病人保留自己的隐私，这是很自然的事情。就像是我们正在尽力追捕一个"通缉犯"的同时，却容许维也纳市区保留一个特殊区域，规定不能在市场或者圣史蒂芬教堂附近广场逮捕任何犯人。这样的话，犯人自然会隐藏在那些安全的地方，我们也就无可奈何。有一次，我曾允许一个病人拥有这种特权，因为他是政府官员，受到了誓约的束缚，不能把某些事情告诉任何人。最终，他对于结果非常满意，但是我却不这么认为，此后，我就决定不会让这种情况再次发生。

通常，强迫症病人非常聪明，他们心思过重，疑虑过多，我们的规则通常对他们毫无用处。而那些焦虑性歇斯底里病人则常常会让我们的规则变得可笑，让我们的分析难以实施，因为他们只会产生一些毫不相干、没有逻辑的联想。不过，我说这些不是为了让你们看到我们在治疗时候的困难，而是让你们相信，只要我们意志坚定，最终都能够让病人遵守规则。然而，这时候病人会采取另一种理智的批判，他们会运用逻辑，引用一般人关于精神分析不可靠的观点进行批判。于是，我们就能够通过病人之口听到科学界对我们的研究的指责批判了。也就是说，外界批评家对我们学说的批评我们在治疗过程中就听到了，他们的批评毫无新意，就像是茶杯里的风暴而已。相比于外界批评家，病人可以据理说服，他似乎很喜欢我们对他进行批评、指导、反驳，并给他参考书增进他的理解。总之，只要分析者不涉及病人自身，他就会支持拥护精神分析。不过，我们仍然可以从他的求知欲里面发现他的阻抗心理，他正是想借助争论逃避面前的工作，这种行为当然是我们所不允许的。关于强迫症，阻抗作用还会利用一种我们意料之中的特殊途径。分析顺利进行，没有受到任何制约，然后病情逐渐明晰，可是最后我们发现解析对于症状并没有明显的效果。我们会发现强迫症的阻抗作用以怀疑为基础，令我们劳而无功。病人好像是这样对自己说的："我当然愿意继续下去，因为这很有趣、很好玩。如果这是真的，我就会因此受益。不过，既然我一点儿也不相信，我的病就绝不会因此改变。"这样一段时间之后，病人的这一点儿耐性终于也失去了，于是就恢复了坚决的阻抗。

理智的阻抗并不是最坏的一种情况，我们常常可以战胜它。然而，病人却知道怎样在分析范围内进行阻抗作用，这种情况下，克服阻抗作用就成了精神分析治疗最艰难的工作。病人不去回忆以前生活中的感情和心境，而是通过所谓的"转移作用"再次构造这些感情和心境，以此抵抗医生和分析治疗。比如一个男性病人，他会将医生当作是他的父亲，于是他和父亲的关系就会转嫁到他和医生之间，他就会为了个人独立而产生阻抗心理，或者为了思想独立而进行反抗，或者为了自己的野心（最初的表现是想要和父亲拥有同样的地位或者说超过父亲）而进行反抗，或者为了不再报恩而反抗。他们想让治愈自身疾病的愿望完全落空，因为他们想要找分析家的错误，让他们无可奈何，或者是想要在气势上压倒分析家。女性病人对于阻抗方面具备更丰富的才华，她们会通过转移作用，将分析家当作是爱恋对象，当爱恋到达一定程度的时候，病人对于治疗的兴趣和治疗时候的规则都会被彻底破坏。另外，爱恋中病人的嫉妒心，以及分析家无论怎么委婉拒绝都会产生的仇恨心理，都会破坏分析家和病人的关系，以至于使分析的强大力量完全消散。

我们不应该只是谴责这种阻抗作用，因为它也包含了病人过去生活的很多材料。另外，这种材料既然已经流露出来了，那么，如果分析家技术足够巧妙的话，就能够将其转化为自己分析治疗的助力。需要注意的是，这些材料是用来阻抗治疗的。我们甚至可以说，病人用以反抗治疗的，正是他的性格特质和自我的特别态度，既然这些态度和特质按照精神官能症的病状表现出来了，我们就能够从中得出一些平时得不到的信息。你们不要认为，我这样说是将阻抗作用的呈现当作是威胁我们分析治疗的潜在因素。事实上，我们知道阻抗作用一定会存在，我们之所以不满，是因为有时候阻抗作用不会让病人明显感觉到它是阻抗作用。所以，我们知道，分析病症的基本工作之一就是克服阻抗作用，这个工作如果完成，我们对于病人的治疗就已经取得一定进展了。

另外，你们还要注意一点，病人常常会利用分析时发生的偶然事件，比如分散注意力的事物，或者是他的朋友中比较权威的人对于精神分析的敌对态度、反对意见，或者一些身体上的病症，或者是与精神官能症并发的一些病症等阻碍分析。他们甚至会因为症状的减轻而反抗治疗。由此，你们或许能够知道每一个分析过程究竟需要克服怎样形式或者力度的阻抗作用了，即使不能完全清晰，也能有大致的印象。关于这一点，我之所以反复详谈，就是想让你们知道，我们对于精神官能症所持的动态观点，就是由病人为了抵抗治愈而进行的阻抗作用建立起来的。布鲁尔和我最初是采用催眠术进行心理治疗的。布鲁尔的第一个病人完全是在被催眠的状态下接受治疗的，我一开始也这么做，我承认，那时候我的工作非常容易而舒适，也比较节省时间。后来我发现这种治疗方法得到的结果不可靠，也不能持久，于是，我就放弃了催眠疗法。我认为，如果仍旧使用催眠术，那么就不可能理解病症的动力学，因为病人被催眠之后，医生就观察不出他们的阻抗作用了。虽然，催眠作用摒除了阻抗作用的力量，能够让我们开辟出一个区域进行研究，但是，阻抗力量会集中在这个区域的边界上，我们无法将其攻破，这与强迫症的怀疑作用类似。所以说，只有放弃催眠作用，精神分析才能真正开始。

如果阻抗作用如此重要，那我们的明智的做法应该是慎重分析，而不是草率地假定其存在。或许有的精神官能症确实是由于别的原因导致联想停止，或许他们对于我们学说的驳斥值得我们注意，或许我们不应该把病人理智的抗议当作是阻抗作用，进而不加理会。不过，我要说的是，我们绝不会草率地对这件事做出判断，我们完全有机会在病人阻抗作用出现之前就将其消灭，然后再分析这些抗议的病人。病人的阻抗作用强度是不断变化的，当我们接近一个新问题的时候，他的阻抗作用随之增强；当我们着手分析的时候，阻抗作用增至最强；研究结束的时候，阻抗作用消失了。所以，如果我们分析的方法没有错误，那么病人绝不至于一开始就产生充分的阻抗作用。于是，我们在分析的时候，就会发现同一个人一再变化，忽而批判反驳，忽而又否定自己。我们一旦将病人心目中非常痛苦的潜意识信息导入他们的意识，他们就会做出极端的反抗。即使他们之前已经接受了一些，现在也会全部抗拒，因为这时候他们的行为和心理缺陷或"情绪性迟钝"的人一样。如果我们帮助他克服了这个新的阻抗作用，那么他就会重新获得理解能力，这样的话，他的批判就只是情绪的奴隶，不能自主进行，受到阻抗作用支配，我们就不必加以重视。病人遇到不喜欢的，就会巧妙地进行驳斥；遇到喜欢的，就相信是真的。可能我们都是这样的，一个接受分析的人，理智之所以被感情支配，就是因为他在分析时受到了强大的压迫。

病人不愿意让自己的症状消失和心理活动恢复常态这两个事实，我们应该怎么解释呢？可以推测，我们遇到了一股强大的力量，它阻碍了治疗的一切改变和作用。那么，一定也是这股力量引起了病症。症状形成的时候，一定经历了某个历程，我们通过治疗，能够推测这个历程的性质。根据布鲁尔的观察结果，我们可以得出，症状之所以存在，一定是因为某种心理过程没有按照正常的方式在意识中完全得到表现。这种没有完全表现的心理过程就被症状所替代。现在，我们终于知道了是什么力量促成了这种替代作用。病人之前努力阻止相关的心理历程进入意识，于是就只能成为潜意识，进而构成病症。当分析病症的时候，这种阻碍力量就会再次发挥作用，试图阻止潜意识思想化为意识中的思想，这就是我们所知道的阻抗作用的机制。压抑作用则似乎是阻抗作用的病态形式。

现在，我们来详细陈述一下压抑作用的概念。这个作用也是症状发展的条件之一，但是与别的历程不同，它并没有平行的现象存在。现在用一个例子说明。我们都知道，如果一种心理想要实施的时候，被动作者拒绝或者批判，进而打消念头。念头打消的时候，动作者的心理力量随之减弱，留存在记忆中，这整个过程都是动作者充分认识到的。如果这样的念头受到了压抑，结果就不是这样的。心理力量没有留存在记忆中，但是仍然存在，压抑作用是在动作者毫不知情的情况下完成的。然而，通过这个比较，我们仍不能完全深入了解压抑作用的性质。

一些理论概念能够赋予压抑作用比较明确的意义，现在，我们就来解释这些概念。为了方便解释，首先，必须要透过"潜意识"一词的表面意义，研究其系统意义，换句话说，我们决定将一种心理历程的意识或潜意识，当作是这个历程的一种属性，但这不是决定性的。如果这个心理历程属于潜意识，那么不能进入意识可能只是它命运的一个标志，并不是命运的全部。为了给命运一个更具体的概念，我们可以说，每一种心理历程（有例外，以后再讲）都是先存在潜意识中，然后才转变为意识，就像是照相，先要形成胶片，然后才能洗成相片，不过胶片不一定都必须洗成相片。同样的，并不是每一种潜意识心理历程都需要转变成意识。这个关系最好用下面的话加以说明：每一个独立的心理历程都属于潜意识系统，这个系统在一定条件下能够进一步转化为意识系统。

这个系统的概念可以简单地比作是一个空间的概念。潜意识系统可以比作是一个大厅，各种精神兴奋像是很多个体，它们紧挨着，相互推操着挤在这个大厅中。意识系统则在相邻的一个比较小的房间中，这个房间像是一个接待室。大厅和接待室之间站了一个人，负责检验各种精神兴奋，他绝不会允许那些不健全的精神激动进入接待室中。至于把关者是在兴奋到达门口时就将其赶走，或是等进入接待室之后再将其遣返，这并不重要，因为你们很快会意识到，这只是检验者灵敏度的问题。现在，我们就可以通过这个比拟扩充一下名词概念。在大厅的时候，精神兴奋靠近门口就给驱逐，那么它们就是被压抑的，不能成为意识。然而，即使进入接待室的精神兴奋，也不一定能够成为意识。只有引起意识注意，才能够成为意识。所以，这两个房间可以称作是前意识系统。另外，这个产生意识的过程，纯粹是用来叙述的。如果说一种兴奋被压抑，意思就是说守卫者不允许它进入前意识，而守门者则是我们在分析治疗的时候，释放潜意识所遇到的阻抗力量。

现在，你们一定会认为这些概念是简陋迷信的，很不科学，我非常理解你们的看法。我承认，这些概念是简陋甚至不正确的，但是，除非我犯了很大的错误，否则我就会用更高明的概念替代它们，到时候你们是不是还会认为它们迷信，我就不得而知了。不管怎样，这些概念总是能暂时帮助我们解释一些现象。就像是安培"电流中游泳的小人"的说法只要能帮助说明，我们就不应该轻视，因为它确实很有用。所以即使你们认为这些比拟简陋，我仍旧认为，它们以及站在两间屋子之间的守卫者、第二个房间之后的观察者的意识与实际情形类似。另外，我还要让你们承认一点，那就是我们所说的潜意识、前意识以及意识等名词，与别的学者提出或者使用的下意识、交互意识以及共同意识等相比，是比较不简陋，也更少偏见，另外还能更容易地说通。

如果确实是这样，那么我觉得你们一定能够发现，我们提出的心理体系除了对解释精神官能症症状具有普遍的效用外，还能使普通心理机制更明显地体现出来，我认为这一点更有价值，更重要。你们的这个发现当然是完全正确的。虽然现在还没有办法详细描述，但是如果我们通过研究病态心理，能够增进对正常心理机制的研究，那么一定能够大大增强对症状形成心理学的兴趣。

更为重要的一点，你们难道没有看到这两个系统及其意识之间关系的根据吗？潜意识和前意识之间的守卫者，其实就是支配显梦形式的检查作用。形成梦的刺激，也就是前一天的经历，同时也是前意识的材料，晚上睡眠的时候，这些材料在潜意识以及被压抑的愿望和兴奋的影响下，借助联想，形成了梦的隐意。同样的，这些材料在潜意识的控制下，通过修饰伪装，比如压缩作用和转移作用，之后，正常的心理生活或者前意识就不知道而且不会承认其存在了。这两个机制之所以不同，是因为两个系统不一样。前意识和意识之间的关系是永久性的，因此，我们可以判断任何一种心理历程是属于两者中的这一个或是那一个。梦也不是病态现象，任何一个健康的人也会做梦，所以，关于梦或是精神官能症的每一种理论，都适用于正常人的精神生活。

关于压抑作用，我们先讲到这里。我们已经知道，压抑作用只是形成症状的一个必要条件而已，症状就是被压抑作用驱逐的其他某种历程的替代物，不过，我们需要很长时间的研究才能够明白这个替代过程是怎样的。关于压抑作用，还有其他一些问题，比如，什么样的精神兴奋才会被压抑？压抑作用背后的力量是什么？压抑作用的动机是什么？对于这些问题，我们只是略知一二。

在研究阻抗作用的时候我们就已经知道，阻抗作用的力量来自于自我，是由外在的或者隐藏的性格特质引起的。那么，可以说这些力量也是压抑作用的起因，至少是起因之一。我们所知道的也就这么多了。

现在，我想要说的第二个观察能够为我们提供一些帮助。通过详细的研究，我们就能够发现精神官能症症状背后的目的。当然了，你们一定不会感到新奇，因为我在前面的两个精神官能症事例中已经作了说明。然而，区区两例能说明什么问题呢？你们完全有权利要求我列举两百个，甚至不计其数的例子。然而，我可不支持这样的做法。所以说，你们不得不依靠自身体验或者是信仰，信仰是什么呢？其基础可以是其他所有精神分析家公认的理论。

你们要知道，通过对两个事例的详细分析，我们就足以知道病人隐藏最深的性生活的秘密。第一个例子中，病人症状的动机和意向非常明显；第二个例子中，或许是因为其他成分的影响，病人症状的动机和意向比较模糊。其他成分是什么，我们以后再说。通过这两个事例，我们看到了这样的结果，推而广之，其他接受分析的事例也都是这样。无论什么时候，我们都可以通过分析发现病人的性经历和性欲望；无论什么时候，我们都不得不承认，症状的目的都是相同的，那就是性欲的满足。病人想要通过症状来满足自己的性欲，也就是说，症状就是现实中无法得到满足的愿望的替代物。

我们回想一下第一个病人的强迫动作吧。由于丈夫性无能，因此这个女人必须和他分居，于是，她就不能分享他的生活。但是，由于她必须忠实于丈夫，所以不能用其他人来替代他。她的强迫症症状恰好可以满足她的欲望，也可以通过症状美化自己的丈夫，掩饰他的缺点，特别是他的性无能。这个症状最基本的动机就是愿望的满足，这和梦是完全相同的。当然了，它也是性欲望的满足，梦则不常如此。至于第二个病人，你们知道，她的目的是阻止父母性交或者是阻止另一个孩子的诞生。或许，你们更可以认为，她最基本的目的是要通过这个仪式替代自己的母亲。由此可以知道，这个症状的目的在于打消性欲满足的障碍，满足病人自身的性欲。关于第二个事例的复杂之处，我们之后会进行说明。

为了不至于出现麻烦，我要提醒你们一点，那就是我们得出的关于压抑作用，症状形成机制以及症状解析的理论，都是通过对焦虑性歇斯底里症、转化性歇斯底里症以及强迫症这三种精神官能症的研究得出的，那么，目前为止也只能适用于这三种精神官能症，而不能进行普遍应用。我们常将这三种病症合称为"转移性精神官能症"，它们都可以用精神分析疗法进行治疗。关于其他的精神官能症，我们还没有进行类似的比较详细的研究。其中有一种精神官能症，没有受到精神治疗影响的可能，因此至今无人关注。你们要牢记一点，精神分析还是一个很年轻的学科，我们需要很多时间和精力来研究它，事实上，不久之前，从事精神分析的还仅仅只有一个人而已。不过，我们正从多个方面入手，希望研究出非转移性精神官能症的深层的东西。希望在将来，我可以告诉你们，我们的假说和理论是怎样适应这些新的病症并得到进一步发展的，我也希望向你们展现，深层的研究不仅不会和我们现在的知识产生矛盾，还会增强知识系统的统一性。之前我讲过的所有理论，都适用于以上3种"转移性精神官能症"。现在，为了更加明确症状的意义，我要加上一句，通过对于引起病症情景的比较研究，我们可以得出下面的结果，并由此总结出一个定义，那就是，这些病人之所以生病，就是因为外界限制了他们的性欲，让他们感到遗憾和受挫。这样的话，症状就可以解释成生活中不能被满足的性欲的替代。很快你们就会知道这两个结论是怎样相互协调的。

我主张精神官能症症状是性的满足的替代品，一定会引起各种抗议和抵制。今天，我要在这里讨论两点相关的反对观点。如果在座各位中有人曾从事过精神官能症病人的分析工作，那么对我的理论一定会摇头："这句话不能够适用于某些症状，因为有的症状中，病人似乎有一种相反的倾向，那就是排斥或者阻止性的满足。"对此，我不想驳斥，但是精神分析有关的事情远比我们预料中的复杂。如果它们像你们说的那么简单，那就不需要进行精神分析了。之前第二个事例中，的确有很多动作含有禁欲的意义，比如移开钟表是为了阻止阴核在夜间勃起，提防花瓶或者盆摔碎是为了保护处女贞操。总之，这一系列行为似乎是抵御性回忆或者性诱惑。不过，通过精神分析我们知道，表面上相反的两件事并不一定是相互抵触的。我们完全可以将理论进行补充，症状的目的是为了满足性欲或者压抑性欲。歇斯底里症症状的目的主要是积极的性欲满足，而强迫症则主要是消极地压制性欲。症状的这两个极端，在某一点上一定能够吻合，只是我们还没有发现并讨论这一点。实际上，症状就是由于这两种矛盾冲突的意向共同作用的结果，它们是一种共同意向，包含了被压抑的意向和压抑其他意向的意向。症状表现的时候，这两种意向中的一种表现得更加明显，当然了，另一种意向也没有完全消失。在歇斯底里症中，这两种意向会同时体现在一种症状上；在强迫症中，两种意向却泾渭分明，形成两种互相冲突的症状行为。

第二个疑点就比较难解决了。如果开始讨论症状解析的全过程，你们一定会在第一时间提出意见，认为应该把性的替代满足这个概念进行扩展和引申，只有这样，这个解释才能有足够的包容性。你们也一定会认为，症状绝不能提供真实的满足，只是一种感觉再现或者是由于某种情结诱发的幻想而已。你们甚至会认为这个明显的性的满足就像是自慰行为一样，非常幼稚，没有价值，人们在孩提时代就已经将这个习惯制止或者丢弃了。另外，你们会感到吃惊，为什么会有人将虐待、残酷或者恐怖病态的欲望满足都当作是性的满足。诸位，要想在这些问题上面达成一致，我们必须先讨论研究一下人类的性生活，赋予"性"以合适的范围和意义。

第二十讲·人类的性生活

"性"一词有什么含义，相信在座诸位一定非常确定。第一，性是龌龊的，我们应该忌讳，避而不谈，这点也是最重要的一点。有人曾跟我说过这样一件事，以前有一个著名的精神科医生，他的几个学生为了让老师相信歇斯底里症常常伴有性的意味，就将老师带到了一个患有此症的病人床边。很明显，那个女人的症状是在模仿分娩的动作。但是，老师却说："生孩子这件事不一定就是性啊。"是啊，生孩子当然不是龌龊的事情。

我知道，你们不会喜欢我在这种重要的问题上开玩笑。但是，这并不是玩笑话。事实上，"性"的意义是不容易做出严格限定的，或许可以将"性"定义为与两性差别相关的事，但是这未免太泛泛而谈了。如果以性行为为中心意义，那么性的定义就是从异性身体（尤其是性器官）获得的快感和满足，狭义上来讲，性就是生殖器的接触和性动作的完成。然而，如果你们这么定义，那就几乎是承认"性"即是"不正当的"和"龌龊的"，于是，生孩子就和性没什么关系了。如果以生孩子作为中心意义定义"性"，那么自慰或者接吻就需要被排斥在外了。但是，自慰与接吻虽然和生孩子无关，却毫无疑问是属于性的。既然知道无论怎样界定都会引起困难，我们就暂且放弃这种做法。我们甚至可以怀疑，关于性的定义是不可能得到完善的，就像是希伯勒所说的"无所不错"。但是，关于性的模糊笼统的概念和意义，大家都是知道的。一般来说，性就是两性差别、快感和兴奋的满足、生殖功能以及其他一些龌龊隐秘的观念等。当然了，这只是一般生活层面上的见解，并不是科学的定义。因为一些艰苦的研究（这些研究当然是在克制自己的情况下才能进行）表明，有一些人的性生活和一般人很不一样。我们将这些人称为是"性变态"者，他们之中有的人在性生活中没有两性差别，只有同性才能引起他们的性欲，异性（特别是异性性器官）对于他们来说丝毫没有性刺激，他们甚至会因此而恐惧。因此，他们就没有生殖功能。我们可以将这样的人称为是同性恋者，可以确定的是，多数（并非全部）同性恋者在理智或者伦理上有很高的标准，但是性方面的污点让他们有了一些缺憾。科学家们认为他们是人类的另一个种群，也就是所谓的"第三性"，并赋予了他们与其他两性平等的权利。关于这一点，我们以后有机会会加以批判。事实上，他们自然不像他们自诩的那样，是人类中的"佼佼者"。至少可以说，他们和其他两性一样，也有一部分低劣无用的、属于废物的个体。

这些性变态者和正常人一样，也会通过他们的情欲对象达到性满足，只是他们之中的很多变态类型的性活动与一般人相差很大。这些人种类很多，花样迭出，完全可以与布罗杰[1]画中描述的诱惑圣安东尼的怪物，或者福楼拜[2]描写的在忏悔者面前走过的一大队苍老丑陋的鬼怪以及偶像崇拜者媲美。当然了，如果我们不迷惑，也可以将这乱七八糟的一群进行分类。我们能够将其分为两大类：第一类是"性对象"的变态，比如同性恋者；第二类是"性目标"的变态。第一类人都不愿意进行生殖器的结合，他们会用其他器官（比如嘴或者肛门）替代，他们不在乎是否合适，也不在乎是否羞耻。此外，还有些人虽然仍是以生殖器为对象，但并不是因为其生殖功能，而是因为其在解剖学上相似的功能。对于有的人来说，孩提时代就被视为不雅的、污秽的、需要隐蔽的排泄行为，也能引起他们的性欲望。有的人完全脱离了生殖器官，而是以其他部位替代，比如女人的乳房、手脚或者毛发。还有的人甚至对人体部位都没有兴趣，而是通过一件外衣、一双鞋子或者一件衬衣来满足性欲，这种人就是恋物癖者。与此相似的，还有一些人虽然有性对象，可是他们与性对象之间是一种非常怪异的关系，比如恋尸癖者，他们中有的人为了达到这种性欲满足的目的，甚至会去杀人。这种令人惊骇的事不必多说了。

　　第二类性变态者多通过常人性行为的前戏来达到性欲满足。有的人通过观看、抚摸或者窥视对方秘密来获得性欲满足。有的人裸露身体，暴露其本不应该裸露部位，比如私密部位，并模糊地期望对方以相同方式回应。还有一些是不近人情的虐待狂，专门想要给对方以痛苦和惩罚，程度较轻的，只是想让对方服从或者象征性地屈服；程度较重的，甚至要让对方身体受伤流血。与虐待狂相反的是被虐待狂，他们希望对方惩罚自己，不管是实在的还是象征的，然后自己顺从或者屈服于对方。还有些人兼具虐待和被虐两种倾向。总之我们知道，这一类性变态者可以分为两类，一类是用比较特殊的实际方式满足自己的性欲，另一类不需要实在对象，他们会通过幻想来满足自己的性欲。

1　布罗杰（1564-1638），荷兰画家。

2　福楼拜（1821-1880），法国著名作家，代表作《包法利夫人》《圣安东尼的诱惑》。

这些行为非常之疯狂、怪异，令人惊骇，然而这确实就是一些人的性生活特征。关于这些特征，他们也是承认的。我们也需要承认，这些行为对于他们生活的意义就像是正常的性满足对于我们生活的意义一样，他们要为此付出与我们相同或者更大的牺牲。另外，我们还可以简略或者详细地讨论一下这些变态行为与正常行为之间的异同点。你们还要知道一点，性行为的所有不正当的特征在这些行为中都存在，有时候还会上升到令人厌恶的程度。

对于这些变态的性满足方式，我们应该持什么样的态度呢？如果我们自认为没有这种欲望，进而表示愤怒厌恶，那对于研究是没有多少帮助的。这种现象和别的现象很相似，如果你认为它们很古怪，不常见，因而就不以为意，那是不对的，因为它们很普遍，随处可见；但如果你认为这些现象只是性本能的变态，完全不会影响到我们对于人类性生活解释，那么，我们就需要做出严谨的答辩。如果我们不能够了解这些性变态形式，不能明了他们和正常性行为之间的关系，那就绝不可能了解正常的性生活。总而言之，我们必须在理论上给所有性变态以完美的解释，并理顺它们与正常性生活之间的关系。

为了完成这个理论，我们需要借助一个观点和两种新的证据。这个观点是布洛赫[1]提出的，他认为："一切性变态都是退化的表现。"显然，这种说法是不正确的，因为从远古到现在，从最原始到最文明，任何民族在任何时期都有这些目标性和对象性的性变态，有时候他们还是被一般人包容的。两种证据则是精神分析对精神官能症病人的研究，毋庸置疑，这两种证据对于性变态的理论研究有决定性的意义。

我们已经说过，精神官能症就是性满足的替代物，也说过，我们很难从症状证明这个理论。实际上，我们在解释症状的时候经常需要这样一句话，那就是所谓的变态的性满足也是性满足的一种，这句话在应用中非常普遍，甚至于令人惊讶。同性恋者夸耀自己是人类中的佼佼者，如果我们知道每一个精神官能症患者都有同性恋倾向，而且大部分症状都是这个隐藏倾向的表现，那就可

---

1 布洛赫（1872-1922），德国皮肤科医生，近代性科学的创建者之一。

以明白这种自夸实际上一点儿说服力都没有。那些公开宣称是同性恋的人，同性恋倾向是有意识的，非常之明显，不过这些人的数目相比于仅有一些隐藏的同性恋倾向的人，可以说是非常少的。其实，如果我们能够认为选择同性作为性伴侣是非常正常的现象，那就能够逐渐明白这个事实了。当然了，同性恋和正常性取向之间的区别还是有的，而且十分重要，只是在学理上价值较小罢了。我们甚至可以得出下面一个结论，那就是妄想症常常是由于对于强烈的同性恋倾向的压抑而产生的，虽然我们认为妄想症已经不属于"转移性精神官能症"了，但是仍有说明意义。你们应该还记得我们之前谈到的那个病人，她做出了模仿男人——和她分居的丈夫——的强迫动作，实际上，患有精神官能症的女人经常会有这种女扮男的行为。这种行为虽然不能算是同性恋，但确实与同性恋的起源有着不可忽视的关系。

你们一定知道，歇斯底里症能够引发身体不同系统（比如循环系统、呼吸系统）的症状，并以此扰乱人体的一切功能。由此我们可以知道，那些以身体其他器官代替生殖器的性变态行为会在这些症状中得到体现。所以，其他的器官就可以代替生殖器官，事实上，我们通过研究歇斯底里精神官能症已经知道，身体其他器官除了原有作用外，都具有性的意味，如果性意味过于浓重，其原来的功能就会受阻。因此，我们通过研究那些与性行为无关的器官以及不计其数的歇斯底里性的感觉和兴奋，就能够发现病人的变态欲望是通过那些取代生殖器官的其他器官而得到了满足。其中，我们对于那些与营养和排泄有关的器官的性用途尤其了解。这个结论我们能够从性变态现象中得出，与歇斯底里精神官能症的隐晦繁杂相比，这样的现象在性变态症状中非常明显。另外，你们需要将病人的性变态心理归于病人的潜意识而非意识。

虐待狂的性的倾向及目的的变态是强迫症症状中最严重的。按照强迫症的病理，这些症状是为了抗拒那些变态欲望，或者是欲望满足和压抑之间冲突的表现。然而，这种满足不容易被简化，它会经过一系列曲折的变化，通过病人的自我虐待惩罚来达到目的。这种精神官能症还有其他表现形式，比如过度烦恼忧虑等，又比如过分放大诸如窥视、抚摸以及探寻等性行为前戏的作用，将之当作是性欲望的满足。当然，还有一个重要的问题，那就是病人为什么会对接触感到恐惧，并以强迫性的洗手来消解。另外，我们从很多强迫动作中能够发现，这些动作其实都是自慰行为的一种伪装变形，而自慰则是各种性幻想共有的唯一一个普遍性动作。

我完全可以对性变态心理和精神官能症之间的关系作出更加详尽的说明，但是我认为我谈得已经够多了，足以完成我们的研究目标。当然了，我们也不要因为性变态倾向对于解释精神官能症症状具有一定的意义，就过分夸大这些倾向在人类生活中的频度和强度。你们已经知道，如果一个人的性欲望得不到满足，他就会患上精神官能症，实际上，性满足不能达到的话，就会通过变态的方式发泄性兴奋。不管怎样，这种"侧面的"障碍必然会增大变态冲动的力量，也就是说，如果性兴奋的常规满足没有得到抑制，那么性变态倾向就会比较轻微。另外，在明显性变态中还有一种相似的成因。某种情况下，由于暂时性的阻碍或者是社会制度的永久性阻碍，性本能得不到正常的满足，就会发展成为性变态。不过，其余情况下，性变态并不需要这些条件，它们仿佛像是一个人原本应该有的正常的性生活一样。

现在，你或许会觉得我们的解释不足以表明正常性生活和变态性生活之间的关系，仅仅是增加了一些混乱。不过你们一定要记住下面一点，如果性满足遇到阻碍，确实令一些原本没有性变态行为的人产生了性变态行为，那么我们就能够确定，这些人比较容易受到诱导从而发生性变态，或者说他们内心隐藏着性变态倾向。这样的话，我们就能够着手研究前面所说的第二种新证据了。研究精神分析的时候我们发现，一些症状的分析需要追溯到病人的童年时期，所以说，儿童的性生活也是需要进行研究的。我们的分析和理论，几乎已经逐一在对幼年生活观察中得到了证实。由此我们知道，一切性变态的倾向都是源自于儿童时期，幼儿不仅有变态倾向，还有与其成熟度相吻合的变态行为。总之，变态性生活的狭义概念其实就是儿童性生活。

现在你们再去看性变态者的时候，就会有一种完全不同的眼光，也不会忽略掉他们的变态性行生活和人类性生活的关系了。不过，这些发现恐怕会引起你们的反感，它们实在是过于令人惊骇了。首先，你们一定会马上否定，否认所谓的儿童性生活，你们会怀疑我们观察的正确性，否认儿童性生活和变态性行为之间关系的论述。在简略叙述我们观察所得的事实之前，让我先来说明一下你们反对的原因吧！如果你们说儿童原本没有性生活，比如性兴奋、性需求以及性满足等等，是等到12至14岁才突然产生的，那么，你们的话的荒诞性无异于说人生来是没有生殖器，到了青春期才长出来，这显然违背了生物学原理。事实上，青春期才产生的只是生殖功能，这个功能需要利用身心中的已经存在的资料才能完成。你们之所以不能了解变态性生活的症状和精神官能症症状，是因为你们错误地将性生活和生殖作用混为一谈。这个错误大都是由你们儿童时期受到的教育引起的，当然了，也有别的原因。教育最重要的任务之一，就是约束、控制那些可以发展为生殖功能的性本能（这就是社会需求）。于是，为了整个社会的幸福，儿童的充分发展就受到了抑制，直到理智成熟后才被放松，实际上，教育就是在性本能完全苏醒后停止的。如果不这样的话，性本能就会失控，人类苦心经营的文明就会毁于一旦。然而，控制并不容易，本应该成功的控制有时候会显得过于严厉。社会的基本性质是经济的，这是因为只有所有社会成员工作起来，社会才能够维持他们的工作，于是，社会就希望不工作的人尽量减少，或者，他们最好将精力放在工作上而不是性生活上。于是，这个至今还在维持的原始而永恒的生存竞争就开始了。

教育家根据自身经验，知道必须及早陶冶下一代的性意志，才能发挥最大的影响力。另外，对于儿童的性生活的控制应该在青春期之前完成，不能等到性本能泛滥之后再加以控制。于是，在这种理想化的教育之下，儿童幼年的性生活都被禁止了，儿童时期就处于一种"无性"的状态，这样时间长了，科学界也确信，儿童时期是没有性生活的。为了不使已有的信仰和目的和事实发生冲突，科学界就无视儿童的性生活，满足于这个自圆其说的理论，这当然也是个不小的成就。小孩子被说成是纯真无邪的，如果谁否定这一点，谁就是在非圣侮法。

只有小孩子们不愿遵从这个规则，他们的天性总会自然地流露出来，而所谓的"纯真无邪"则需要通过学习获得。不过,令人感到奇怪的是,那些不承认儿童性生活的人,却从不放松通过教育对儿童性生活的控制,他们一面不承认儿童性生活,一面却又对儿童性生活的表现进行万分严肃的处理。更重要的一点,儿童五六岁时候的表现是和"儿童没有性生活"论调最为矛盾的时候,但是这个阶段的记忆恰恰被大多数人遗忘了。遗忘的这一段内容可以通过分析研究引入到意识中,或者是成为梦境。关于这一点的理论研究,一定非常令人感兴趣。

现在,我们来描述一下儿童最显著的性行为。你们最好注意一下"原欲"这个词。原欲和饥饿一样,是激发人类做出行动的力量和本能,我们在这里指的是性的本能,饥饿的时候则是汲取营养维持生命的本能。诸如性兴奋和性满足这些词就不需要再去定义了。你们不难知道,精神官能症的解释中有很多关于婴儿的性行为,当然了,这也可能是你们持有争议的一点。不过我们是在分析症状缘由的基础上提出这个理论的。婴儿的首次性兴奋似乎与他们的一些重要生理机能密切相关。你们应该知道,小孩子最喜欢做的事情就是吸取母乳,当他们得到满足之后,会甜甜地睡在母亲怀中,他们恬静安适的神情,和成年人性满足之后的神情非常相似。当然了,这一点还不足以作为证据。但是我们知道,婴儿不汲取营养的时候,也会一再模仿汲取营养的动作,他们并非是因为饥饿才这么做的。我们将这种动作称为是"吸吮的享受"(意思是为了吸吮而吸吮,并从中得到快乐,就像是吸吮橡皮奶头或者乳头),婴儿通过这种动作就能够安心睡去,由此可见,这个吸吮动作本身能够使婴儿得到满足。另外,有时候婴儿必须在这种吸吮动作的情况下才能够入睡。最先认为这个动作有性意味的是布达佩斯的儿科医生莱德纳,此外,其他照顾婴儿的人,比如保姆,他们虽然不懂得科学理论,但是也认为这种为了吸吮而吸吮的动作带有别的意味。他们都认为这是小孩子为了追求快感而进行的恶作剧,所以,如果小孩子不自动戒除,他们就会严厉地对小孩进行处理。因此我们知道,小孩子的这种动作就是为了追求快感,没有别的目的。我们还知道,婴儿可能是通过汲取营养才得知了这种快感,不久之后就发现,即使不汲取营养,这种动作也是可以带来快乐的。这种快感的主要感触部位是嘴和嘴唇，而这两个部位又是身体的性感带或者敏感区，因此我们说，这种动作有性的意味。当然了，关于这个名词的用法，我们还需要足够理由。

如果婴儿能够表达，他们一定会承认吸吮母乳是自己生命中最重要的事情，因为这个动作能够同时满足他们生命中的两大愿望。另外，我们通过精神分析发现了一件令人惊讶的事情，那就是这个动作在精神领域占有非常重要的地位，能够伴随人的终生。从母乳中获得养分是整个性生活的出发点，也是之后各种性满足的原型，人们在需要的时候，就会幻想这个动作而使自己得到满足。事实上，吸乳的欲望含有对于母亲乳房的追求，因此，人性欲的第一个对象就是母乳。不过，这个对象对于人之后的各种对象选择以及不同的心理生活的转化作用和替代作用有多大的影响，我们就难以一一说明了。但是，当婴儿意识到为吸吮而吸吮的时候，他们就会放弃母乳，转而以自己身体的一部分为对象，例如吸吮拇指或者口舌。于是，他们不用借助外物也能够获得快感。另外，他们还将快感扩展到了身体的另外一些部位，并且增强了快感程度。如莱德纳博士说的那样，身体各部位能够产生的快感强度是不一样的，幼儿抚摸自己的身体时发现，生殖器区域特别能够引起兴奋，于是，他们就放弃吸吮，开始手淫，这是一个非常重要的经历。

通过研究追求快感的吸吮动作，我们发现了婴儿性欲的两个决定性特征。婴儿的手淫行为起源于他们的身体需求，也就是说，他们以自身为对象追求性的满足。如果说营养的汲取过程是充满快感的，那么，排泄应该也是一样的。我们可以确定，婴儿在大小便的时候也会感受到快感，因此，他们为了借助这些催情粘膜的兴奋达到满足，就会故意进行这些活动。但是，正如罗·恩德里斯·萨乐美[1] 所说，小孩的这种满足快感的愿望是不被外界允许并遭到了干涉的，于是，小孩就第一次感觉到自己的内心感觉和外界是冲突的。他们不能随意大小便，而是要在别人指定的时间进行。另外，成人们会告诉他们，与大小便相

---

1 罗·恩德里斯·萨乐美（Lon Andreas Salome,1861-1937），德国女精神分析家、女作家。是尼采·里尔克和弗洛伊德的朋友。

关的一切都是不雅的，必须避讳不谈，想要让他们放弃这种快感。于是，孩子们不得不放弃这个快乐，转而按照他人的价值取向行事。实际上，婴儿在最初的时候，对自己的排泄是很有兴趣的，他们不仅不会厌恶自己的大便，还将其视作自己身体的一部分，不愿意抛弃，甚至还想把它当作第一份"礼物"送给自己最敬爱的人。即使后来的教育让他们放弃了这一观念，他们仍旧会把大便当作是"礼物"或者"黄金"。另外，他们似乎也会把小便当作是一种令人自豪的东西。

我知道，你们已经迫不及待想要打断我的话了，你们一定想说："这简直是胡言乱语！居然将肠道蠕动说成是性快感满足的起源，大便居然能够成为有价值的东西，肛门居然是生殖器官之一，这让我们怎么去相信呢？不过我们现在总算是知道为什么儿科医生和科学家们会如此憎恶精神分析学及其结论了。"不，绝不是这样的，你们之所以这么说，是忘了我的目的，我只是想告诉你们婴儿时期性生活的事实和性变态事实之间的关系而已。难道你们不知道很多成年人，不论是同性恋或者异性恋，在性交的时候确实是用肛门替代阴道吗？难道你们不知道有部分人将排泄看成是重要的事情，终其一生都以此获得快感吗？你们应该也听到一些年龄稍微大一点儿的儿童说过他们对自己大便或者看别人大便有兴趣。当然了，如果你们事先告诫过他们，他们就不会这么说了。如果你们不愿意承认，那就去翻阅一下精神分析著作或者关于儿童的一些观察报告，之后你们就会知道，只有伟大的人，才能够不被偏见蒙蔽，才能够从不同角度看待这个问题。你们一定会对儿童性生活和成人性变态之间的关系表示惊异，但是我不会。这种关系是很自然的，要知道，儿童的性生活一定是变态的，因为他们绝不会以生殖为目的进行性行为。不以生殖为目的，这是一切性变态的通性。我们判断性行为是不是变态的标准就是看其是否只是愿望的满足，是否为了生殖。由此你们就可以知道，性生活是不是服从于生殖就是它发展的要点以及转折点。但凡到了一定程度，又不以生殖为目的而是仅仅为了性满足的性行为，都被冠以"变态"二字，受到世人的蔑视。

让我们回过头继续讲述儿童的性生活。为了补充前两种器官的观察，我还研究了其他各种器官。儿童的性生活完全是一种本能，这些本能或是从自身得到满足，或是借助外界对象得到满足，每个人独具特色，不一而论。当然了，生殖器官是各种器官中最有力量的，很多人从婴儿时期一直到青春期甚至青春期之后，都不借助外界，而是依靠自身手淫达到性的满足。不过，关于手淫的问题，可供我们讨论的材料、角度太多了，不易一一论述。

我虽然想限制讨论的范围，但是儿童的性偷窥行为是不得不讲的。之所以不能略去，是因为偷窥不仅是儿童性生活的特征，也是造成精神官能症的重要原因。儿童偷窥性的好奇心起源很早，有的甚至开始于 3 岁之前。儿童对于性的好奇并不一定是以异性为对象，因为在他们看来，性别差异是没有意义的，因为孩子们认为两性都有男性生殖器，至少男孩子是这么认为的。一个小男孩如果看到小妹妹或者是小朋友的阴户，他们就会感到奇怪，难以相信，为什么跟自己一样的人居然没有这么重要的器官。后来他们确认了这个事实之后，就会感到惊讶甚至恐惧，因为他们担心这种事情会发生到自己身上。于是，"阉割情结"就会开始影响他，如果他身心健康，这个情结就会成为他性格形成的一个因素；如果不健康，这个情结就会成为他精神官能症形成的一个因素。我们知道，小女孩看到自己缺少明显的阴茎，心里就会有缺憾，进而嫉妒男孩得天独厚的优势，她们就会萌生成为男人的愿望。如果女孩难以适应之后的发展，这个愿望就会呈现在精神官能症中。另外，儿童时期，女孩的阴核和男孩的阴茎有一个相似的地方，那就是它们都对刺激反应灵敏，能够用以满足性欲。女孩在成长为女人的过程中，需要即时把阴核的刺激感转移到阴道中。那些性冷淡的女人，就是因为阴核仍旧保留了对于性刺激的感受。

一开始的时候，儿童对于性的兴趣主要集中在生殖问题上，这就像是狮身人面兽的谜题[1]一样。他们之所以对此感到好奇，最重要的原因就是考虑到自身利益，不想让别的小孩出生。在婴儿室中，小孩得到的答案往往是这样的，那就是婴儿是由送子鹳送来的，然而，小孩对于这个问题的怀疑程度是远远超出

---

1 古希腊传说，有个斯芬克斯的狮身人面兽，经常用谜语为难路人，答不出者会被它吃掉。后世用狮身人面兽的谜题比喻难解的谜题。

我们意料的。小孩会觉得自己受到了大人的欺骗，因而感到被孤立了，这一点很大程度上影响到了他们独立性的发展。于是，他们自己会想办法寻找答案，但是这绝不是简单的事情，因为他们性器官没有发育完全，因此受到了很大的限制。最初的时候，他们认为小孩是由一些特别的东西同我们消化的食物混合而成的，当然，他们也知道，只有女人才可以生孩子。后来，他们发现了错误，于是放弃了神话故事中保留的婴儿由食物构成的观念。后来，他们又发现了一点，那就是小孩出生与父亲有一定的关系，但是他们无法知晓是什么关系。如果他们偶然看到父母性行为，他们觉得两人是在打架，这是男人在试图征服女人。他们关于性交是种虐待的看法，显然是非常错误的。然而，最初的时候，他们不会知道这种动作和生育的关系，如果看到母亲染在床上或者内裤上的血迹，他们会认为这是由于母亲被父亲打伤了的原因。若干年之后，他们会推测，男人的生殖器在生育上面占有很重要的地位，但是仍旧不知道其排尿之外的功能。

儿童们开始都觉得，小孩的生成就像是粪便一样，主要通过大肠和肛门完成。等到儿童对肛门的兴趣消退之后，他们就会否定这种想法，转而认为真正的生产区域是肚脐眼或者双乳之间的位置。除非是由于知识缺乏而不加注意，否则从这点逐渐发展，小孩对性的真实一面就会有一定了解。小孩通常会在青春期之前接受一些不完全且不正确的概念，这就是后来导致他们生病的因素。

你们应该已经明白，精神分析家们是为了维持精神官能症的性的起因以及症状的性意味的说法，所以才在没有确切保证的情况下扩展"性"的意义。至于这种扩展是不是有理有据，你们现在可以进行评判。我们扩展性的概念，主要是想涵盖性变态以及儿童的性生活，也就是说，我们只是追溯了性原本的意义。精神分析之外所说的"性"只是一个狭义的概念，用来称呼正常的、以生殖为目的的性生活。

第二十一讲·原欲的发展和性的组织

诸位！我认为我还没有让你们确信性变态在性生活的理论上的重要地位，因此，我将竭尽所能，补充说明这个问题。

你们万莫认为我顶着激烈反对改变"性"的意义，是为了解释性变态现象，事实上，与此关系更紧密的是对儿童的性的研究，因为性变态与此一致，能够给我们的研究提供帮助。儿童的性，在孩提时代后几年内表现比较明显，但是最初的方式已经消退无法观察了。如果你们不特别注意进化的事实和结果分析，你们就会觉得儿童的那些行为非常难以捉摸，似乎不含有性的意味。你们要知道，现在关于一种现象是否具有性的意味，还没有一致的判定标准，以生殖为性的定义显然过于狭隘，我们已经不采用了，所以是否生孩子当然也不能作为判定标准。福瑞斯[1] 提出的生物学标准也存在很大争论，他曾提出 23 天和 28 天的周期性理论；或许性行为相关过程会存在一些化学物质，只是我们现在还没有发现。成人的性变态现象则非常明确，无论你们讥讽它们是退化的或者别的什么，却绝不能否认它们不是性的现象，因为它们的性的意味是毋庸置疑的。这种现象其实就能够证明，性和生殖绝不是一回事，因为性变态是阻碍生殖功能的。

我们还要注意一对平行存在的事实。人们都认为"心理的"其实就是"意识的"，但是我们将"心理的"含义做了扩展，使其包含了非意识的成分。同样的，关于"性爱"一词，我们也做了相似的扩展，多数人认为这个词和"生殖的"或者"性器官"含义相同，而我们则将与性器官或者生殖不相关的一些事归于其中。这两次扩展不仅形式上类似，也存在深层意义的相关性。

不过，如果性变态现象能够作为性研究有力的证据，那为什么没有人早一

1　福瑞斯（1858-1928），奥地利医生，对精神分析学说的早期形成有重要影响。

点儿将其提出，并用于帮助解决问题呢？我认为，人们之所以无法判断性变态这个题材，是因为这种现象很早就被人们诅咒了。一般人对于性变态现象的态度都是厌恶、恐惧，或者认为性变态是一种诱惑，又或者是出于对隐秘的嫉妒，想要将性变态者置于死地，这种情感和著名的讽刺诗《唐怀瑟》[1]中坐着接受审判的公爵的供状是一样的：

> 在爱神山上，良心、义务就这样都被淡忘！不过，非常幸运的是，这并不是我的命运。

事实上，性变态者为了得到满足，不得不付出惨重的代价。

变态的性的对象和目标虽然是不正常的，但是它们仍然具有很明显的性的意味，因为它们也是为了满足性的欲望，常常也可以达到高潮，完成射精。当然了，这是对于成人而言，儿童自然不会有性高潮，也不可能射精，他们会代之以一种相似的行动，而这种代替不能被确定是不是性爱。

为了更全面而准确地了解变态，我需要再声明几点。虽然一般人都鄙视性变态，认为它们与正常的性生活差异巨大，但是通过观察我们就能够发现，正常人的性生活也偶尔会存在一些变态现象。比如接吻，这是两者性敏感地带的接触，并非生殖器接触，所以也是一种变态的行为。可是，从来没有人会鄙视接吻，在戏剧里面，与性交相比，接吻甚至是文雅动作的表示。当然了，接吻也确实不属于绝对意义上的性变态动作，因为它不会由于刺激强烈就导致人们达到性高潮或者射精。又比如说，一个人要想获得性快感，需要注视抚摸对方，而另一个人在快感达到顶峰的时候，一定会以手捏口咬作为回应。还有一些人，最能够引起他们性兴奋的，是身体其他部位，而不是生殖器。诸如此类现象不胜枚举。我们如果将其当作是性变态，而非正常的性行为，显然是荒唐的。事实上，性变态的本质原本就不在于是不是发生了性目标的转移或者有没有生殖

---

1 唐怀瑟（1200-1270），德国吟游诗人。

器参与，更不在于性对象的改变，而在于其完全是排斥生殖目的、为了实现变态欲望的满足的，这个事实越来越明确。由此看来，正常的性爱和变态性爱之间似乎没有真正意义上的区别。正常的性生活也是由婴儿性生活演变而来的，只是在其演变过程中，为了完成新的目的或者为了生殖，摒弃了一些无用的成分，集中了有意义的成分。

现在，我们就可以运用这个关于性变态的观点去研究儿童的性生活了，不过在此之前先要注意一下两者之间的区别。一般来说，变态性生活的目标非常单一，都是以某种特殊的冲动为主，可能还会辅以其他冲动。在这一点上，变态性生活和常态性生活是一致的，只是它们的主要冲动和目的不同而已。二者都好像是一个组织严密的统治势力，只是处于统治地位的势力不一样。而婴儿的性生活就不一样了，其目的缺乏转移性，各种冲动单独得到满足。通过冲动的集中缺失（婴儿期）或者存在（成人期），我们就能够看出，常态的和变态的性生活都是源于婴儿期的性生活。另外，还有一些性变态与婴儿期相似，都是没有主要的满足目标，各种冲动相互独立。不过，这种性生活与其说是变态，不如说是幼稚。

这些准备工作进行完毕之后，我们就能够回答一些迟早会产生的疑问了。比如：既然你不确定是儿童期的何种表现引起的成人的性生活，那么你为什么将他们的表现称为是性呢？你为什么描述他们的生理活动，描述了他们很早就为了吸吮而吸吮，喜欢粪便等等活动，借以说他们在器官中得到快感？这样，你实在是不必主张你的谬论，不必认为婴儿就有性生活。对于"在器官中得到快感"这句话，我自然是没有异议的，因为我可以确定，性交的无与伦比的肉体快感，就是通过器官活动获得的。然而，你们能不能告诉我，人们在什么时候才将这些本不重要的器官上的快感赋予了性的意味呢？我们对于"器官的快感"所知道的知识，难道不比性知识多吗？你们一定会答道，性就是与生殖器有关的，生殖器官开始参与活动的时候，就带上了性的意味。生殖器官由其他器官替代的性行为显然会成为这个答案的阻碍，不过你们会说，这个现象虽然没有通过生殖器官的接触，但是毕竟多多少少达到了高潮。如果你们由于性变态的现象，就不再认为生殖是性生活的本质，而是将重点放在生殖器活动上面，那么你们的观点自然就非常有力。这样一来，我和你们的异议就缩小了，只存在生殖器官和其他器官的争议。有很多现象能够证明其他器官可以代替性器官，使人们达到满足，比如接吻。那么，你们该怎么处理淫秽的变态性生活和歇斯底里症的症状呢？在歇斯底里症症状中，原本属于生殖器官的刺激、感觉和冲动，比如性器的勃起等，转移到了人体其他部位（比如由下体转移到头部和脸部），然后你们就会发现，原本认为的性的本质已经不复存在了。于是，你们就会扩展"性爱"一词的含义，使其包含幼儿时期的一切以"获得器官快感"为目的的活动了。

现在，为了支撑我的学说，我要再提出两点。你们知道，婴儿时期所有为了获得快感而不大明确的活动，我们都称之为"性"，这是因为我们在通过回溯这种活动来源、分析症状的时候，利用的材料都的的确确是属于"性"的。我们暂且认为它们不一定会成为"性爱"，先来做一个比喻。假设现有两种不同的，可以回溯至种子发芽、成长经过的双子叶种子植物，比如苹果树和豆科植物。这两种植物外观相近，双子叶看上去完全一样，我们很难辨别两者。但我能不能据此就认为苹果和豆科植物原本是一样的，在后来的生长中才表现出了差异？还是说虽然从双子叶中看不到差异，但是两者早就存在生物学上的差别呢？我们将婴儿追求快感的行为称为是"性"，就是这样原因。在这里，我们不去讨论具体哪一种器官的快感能够称为是"性"，哪一种不能称为是"性"，或者说是不是还有一种不能称为是"性"的快感。我并不感到惊讶，因为分析是需要谨慎保守的，我们对于器官的快感的条件了解太少，因此难以明确分类是很正常的。

另外，你们即便能够让我承认婴儿的活动没有性的意味，也一定不能够证明"婴儿生活是无性的"这个说法。因为，婴儿3岁起就有性生活，这是很明显的现象。从那时候开始，他们的生殖器就已经能够感受到兴奋，并且，此后一段时期内，他们会通过手淫获得生殖器的快感。当然了，我们也不能忽略性生活精神层面和社会层面的意义。在精神分析之前，已经有公正的观察证实了钟爱某特别的人，或者钟爱某性别的人，或者产生嫉妒等现象。任何人，只要用眼观察，都能够发现这些现象。你们原本并不怀疑儿童具有这种情感，只是否认儿童的情感具备性的意义。3岁到8岁的儿童已经知道将情感中的性的色彩隐藏起来。不过，如果你们留心观察，就能够证明，儿童的情感是带有"性欲"的意味的。这个时期的儿童的性目的，同前面所说的性的偷窥关系非常紧密。儿童本来不知道性交的目的，所以这种不成熟就自然而然地导致了他们性目的的变态。关于这一点，我以后还会向你们进行说明。

儿童的性的发展会在6岁至8岁进入停滞或者退化状态，我们将这个时期称为是"潜伏期"，不过，潜伏期有时候也会有例外，并且，性活动在这个时期也并没有停止，儿童的性兴趣也不会间断。我们早就说过，这个时期的儿童进入了"幼年健忘期"，他们会将原来的心理历程和兴奋完全遗忘。这就是我们之前所说的幼儿时期记忆的消失，我们会因此而忘记最早期的经历。每一种精神分析的目的，都是帮助人们唤回这些遗忘时期的记忆。于是，我们需要假定，这个遗忘的目的就是为了忘记这个时期的性生活，也就是说，这个遗忘是压抑作用导致的。

儿童在3岁开始，就会显示出和成人一样的一些性生活特征。当然了，我们也知道两者的一些区别：（1）生殖器没有完全成熟，因此他们的性爱没有稳定的组织；（2）存在变态现象；（3）所有的冲动强度都相对较弱。不过，性的发展，或者像我们所说的原欲的发展的各阶段是在学理上最富有兴趣的地方。这个过程因为发展过快，所以难以直接观察得出。我们只能借助精神分析，追溯原欲发展最早期的现象，才能够了解其性质。这些现象本来只能够从理论上推知，不过通过精神分析你们就能够获知这些理论体系的需要和价值。很快你们就能够了解，我们究竟是怎样通过一种病态现象，去了解那些正常情况下容易被忽略掉的现象。

于是，我们就能够了解儿童的性冲动被生殖器支配之前的所有性活动形式，生殖器的支配趋势，早在幼儿期就已经潜伏存在，从青春期开始发展成为了永久性的组织。我们将初期阶段称为是性前期，幼儿在这个时期具有很多分散的组织。在性前期，占优势的是虐待和肛门的本能，而不是性本能。那时候，雌性和雄性差别也不重要，被动和主动的差别才是重要的。这个差别是两极性的雏形，之后会慢慢显现。这个时期雄性的表现，从生殖器角度看，支配冲动本能的表现是残酷的虐待行为。被动目的的冲动多和肛门的性敏感地带有关，这个时期肛门显得非常重要，好奇心和窥视冲动也占有很大优势，而生殖器在性生活中则只是具备排尿功能。此外，这些本能也是有对象的，只是这些对象并不唯一。这个虐待性质的肛门组织刚好就是性器官组织支配之前的支配组织。如果进一步加以研究，我们就能够知道肛门组织在后来的成熟组织中到底保留了多少，以及这个组织在新的性器官组织中是如何占有相当的地位的。通过原欲发展中的虐待阶段，也就是肛门组织性爱时期，我们就能够大致看到一个更原始的以口部为主要性感带的发展时期。你们应该能够推知，为了吸吮而吸吮的性行为就属于这个时期。这样的话，你们就应该着重赞美一下埃及人的智慧，他们的艺术中，画有儿童吮吸手指的图像，甚至连神圣的霍洛斯神也是这样的。著名的心理分析家阿伯拉罕[1]在最近几篇报告中曾指出，这个原始的口部的性的感觉在之后的性生活中也被保留了下来。

实际上，我能够想象出，你们一定会认为我最后的关于性的组织的主张是胡说八道，因而不愿意将其当作是知识启蒙。那么，我要请你们多多忍耐，因为我也许是讲得太详细了，不过刚才所讲的这些话在以后的应用中会派上用场的。现在，你们要记得我们的观点，我们所说的关于原欲的性生活并不是一开始就呈现出最终形式的，甚至也不是按照最初形式进行扩充的，而是不亚于毛毛虫蜕变成蝴蝶，经历了不同的阶段，经历了很多变化。这个发展最重要的部分，就是让性器官支配所有的性的本能，同时使性生活服务于生殖。在此之前，性生活是由不同部分组织各自独立的冲动构成，每一种冲动都追求各自器官的满足（就是从自身器官中追求快感）。到了性前期，这种混乱状态才开始转变。性前期的主要组织是性虐性质的，也就是肛门组织性爱时期，再往前是最原始

1　阿伯拉罕（1877-1925），德国精神分析学家，弗洛伊德弟子，对早期精神分析学的发展贡献极大。

的口部组织性爱时期。除此之外，还有很多各种各样的组织，只是我们知道的非常有限而已。不过，正是由于这些阶段的存在，性爱组织才慢慢发展成为较高级的形式。后文中，我们会了解原欲发展的各个时期对于了解精神官能症的意义。

今天，我们还要谈一下这个发展的另一深层的方面，那就是性的各种冲动与对象之间的关系。不过，为了给后面的研究留一点时间，我们只能大略对这一点进行快速的观察。性本能的每一个冲动都有一个始终不变的对象，比如支配欲（虐待倾向）或者窥视欲。有的性本能冲动和身体的某一特殊的敏感带有关，一开始的时候之所以有对象，是因为要依赖性之外的功能，等脱离这些功能之后，对象就会被舍弃掉。就像口部性本能，因为需要母亲的乳汁滋养，其最初的对象是母亲的乳房，其性爱成分就是除了受到滋养之外，还能够吸吮，等到为了吸吮而吸吮的时候，这个本能就能够独立进行，于是，小孩就会求之于自身，放弃身体之外人的对象。这样的话，口部的快感就和肛门等其他敏感带一样，成为了自慰动作。之后的发展可以简单地概括为两个方面：第一方面是放弃自慰行为，再次以外界对象替代自身对象；第二方面是用一个单独的对象代替原本各种不同的对象。这完全可以做到，只要能够找到和本人相同的身体就行了，但是，如果自慰的冲动中无用的部分没有被放弃，就难以做到了。

发现对象的历程也是非常复杂的，以至于到现在为止还没有人能够完全了解。为了达到了解的目的，我们必须强调这样一个事实：由于儿童已经和性的对象保持了独立关系，如果发现这个历程在儿童期的潜伏期之前已经达到一定阶段，那么，其对象一定和口部快感的以滋养为目的的第一个对象一致。也就是说，这个对象不是母亲的乳房，而是母亲。所以，我们说母亲就是第一个爱的对象。当然了，我们在这里说的爱，侧重于精神层面而暂且忽略性欲层面。儿童对于性的压抑作用大概就是以母亲为爱的对象的时候产生的，这种心理作用导致儿童隐藏了自己性目标的一部分。这个以母亲为爱的对象的选择，和"伊底帕斯情结"有很大关系，另外，它在精神分析方面，对于分析了解精神官能症具有很重要的意义。当然了，也是大家反对精神分析的一个重要原因。

当前的欧战中，发生了一件事，此事与这个理论相符。在德国战场前线波兰，有一个信仰精神分析的战地医生，他对病人总是会有出人意料的治疗效果，这一点受到了同事们的注意。当别人问他原因的时候，他承认自己运用了精神分析的方法，并爽快地承诺将这种方法传授给自己的同事。于是，军营中的医生、同事以及上级长官，时不时都会集合起来，听他讲解精神分析的奥秘。最初的时候，一切进展顺利。但是，当这位军医讲到伊底帕斯情结的时候，一个上级军官站起来表示无法置信，他下令禁止演讲，因为他认为，演讲者将这件事告诉那些为国捐躯的勇士以及已为人父的士兵是下流的行为。最后，这个分析家被调到了前线另一个区域。不过在我看来，这种对于科学的禁止不仅不能够支持德国军队获得胜利，也会阻碍德国科学的繁荣和进步。

想必大家都急于听听这可怕的伊底帕斯情结的含义。杀死父亲迎娶母亲是伊底帕斯的宿命，他虽然极力摆脱，想要逃避自己的宿命，但是最终仍然无意间犯下了这两个错误，最终他挖去了自己的双眼，以示惩罚。

希腊著名悲剧作家索福克勒斯就是根据这个故事写了一出悲剧，如果看过这个剧目，你们一定会被深深打动。剧中，伊底帕斯犯下两重重罪之后，长期受到精巧的盘问，再加上不断被发现的证据，伊底帕斯秘密的罪恶逐渐暴露。他受到的询问方式与精神分析非常相似。母亲约凯斯特被伊底帕斯诱惑，成为了他的妻子。面对盘问，约凯斯特言语间不以为意，她认为那只是梦而已，梦是无关紧要的，很多人都会梦到婆母。事实上，在我们看来，梦是非常重要的，特别是很多人常做的有代表性的梦。我们确信，约凯斯特所说的梦，和神话中可怕的故事有很密切的关系。

然而，令人惊讶的是，索福克勒斯的悲剧并没有引起人们的愤怒和责骂。事实上，他们比前面的那个愚蠢的军官更有理由进行责骂。因为这毕竟只是一个不道德的戏剧，它描写的是神力注定了某人会犯下某罪，会如何如何，这个人即使以道德本能进行反抗也是无济于事的，这是他逃避不了的宿命。这都不是个人的本意，因此个人不需要承担社会法律责任。或许我们应该相信，作者是想借助这个神话故事表示他对命运和神明的怨恨。不过，索福克勒斯绝不会有这样的意思，因为他是一个虔诚的信徒，在他看来，最高尚的事情就是顺从神明的意志，即使他们让我们犯下某项罪恶。他就是通过这种信仰观念解决了人神之间的矛盾冲突。然而，对信仰的鼓吹并非该剧的关键，即便缺失了这一环，也不会减弱这出戏剧的魅力。观众之所以感动，并不是因为信仰，他们在意的是神话本身隐含的内容。通过自我剖析他们可能会发现，自己内心也是早就有弑父恋母情结的，也能够明白，神的意志其实是自己潜意识的高尚的替代物。另外，他们还会因为想起了自己弑父娶母的愿望而感到害怕。他们觉得索福克勒斯似乎在说："对于这个念头，不管你怎样否认或者宣称自己挣扎反抗，都是徒劳无功的，所以，你绝对不可能消除这些恶念，它们会在你的潜意识中存留一生。"这句话确实包含了心理学真理，一个人即使将自己的恶念抑制在潜意识中，然后沾沾自喜，以为自己已经没有了这些恶念，他也还是会有罪恶感，只是不知道这种罪恶感的来源罢了。

毫无疑问，令精神官能症患者经常自惭、苦恼的罪恶感之一就是伊底帕斯情结。另外，我在1913年写的《图腾与禁忌》一书中对于原始宗教和道德也进行了研究，那时候我就怀疑，可能正是伊底帕斯情结引起了人类的罪恶感，进而促生了宗教和道德。我本想多说一些，但是这个问题一旦展开，就不能搁置，因此，我们暂时先不细说，而是回过头来讲述个人心理学。

伊底帕斯情结在儿童的性潜伏期之前选择对象的时候有什么样的表现呢？我们现在就来直接观察一下。通过观察很容易发现，小孩想要独占自己的母亲，因此会憎恨父亲，看到父母拥抱，他们会不安；看到父亲离开，他们会非常开心。小孩还常常会口无遮拦，说自己想要娶母亲为妻。这一点看上去和伊底帕斯情结没有关联，实际上，两者的主要意图完全一样。当然，还有一种令我们迷惑的现象，那就是有的小孩也会对父亲有好感。不过这种相冲突的、两种意图兼具的情感和潜意识中的情感类型相似，虽然在成年人心理会发生冲突，但是在小孩心中，却能够相安并存。你们或许会对此表示抗议，认为儿童的行为不能够成为伊底帕斯情结的证据，因为他们受自己意识的支配。另外，照顾孩子是母亲的天职，她们为了让孩子幸福，会专心照顾他们，不会分心。当然了，这话是有道理的。不过，自我的兴趣冲动即使在这种情况下，也能够有很大可能产生爱的本能冲动。当小孩对母亲公然表示性的兴趣，晚上想和母亲同睡，或者要在屋里看母亲换衣服，甚至是表现出一种诱奸企图的时候，他们对于母亲的性意味就非常明显了。然而，母亲看到他们这么做的时候，一般都只是当成一个玩笑而已。还有一点不可忽略，那就是母亲照顾女儿和照顾儿子没有不同之处，但是却不会有相同的现象发生；并且，即使父亲也像母亲那样对于自己的儿子给予无微不至的关怀，也绝不能够获得像儿子对母亲一样的重视。总之，不管怎样批判，都无法消除这个现象包含的性的意味。从儿童自身利益出发来看，如果他们只允许一个人照顾他们，而不允许第二个人的话，那岂不是太愚蠢了吗？

你们会发现，我只描述了男孩和母亲的关系。事实上，女孩和父亲的关系也是一样的。女孩出于对父亲的迷恋，常常想推翻、替代母亲，她们甚至会在很小的时候学会撒娇，表现出女性特有的诱人而妩媚的姿态和手段。我们常常只是认为这样的小女孩很可爱，讨人喜欢，却忽略了这种现象可能会产生的严重危害。我们需要明白，父母的做法足以令孩子产生伊底帕斯情结，因为一般情况下，父亲经常会溺爱女儿而非儿子，与之相反，母亲则会溺爱儿子。不过，这种溺爱并不足以对孩子的伊底帕斯情结的自发性产生重要影响。等到有了新的婴儿出生的时候，这种情结就会转变为家庭情结。由于新生儿的到来，孩子的自身利益会受到损害，因此，他们就想将其除之而后快。一般情况下，相对于和父母情结有关的情感，这种怨恨和敌视会表现得更加明显。通过分析可知，如果新生儿夭折，这种情结得以实现，那么孩子们会将其当作是一个重要事件，只不过这个记忆在后来可能被遗忘了。如果母亲又生了一个孩子，进而让小孩尝到了疏远的滋味，他们就会很难原谅自己的母亲。于是，他们心中就会萌生出成人们认为的极端变态的怨恨，这也是后来隔膜产生的基础。我们以前讲过，性的好奇心和结果也和这些经历有重要关系。当弟弟妹妹长大一些之后，孩子对于他们的情感就会产生一种非常重要的变化。男孩会用自己的妹妹替代他心里不忠实的母亲；如果有几个哥哥，他们就会因为争夺妹妹的爱而产生敌对情感，这种情感在后来的生活中也有很重要的地位。如果父亲不再像以前那么温柔地对待女孩的时候，她们就会以兄长替代，或者将妹妹视作是自己和父亲所生的孩子。

现在，如果我们抛开心理分析，不受其影响，然后直接观察儿童，并讨论他们能够记清楚的所有事情，就能够清晰地发现以上种种现象。另外，你们也可以由此推知，儿童在兄弟姐妹中的排行次序和他后来的生活有着密切的关联，凡是给别人作传，必须牢记这一点。不过，更重要的是，你们听到这些随手可得的论断之后，一定会感到好笑，因为这与科学上所说的禁止乱伦的理论相悖。为了解释这一点，我几乎穷尽了一切办法。一种说法是这样的，家庭中的异性成员从一开始就生活在一起，彼此习惯了，因此相互不会有性的吸引。还有这样的说法，那就是生物学上对于纯种繁殖有排斥，因此人们心理上会对乱伦感到恐惧。殊不知，如果自然的隔离障碍真的能够制止乱伦诱惑，法律习俗就没必要定下一些严厉惩罚的规则了。事实恰好与之相反，人类选择性的对象的时候，第一选择通常都是自己的母亲或者姐妹，因此，必须尽可能严厉的惩处和禁令，以防这种幼年时候的意向得到实施。现在的野蛮原始民族中，有比我们更加严厉的对于乱伦的禁令。雷克[1]在最近的杰作中就有相关叙述，说野蛮人以青春期象征"再生"（rebirth），青春期的时候，他们会举行仪式，表示孩子已摆脱了对母亲的依恋，并恢复了对父亲的情感。

人们虽然对乱伦感到恐惧，但是却轻易地允许他们的神有这样的权利。我们从神话故事中就能够看到很多乱伦的故事。从古代历史中你们也能够知道，娶妹妹为妻是帝王们（如埃及法老和秘鲁国王）的神圣特权，这是普通人不能享有的。

伊底帕斯有两重罪，即娶母和弑父。图腾制度是人类的第一个社会宗教制度，图腾制度则明确禁止这两种行为。现在，我将注意力从对儿童的观察转移到分析讨论成人的精神官能症上面。这项分析对于伊底帕斯情结研究有什么帮

1　雷克，弗洛伊德的早期弟子，医生和精神分析家。

助呢？对此，我可以立刻作出答复。从精神官能症中发现的情结和从神话故事中发现的是一致的。所有的精神官能症患者似乎都是伊底帕斯，或者说，他们在反应这个情结的时候，都成为了哈姆雷特[1]。通过分析可以知道，成人具有的伊底帕斯情结，比幼儿更加显著，他们已经不只是轻微怨恨自己的父亲或者希望父亲死掉，他们显然是想要娶母亲为妻。儿童期的情感有这么浓厚吗？或者说是我们为了蒙蔽自己而找了一个新的信息吗？事实上，我们不难发现这个新的信息。无论什么时候，也无论是谁，在描述一件事的时候，不可避免地会无意识地使用与自己所处时代相同或者相近时代的观念，即使历史学家也不可避免。这样的话，过去的事情难免就会在一定程度上失真。那么，精神官能症病人是不是也在有意或者无意地用现在来解释过去呢？这一点值得怀疑。将来，我们还能够知道这种行为背后是存在动机的，于是，我们就不得不对这个"沉迷于过去（the retrogressive phantasy-making）"的问题加以研究。通过研究我们马上就能够发现，由于其他的种种原因，孩子对于父亲的怨恨会越来越深，而他们对于母亲的性欲望则会得到儿童时期想象不到的满足。不过，我们如果想要用"沉迷于过去"和后来所引起的动机来解释伊底帕斯情结，是得不到结果的。因为通过直接观察儿童，我们可以知道，这个情结虽然在后来加入了别的因素，但是仍旧保留了儿童时期的基本性质。

所以说，我们通过分析伊底帕斯情结得出的临床经验具有非常重要的现实意义。大家知道，人在青春期的时候，会追求性的满足，而其发泄对象通常是自己的近亲。幼儿选择性对象的时候，似乎是无知而随意的，但是这直接决定了此后青春期的对象选择方向。人在青春期，对于伊底帕斯情结会产生浓重的情感或者排斥心理。不过，他们已经具备了防御意识，能够将这些情感排斥在意识之外。只有成功摆脱了伊底帕斯情结之后，他们才能够成为一个独立的社会一员，而不是一个孩子。对于一个男孩而言，他最需要做的就是寻找一个实际的爱的对象，而不是以自己的母亲为性欲的对象。另外，如果他敌视自己的

1　哈姆雷特：莎士比亚悲剧中的人物。这里是指像哈姆雷特那样，必须在两者之间做出抉择。

父亲，那就必须想办法消除敌意。如果不能与父亲达成共识，只能听从，他就必须摆脱自己的父亲。所有人的成长都需要这样的过程，但是很少有人能够达到理想的效果，也就是说完美地解决心理上以及社会上的问题，这一点需要引起大家的注意。精神官能症病人所做的摆脱工作，是完全失败了的；儿子不能够摆脱父亲的控制，不能够使自己的原欲转移到一个新的对象上面；对于女孩来说，也是这样的。从这个角度看，伊底帕斯情结自然就是精神官能症的主要诱因。

你们应该知道，关于伊底帕斯情结还有很多实际上和理论上的重要问题，在这里，我只能不完全地讲述一下。我只想说明一个不是很直接的结果，至于其他各种变化和形式就不加详谈了。我要说的是它对于文学创作的深刻影响。奥图·兰克的一本很有价值的作品里有这样的话：各时代的作家创作的时候，多数都从伊底帕斯情结或者乱伦及其不同变形中取材。顺便说明一点，早在精神分析之前，人们就已经将伊底帕斯的两重罪当作是无法控制的人类本能的表现。百科全书派学者狄德罗的著作《拉摩的外甥》中，有一段著名对话非常值得我们关注，伟大诗人歌德将其翻译成了德文：如果小孩没有受到人为的教育，保留了他们所有的缺点，那么在他们仅有的一点理性基础上，加上30岁成人的冲动，他们就免不得会为了和母亲睡觉，而去勒自己父亲的脖子。

还有一件事是我不得不一并说明的。我们可以用伊底帕斯的母亲，也就是他的妻子来解梦。还记得我们在分析梦的时候，说过在梦的愿望中，常常会包含变态的、乱伦的意向，或者表现出对于至亲之人的敌视吗？那时候我们没有解释这些邪恶念头的起源，现在可以了。这些都是原欲对其对象的"投资"，这些念头起源于幼儿时期，早就被排斥在意识之外，但是它们仍旧存在，具有活动能力，等到夜晚的时候就会再次活动。

另外，并不只是精神官能症患者才会有这种变态、乱伦以及杀人的梦，一般人也都会有。因此我们可以推知，那些现在正常的人，也一定有过变态的经历，也曾经历过伊底帕斯情结的"对象投资"时期。不过不同的是，正常人在梦里才会出现的冲动，到了精神官能症患者那里就被放大了。这也是我们将梦当作是精神官能症症状研究线索的一个重要原因。

第二十二讲·发展和退化作用观点——病原论

诸位！我们之前讲过这样一个事实，那就是原欲经过很多方面的发展，最终才变成了正常的生殖行为。这个事实在精神官能症起源上具有重要的意义，其意义正是我今天要讲的内容。

由普通病理学原理我们可以知道，原欲发展有两方面危险，那就是压抑作用和退化作用。也就是说，生物是通过变异而进化的，并不是按部就班地成长、成熟、衰亡。变异过程中，有一些功能可能会一直停留在初级阶段，那么，生物在一般进化之外，一定还有一些停滞的进化。

我们可以用其他方面的事实来比喻这个过程。比如说一个民族需要离开现在的居住地，寻找新的地方居住（这是人类历史上常有的事情），那么，这个民族一定不会全部抵达新的居住地，可能会有一些人由于种种原因死亡，也会有一小部分中途停留，其余人继续前进抵达目的地。或者再让我找一个简单的比喻吧。大家都知道，生殖腺最初是深深地位于腹腔中的，高等动物的生殖腺会在胚胎的某一个生长时期，迁移到盆骨顶端的皮肤下面。有的雄性动物的这一对器官，或者其中一个会停留在盆腔中，或者永久性地停留在腹股沟中，或腹股沟在生殖腺通过之后原本应该闭塞的，结果没有闭塞。我还是学生的时候，曾在布鲁克[1]的指导之下从事科学研究。当时我的研究的是一种古代小鱼的脊髓背部神经根的起源。这些神经根的神经纤维是由灰色体后角内的大细胞发生出来的，这是其他脊椎动物所没有的。然而，在之后的研究中我发现，它的整个后根的脊髓神经节上的灰色体之外，都有类似的神经细胞，于是，我断定这种神经节细胞是由脊髓沿神经根向上运动。通过这个过程可以知道：小鱼的神经细胞在发展过程中，有很多停滞在了半途。当然了，这样的比喻是有缺陷的，

1　布鲁克（1819–1892），维也纳大学的生理学家。

稍微精确研究就能够知道。因此，我们只好说虽然其他部分可同时到达目的地，但各个性的冲动的单独部分都可停滞在发展的初期。每一种冲动都能够看作是一条河流，从生命之初就开始流淌，而每条河流又可以分为几条流动的支流。你们可能觉得，这些理论需要进一步加以说明，确实是这样，但是如果真的详细说明，又可能会偏离我们的主题。现在，我们暂且将一部分冲动在前期的停滞叫作是冲动的执着作用。

这种发展的第二种危险是退化作用。已经进化的部分，很容易会退回到最初的进化阶段。一种原本比较发达的冲动，如果受到了严重的阻碍，因而难以获得满足，那么它只能向后转。我们甚至可以假定，执着作用和退化作用互为因果。冲动发展过程中，如果执着的点越多，那么冲动就越容易被障碍制服，然后退回到执着的点上。也就是说，执着的点越多，继续发展的冲动对于障碍的抵抗能力越弱。比如一个迁徙的民族，如果很多人在路途中因为遇到强敌或者被打败，然后停滞不前，那么积极前进的人也容易退回来。另外，他们在中途停下的人越多，战败的危险就越大。

你们必须牢牢记住执着作用和退化作用的关系，才能够进一步研究精神官能症的病因。关于这个问题，我们很快就会讲到。

现在，我们暂且仍把讨论范围限制在退化作用上面。听了原欲发展的讨论之后，你们就能够知道，退化作用分为两种：（1）退回原欲的第一个对象，通常是自己的亲人，于是会产生乱伦倾向；（2）整个性的组织退回到最初的发展时期。这两种退化作用在"转移性精神官能症"中都可以见到，而且对其形成有非常重要的影响。退回到乱伦现象的第一种退化作用是精神官能症病人的常见现象。如果将另一种"自恋性精神官能症"列入讨论范围，那么我们关于原欲的退化作用要说的话就太多了，但是这并不是我现在想要谈的。这些症状既可以向我们展示出原欲的发展历程，也能够让我们看到与此相反的退化作用。不过，我认为现在最需要做的是让你们注意退化作用和压抑作用之间的区别，让你们了解两者之间的关系。就像你们记得的那样，如果一个本来可以成为意识的心理活动被压抑了（也就是说，它原本是属于前意识的），以至于它成为了潜意识，这个过程就是压抑作用。或者说由于意识和潜意识之间存在检查作用，那么潜意识的心理活动会被排斥，无法进入前意识中，这也是压抑作用。因此，你们要注意，压抑作用不一定是和性有关系的。压抑作用可以被描述成是一种纯粹的区域性的心理历程，之所以说是区域性的，是因为我们之前设定了心灵空间关系。如果说这些简单的概念不足以帮助我们建立理论学说，我们可以将其说成是关于几种不同精神系统中的一种心理机制构造。

通过刚才的比喻我们可以看出，之前所说的"退化作用"其实是狭义的用法，而不是广义的。至于退化作用广义的概念，则是从高级阶段降为低级阶段的历程，那么，压抑作用其实也属于退化作用，因为压抑作用是在心理活动发展过程未退回到早期或者更低级阶段的现象。不过，压抑作用的退化方向是没有重要关系的，因为心理活动在脱离潜意识的低级阶段之前，如果停滞不前，也可以称之为动态的压抑作用。所以说，压抑作用是一种位置的动力的概念，而退化作用则是一种纯粹的说明性概念。不过我们之前拿来与执着作用类比的退化作用，指的则是原欲退化到发展历程中的某一处的现象，也就是说，它的性质和压抑作用差别很大，甚至是没有关系的。我们既不能说原欲的退化作用是一种纯粹的心理过程，也不知道它在精神生活中处于什么样的地位，这是因为退化作用虽然对于人的精神生活有影响，但是身体因素的影响显然最为重大。

为了避免使人觉得枯燥无味，也为了给大家一个明确的印象，我们可以列举一些临床事例帮助讨论。大家都知道，转移性精神官能症主要有歇斯底里症和强迫症两种。先来看歇斯底里症，病人的原欲虽然会常常退化到性对象的乱伦时期，但是很少会退化到性的组织的更早时期。所以说，压抑作用在歇斯底里症中占有很重要的地位。我们可以运用推想补充这种病症到现在为止的所有知识：一部分冲动在生殖区的控制下混合起来，并受到了来自于意识相关的前意识的排斥，于是生殖区组织是潜意识允许的，却不是前意识允许的，由于生殖区组织被前意识抗拒，于是就形成了一种看似生殖区组织占优势，而实际上却不是的状态。两种原欲的退化作用中，更令我们惊讶的是退化到性的组织之前阶段的那一种。因为这种退化作用不存在于歇斯底里症中，而歇斯底里症又是所有精神官能症中我们最早进行研究的，也是对整个精神官能症有很大影响的一种病症。所以，我们必须承认，原欲的退化作用远没有压抑作用重要。只有进一步研究歇斯底里症和强迫症之外的其他精神官能症，我们才能确定我们的判断，并进一步扩展和完善我们的观点。

另外，强迫症中还有一种原欲的退化作用，最明显的因素以及表现形式就是退化到最初虐待性的肛门性爱组织之前的阶段。这个阶段，性爱本能伪装成了性虐的本能冲动。"我要杀了你"这个强迫思想（没有某些附加条件，但是并不是偶然的，而是不可缺少的成分的时候）其实就是"我要享受你的爱"。进一步思考的话，你们就会发现，这种冲动也退化到了最初时候的对象，所以，只有最亲密、最爱的人才会引起这种冲动。由此你们就可以知道，病人是意识不到他们的强迫观念的，而这些观念能够引起他非常严重的恐惧，不过，我们无法通过短暂的观察说明这点。如果没有压抑作用存在，原欲的退化作用就绝不会引起精神官能症，而只是会产生一种性变态现象。从这一点你们也能够明白，压抑作用的存在是精神官能症最重要的特征，也是区分精神官能症的重要准则。将来有机会的话我可能会向你们说一下性变态现象的运行机制，到时候你们就知道，它并不像我们现在在理论上谈到的那么简单。

如果把执着作用和退化作用的说明当作是精神官能症病原论的初步研究，那么你们马上就能够接受这个理论。我只能告诉你们关于精神官能症病因的部分知识，那就是说，人的原欲如果不可能被满足，就容易患精神官能症。由此我也可以这样说，病人由于"受挫"而生病，他们的症状就是缺乏满足的替代品。当然，并不是说只要原欲的满足受挫，人就会患上精神官能症。而是说，挫折的因素在所有的被研究的精神官能症中，都是非常明显的一个因素，所以，这句话反过来说是不成立的。也就是说，这个观点并不是表露、解释精神官能症的病因的所有秘密，而是强调了一个必要条件罢了，这一点你们应该是没有疑问的。

如果进一步讨论这个问题，我就不知道是该先谈病人受到的挫折的性质，还是先讨论受挫之人的性格。事实上，挫折一般都不是绝对的，只有人最渴望的满足受挫，或者唯一赖以满足的方式受挫，他才会出现病态。一般来说，人不至于生病，因为原欲难以获得满足的时候，可以通过许多方法来忍受。最重要的是，还有人能够控制自己的欲望，不让自己受到伤害。他们或许不能愉快地生活，或许会由于愿望得不到满足而苦恼，但是绝不至于生病。因此，如果性冲动可以用弹性这个词来描述的话，我们可以说，性冲动本能是富于弹性的。一种本能冲动可以替代另一种本能冲动，如果这一种本能冲动在现实中难以得到满足，那么人为了弥补，就会满足另一种冲动。这些冲动之间的关系就像是相互交错形成网路的充满液体的管道，它们虽然都受到生殖欲的控制，但是这种控制的条件却不易形象化。更重要的是，性的部分本能以及包含性本能的统一的性冲动都能够改变其对象，用比较容易获得的对象替代原来的不易获得的对象。这种交换和接受替代的能力，能够给予受挫的结果一种强大的反作用力。防止生病的过程在文化发展史上有特殊重要的地位。性冲动正是因为有了这个过程，才放弃了之前一部分冲动的满足，或者说生殖的满足，并有了一个新的目的，这个新的目的虽然在发生上和第一个目的相关，但是已经不能再当作是性的，而应该是社会性的。我们将这个变化称为是升华作用，我们在升华作用影响下，将社会性的目标提升到了性欲（或者自私自利）之上。当然了，升华作用只是表明性冲动和其他不属于性的冲动之间的关系，后面有机会的时候我们还会谈到这一点。

现在，你们一定会觉得，既然性在难以得到满足的时候能够通过这么多方法来忍耐，那么，所谓的性满足受挫的原因一定是无关紧要了。其实不是这样的，它的致病能力仍旧是存在的。弥补性满足缺失的方法虽然不少，但是常常难以充分应付，一般人能够承受的不满足程度是有限的，并不是所有人都有足够的能力保证原欲的弹性和灵活性。即便是有升华作用存在，也只是帮助我们发泄了一部分的冲动，更不用说实际上很多人的升华能力非常有限了。显然，在诸多限制因素中，原欲灵活性是最重要的，因为一个人能够获得的目的和对象数目都非常有限。你们要记得一点，原欲发展不够完善的时候，就会执着于比较早期的性的组织和对象的形式上面（这些形式在现实中都是难以得到满足的），而原欲的执着作用范围很大（有时候数目也很多）。由此你们就能够知道，原欲的执着作用和性欲得不到满足联合起来形成了第二个重要的原因。对此，我们可以简单概括为：原欲的执着作用是精神官能症的内在的必要因素，而性满足受挫则是外在的偶然因素，这就是精神官能症的病原论。

在此，我顺便劝你们一句，不要进行无意义的、肤浅的辩驳。在科学问题上，人们经常会把真理的一个方面当作是真理的全部，并以此怀疑其他方面，精神分析的一些方面就是因此而被分裂孤立了。有的人只承认利己的冲动本能，却否认性的冲动本能；还有一些人只看到了生活中一些事件的影响，而忽略了个体之前的生活经历。像这样的偏见太多了，难以一一详述。另外，还有一个悬而未决的问题，那就是引起精神官能症的究竟是内在因素还是外在因素？也就是说，精神官能症到底是由身体结构因素引起的，还是由生活中心理"创伤"事件引起的呢？更为重要的问题是，精神官能症究竟是起源于原欲的执着作用，还是起源于性欲满足受挫的苦恼呢？不过，在我看来，这种困难的选择就像是下面这个问题一样好笑：那就是小孩是由于父母的生殖作用产生的，还是由于母亲的怀孕而产生的？你们当然知道，这两个过程都是不能缺少的，而精神官能症的形成条件也与此很相似。从病原论的角度看，可排成系列的精神官能症都是由两个因素引起，那就是性的组织构造和经历，或者向你们想说的原欲的执着作用和性满足受挫。这两个因素中，如果此因素比较重要，则彼因素就会相对隐秘。在这一系列病例中，我们也能够看到极端的例子，比如下面要说的一些人，他们的原欲发展和常人差异太大了，以至于不管曾有什么样的经历，或者是不管生活多么舒适，都免不了会生病。与此相对还有另一个极端，那就是如果生活没有给他们太大的负担，他们绝对可以避免生病。而这两种情况之间的病例，就是内在因素（性组织构造）与不好的生活经历混合引起的。如果这些人没有某些经历，那么性的组织构造也不一定能够引起他们的精神官能症；如果他们的原欲构造不同，则生活经历也不足以使他们生病。当然了，这些病例中，我们也可以根据其属于哪一种性质的精神官能症而界定其致病因素的重心。

现在，我要告诉你们，我们可以把这一系列的病例称为是互补系，事实上，我要说的是，其他方面也可以建立互补系。

原欲往往会执着于特殊的途径和对象，这叫作原欲的粘着性。原欲的粘着性是一个独立的因素，因人而异，我们暂时还不能完全明白原欲粘着性的决定条件。不过，有一点是毋庸置疑的，那就是粘着性在精神官能症病原学上有非常重要的地位。当然了，我们也不必过于高估粘着性与病因之间的关系。很多时候，正常人的原欲也有相似的粘着性（原因尚且不明）；另外，它某些时候也是精神官能症的极端反面的人，也就是性变态的人生病的决定性因素。早在精神分析之前，就有人（例如宾涅）知道，性变态的人幼年早期会有一些病态的本能或者对象选择，这些经历从他们的健忘症中可以发现，之后，原欲就会粘着于此，终身不能摆脱。我们难以解释为什么这些经历会对原欲有这么强大的吸引力。我想叙述一个我亲身观察过的病例。病人对女性生殖器等一切诱惑都丝毫不感兴趣，但是，如果看到了某一类型的穿着鞋子的脚，他的性欲就会变得难以控制。他记得自己原欲的这种执着作用的原因，那是他 6 岁时候的一段经历。当时，他正坐在保姆身边的椅子上，而保姆在教他读英文。她是一个非常平凡的老妇人，眼睛暗蓝湿润，塌鼻子，鼻孔仰着。当天她因一只脚受伤，所以穿着呢绒拖鞋，她把脚放在软垫之上，病人只能看到拖鞋和软垫，保姆的脚则恰到好处地藏而不露。之后的青春期，他偷偷尝试了 3 次性行为，然后他的性对象仍旧执着于那只消瘦而有力的脚上，如果他由于别的女人或者其他什么而想到那个英国保姆，他就会被诱惑吸引，不能自控。不过，这个性对象的执着作用并不能够使他患上精神官能症，只是会让他成为一个性变态者，他成了一个恋脚癖者。你们从这里就可以知道，原欲超过限度的不成熟的执着作用的影响力远不止精神官能症这个范围。另外，虽然它是精神官能症形成的必要条件，但是它和性满足受挫一样，单个条件不足以致病。

因此我们说，精神官能症的致病原因似乎是更复杂的问题。其实，我们通过精神分析，在突然由于患上精神官能症而失去健康的人身上发现了一个新的因素，这个因素我们之前并没有讨论过。有的人会表现出完全相反的两种欲望或者是相互矛盾的两种心理，他们心理中一部分赞成某种冲动，另一部分则排斥抵制。只要是患有精神官能症的人，必然会有这样的矛盾心理存在。实际上每个人的精神生活中都会有一些没有解决的矛盾冲突存在，这个现象你们一定是知道的。所以说，这种冲突如果要引起病症，还需要某些条件，那么我们要问：需要什么样的条件呢？到底有什么样的心理力量参与了这些矛盾冲突呢？冲突和别的因素之间有什么关系呢？

对于这些问题，我还是需要给出一个勉强的答案，虽然不能避免出现遗漏。冲突是由性满足受挫引起的。原欲得不到满足，就需要寻找别的途径和对象进行发泄，但是，人格的一部分会反对这些发泄途径和对象，于是，这些发泄途径和对象就受到了限制，满足难以实现。性冲动被抑制之后，就需要经过伪装改变，通过一种曲折的路线前行。对于症状的形式来说，这种曲折的路线就是由性的挫折引起的新的满足的替代品。

我们还可以用另一种方式来表达心理冲突：外在的挫折必须在内在挫折的辅助下，才能够成为致病因素。如果两种挫折同时发生了，那么，内在挫折和外在挫折的途径和对象必然是不一样的。外在挫折使满足没有了第一种途径，内在挫折又封闭了另一种途径，这些就成为了心理冲突的矛盾所在。我之所以这么说，是因为这样一个含义：在人类发展初期，人心理的内在阻碍，都是由现实的外在阻碍引起的。

不过，阻碍原欲冲动的力量和足以致病的冲突的另一部分来自于何处呢？从广义的角度来说，它们并不属于性的本能，而是一种"自我本能"。当然，关于分析转移性精神官能症，我们最多只能通过观察分析病人的阻抗作用，大概了解一下这种本能的性质，而不能够深入了解这种本能。自我本能和性的本能的冲突，就是病症的起因。很多病例中，还有一些纯粹的性的冲突，不过在根本上还是这两种本能之间的冲突。这是因为，参与冲突的两种性本能，一种是"自我赞同"或者"自我统一"，另一种则是自我抗拒。所以，它们实质上仍旧是自我本能和性本能之间的冲突。

由此看来，我们就不能说精神分析完全不顾人格中与性本能无关的部分了。通过对自我本能和性本能进行的讨论，我们可以看出，自我本能的一切重要发展，都和原欲发展相关，而原欲发展，也一定受到了自我发展的影响。我们只是通过探究自恋性精神官能症，才能有一点儿了解自我本能构造的可能。可见，我们对自我发展的了解，确实是远不如对于原欲发展的了解。不过，我们早就可以在费里安琪[1]的著作中（费里安琪所作的《精神分析的贡献》第 8 章 81 页）看到这种非常难得的努力了。费里安琪曾试图在理论上构建自我发展的几个阶段。他的研究中至少有两点可以帮助我们深入研究自我发展。我们绝不会认为一个人的原欲兴趣，自始至终都和自我保存的兴趣相冲突，事实上，自我本能在每一个阶段中都力求和性组织的对应阶段相互适应。可以确定的是，原欲发展的每个阶段都要遵照一个规则，而这个规则受到了自我本能发展的影响。另外，我们还可以假定两种发展的各个阶段存在一种平行或相关的关系。而这种关系一旦遭到破坏，就会产生病症。下面这个问题对我们而言尤为重要：如果原欲发展过程中执着于一个较早期的阶段，那么自我本能该采取一个什么样的态度呢？或许它会容忍这种现象，然后形成变态而幼稚的表现；又或许它不容许这样的执着作用，于是自我本能就一定会有一种压抑作用。

于是我们就能够扩大精神官能症病因范围，做出引申，认为导致精神官能症的还有第三个要素，那就是对于冲突的感受性。这个因素和自我本能发展的关系与其和原欲发展的关系是一样的。首先是性满足被阻碍；其次是原欲的执着作用（强迫其采取特殊途径）；最后是自我发展与原欲发展冲突的感受性。我们之前研究的时候，你们可能会觉得病原论难以理解，现在你们就不会有这样的想法了。当然，我们还需要将很多新的事实纳入研究范围，并且进一步分析一些已有的事实，我们这方面的工作尚未完成。

现在，我要用一个例子说明自我发展对于冲突趋势以及精神官能症病因的影响。这个事例是想象出来的，当然，也未必就没有发生的可能。我要用涅斯罗[2]的幽默话语"楼上楼下"作为这个事例的名字。假设一栋房子，楼下住着佣人，楼上则住着富有的主人。他们都有各自的孩子，我们假设他们各自的小女孩能够在没有大人监护的情况下一起玩耍。小孩的游戏很容易带有性的意味，

1　费里安琪（1873-1933），匈牙利精神分析学家。

2　涅斯罗，德国著名作家赫贝尔的戏曲《优底特》中的人物。

成为"调皮龌龊"的游戏：比如她们会玩"父亲和母亲"的游戏，相互窥视对方大小便或者更衣，并且互相刺激对方生殖器。那个佣人的女儿虽然才五六岁，但是她对于性的事情已经略有所知，因此可能扮演诱惑者的角色。这种游戏非常短暂，但是足以令两个女孩产生性兴奋，在游戏结束之后，她们就会保留几年手淫的行为。虽然经历相同，但是她们之后的结果却是不一样的。佣人的女儿在月经来临之后，可能就会毫不困难地停止自己持续几年的手淫行为。几年之后，她会找到一个爱人，可能会生下一个孩子。生活上，她会到处寻找出路，或许她能够成为一个著名的女演员，并最终成为一个贵族夫人。或许她并不会有这些富贵荣华的生活，但是不管怎样都不至于因为年幼时候的性行为而受到伤害，她不仅没有患上精神官能症，反而舒适地享受生活。而那个主人的女儿则完全不同。在儿童时期她的内心就有了罪恶感，不久之后，虽然内心挣扎之后可能有闷闷不乐的感觉，但她努力摆脱了手淫带来的满足。等到年龄稍大对于性事略知一二的时候，她就会感到恐惧，不愿意谈到，也不愿意了解。这时候或许她又有了难以控制的手淫冲动，不过她不敢，也不愿意把这种事情告诉别人。等她长大成熟，有男人追求她，要娶她的时候，她的精神官能症就发作了，她会反对结婚，因而无法享受人生的快乐。如果分析她的精神官能症的发生经过，我们就会了解到，这个受过良好教育的、聪慧而满怀理想的女孩，曾试图完全压抑自己的性欲望。被压抑的欲望是附着于她潜意识里和她幼时玩伴的一些龌龊的经历上的。

这两个女孩虽然有相同的经历，却有不同的结局，之所以会有这样的现象，是因为一个女孩的自我有一种另一女孩所没有的发展。性行为对于佣人的女儿而言，无论是幼年或者成年，都没有妨害。主人的女儿受到了良好的教育，于是就会采取教育规定的标准。由于教育的刺激，她的自我就会觉得女人本应该是纯洁而没有欲望的，性行为是不能存在的。但是，她的理智的训练又使她忽视自己应尽的女性的义务。她的自我中的这种高尚的道德和理智的发展，和她的性需求是相互冲突的。

为了获得一些新的知识，也为了给我们之前所说的自我本能和性本能之间的严格、不易理解的界限一个可靠的证明，我们今天还要研究一下原欲发展的另一个方面。现在，为了讨论自我和原欲的发展，我们需要特别注意和重视之前轻视的地方。实际上，自我和原欲都是由遗传而来，都是人类自远古和史前以来的进化历程的缩影。从系统发生学上来讲，原欲的起源是非常明显的。试想一下，有的动物的生殖器和口部关系密切，有的动物的生殖器和排泄器官没有明显分别，有的动物的生殖器官则是运动器官的一部分。这些事实可以参考动物学家波士的优秀大作，他在书中的描述很有趣味性。由于性组织形式的原因，动物出现了很多种错位的现象。由于基因差别，这个系统发生学的问题，人类是没有的，或许是由于这种学习的因素现在仍旧在影响个体，因此，人的原欲发展需要在学习中获得。在我看来，他们原本应该产生一个新的反应，现在则引起了一个新的意向。另外，可以确定的是，每一个个体的预定发展方向都会被外界变化干扰。在这种挫折和失败的力量影响下，人类又必须发展，或者更形象地说，是"需求"或者生存斗争。"需求"就像是一个严厉的老师，能够教我们做很多事情。如果发生不幸，受到了非常巨大的坏的影响，我们就会变成精神官能症病人。无论任何教育，都有可能导致这样的危险。如果"内在进化意向"真的存在的话，以生存竞争为进化动力的学说，一定会减弱这种意向的重要性。

值得大家注意的是，性本能和自我保存本能在面临实际生活中的需求的时候，不会做出相同的反应。自我保存本能和别的所有自我本能一样，都比较容易受到需求的控制，因而其发展能够适应现实。这一点很容易理解，因为他们如果不能够适应现实，就不能得到希望获得的对象，如果没有这些对象，个体可能就难以避免死亡。而性的本能从一开始就没有对对象缺乏存在顾虑，因而比较难以控制。它们既像是依附于其他生理功能，又能够通过自身获得满足，因而最初并不会受到"现实"教育的影响。大多数人的性本能自始至终都保留着这种执着性，不受外界影响，我们将这种性质称为是"非理性"。并且，一个青年恰好在性欲高峰的时候，已经没有了受教育的可能。对此，教育家当然知道该怎样应对。不过在精神分析学说的影响之下，他们可能会将教育的重心转移到吸乳期开始的幼年时期。事实上，小孩在四五岁的时候，通常已经发育完全，只是他们的很多能力在之后才会显示出来而已。

为了充分了解这两种本能的内涵，我们需要暂且偏离一下现在的主题，转而去增加对"经济"方面的研究。这是精神分析最重要的部分之一，不幸的是，这也是精神分析最晦涩难懂的部分。或许我们应该问这样一个问题：心理器官活动有主要的目的吗？对此，我们的回答是：其目的在于追求快乐。人的所有心理活动都自动接受"苦乐原则"控制，目的都是追求快乐，避免痛苦。我们现在最想知道的是什么条件会引起快乐，什么条件会引起痛苦，然而，我们现在还没有这方面的知识。我们只能这么猜测：心理器官中刺激的减少、减弱和消失能够引起快乐，而刺激的增多则会引起痛苦。通过思考性交快乐这种人类感受中最强烈的快乐我们就能够明白，这一点是毋庸置疑的，因为这个快乐获得的过程，就是心理兴奋能量分配消散的过程，所以，我们说这种形式是经济的。除了把重点放在对快乐的追逐之外，我们还能够用其他比较普通的文字描述心理器官的活动。于是，我们就可以说，心理器官的作用就是抑制或者发泄其接受到的刺激或者能量。很明显，性本能的目的永远不变，自始至终都是追求满足。自我本能原本也是这样，但是由于受到了需求的影响，它就会用其他的原则替代苦乐原则。它们虽然也是将避免痛苦和追求快乐当作是重要的工作，但是也知道有时候需要放弃直接满足，延缓对于快乐的享受，或者是需要忍受一些痛苦，放弃快乐。通过这种训练之后，自我本能就会成为一种"理性的"活动，它们遵从的是现实原则，而不是苦乐原则。现实原则本来的目的也是追求快乐，但是它为了适应现实，会将快乐进行延缓和削弱，因此更加持久。

从苦乐原则发展到现实原则是自我发展的一个重要历程。我们早就知道，性本能在这个阶段会不甘愿被延缓。很快我们又发现，人的性生活如果仅仅符合小部分外在现实而脱离了大部分现实的话，会发生什么样的结果。现在，我们可以得出关于这个问题的一个结论：如果你们听到自我本能和原欲本能一样也有所谓的退化作用，你们就不会感到惊讶。另外，你们一定很想知道自我本能一旦退化到发展初期的时候，对于精神官能症会有什么样的影响。

第二十三讲·症状的形成机制

诸位！对于一些门外汉来说，症状就是疾病的基本性质，如果症状消除了，就表示疾病被治愈了。医学上一定要严格区分症状和疾病，要知道，症状的消除并不表示疾病的消失。不过，症状消除之后，我们探究疾病的唯一途径就是其造成新症状的能力。因此，我们现在要用一般门外汉的观点来研究，认为只要知道了症状的基础，也就等于是了解了疾病的性质。

症状是一种对于病人有害，或者说至少是没有益处的生命活动，病人为此会感到烦恼和痛苦。当然了，我们在这里要讲的症状是精神上（或者心因性）的症状，也就是精神官能症。精神官能症对于病人的影响主要是精力的消耗，另外，病人还要花费很多精力抵抗症状。如果症状范围很广，那么，病人由于在这两个方面的精力消耗，其精神能力就不能够处理生活中重要的事情。一般情况下，这个结果是根据消耗的精力所占的比重而定的。由此你们就可以看到，"疾病"其实是一个实用性的概念，如果你们用理论的眼光看，不去关注这个程度的大小，那么你们就会说所有的人都有不同程度的精神官能症，因为每一个正常人都具备症状形成的条件。

我们已经知道，精神官能症就是由于心理冲突导致的，而心理冲突正好是病人在追求原欲的新的满足的时候引发的。这两种相互冲突的力量在病症中会合，并且相互协调。病症之所以会这么顽固，也是因为两种力量的对抗。大家知道，这两个相互冲突成分的其中之一是没有被满足的原欲，原欲被"现实"抑制，不得不寻找新的获得满足的途径。如果"现实"足够严格，那么，即使原欲想要用另一对象替代原来的被禁止的对象，也是难以得逞的，于是，原欲只好采用退化作用，用之前曾用过的对象或者已经被放弃的对象获得满足。由于执着作用的存在，原欲只好通过退化作用退回到之前发展时期的执着点上。

性变态的形成和精神官能症是有明显的不同之处的，因为如果退化作用没有受到自我的制止，原欲就仍旧能得到满足，虽然不是正常的满足，仍不会形成精神官能症。不过，实际上，自我不仅控制意识，还能够控制运动的神经支配和心理冲动的实现，如果自我不支持退化作用，就会产生矛盾冲突。原欲由于被限制，精力就会按照苦乐原则去寻找其他的发泄途径，这就是感情转移作用。总之，它必须逃避自我。而在退化的路上越过压抑作用曾经制止的执着点正好可供逃避之用。于是，原欲就摆脱了自我意识以及自我法则的控制，同时，也放弃了之前在自我影响之下获得的经验。如果能够立刻被满足，原欲就易于控制；如果受到内在外在挫折的双重压迫，原欲就会难以控制，沉迷于之前的幸福时光。这是原欲重要的恒定的性质。另外，原欲依附的潜意识中的系统于是也具备了这个系统特有的两个历程，也就是压缩作用和转移作用。这与梦形成的条件和情形非常相似。原欲所依附的潜意识中的观念必须和前意识相互制衡，这就像是梦的隐意在潜意识中形成以满足幻想的时候，会受到一种（前）意识活动的检查作用，这种意识活动按照自身标准，只允许隐意以和谐的方式出现在梦的显意中。现在，在自我强力的抵制之下，原欲就需要通过一种特殊的表现方式，使得两方面的压力能够得到发泄，这就是反情感转移作用。于是，潜意识中原欲经过多重伪装之后，成为两种相互矛盾的意识的结合体，其体现方式就是症状。不过，梦的形成和症状的形成在最后一点不太一样。在梦的形成中，所有前意识的目的是为了保证睡眠，不让刺激闯入意识干扰睡眠，它对于潜意识中的愿望和冲动的态度并不是严厉制止的。他的态度之所以比较温和，是因为人在睡眠之中，愿望不可能会得到实现，因此危险性较小。

你们还会发现，正是由于执着作用的存在，原欲才能在冲突的时候得以保留。通过退化性的执着作用，原欲只要做出妥协，就能够瞒过压抑作用，进而得到满足或者发泄。虽然最终的满足在很大程度上被限制了，变得满目全非，但是它毕竟通过这种曲折的方式得到了实际的满足。在这里，你们要注意两点。第一，你们不仅要注意原欲和潜意识，还要注意自我意识和现实，这两方面虽然一开始并不相关，但是之后关系紧密。第二，我要告诉你们的是，我们现在已经讲过的和之后还会讲到的这个问题，都是只与歇斯底里症有关。

原欲为了摆脱压抑作用，到底是从哪里得到它所需要的执着作用呢？是从婴儿时期的性活动和经历，以及已经被遗忘和放弃的儿童时期的部分意向和对象中。原欲就是退回到这个时期以获得满足。儿童期的重要性有两点，一是人的天生的本能意向首次出现；二是在外界影响和偶然事件的影响下，人的其他本能才初次觉醒并活动。在我看来，这两点是很有道理的。我们原本并不否定内在意向能够表现出来，而现在通过分析来看，我们不得不假定儿童期的偶然的经历足够引起原欲的执着作用。我们看不出这一点有任何不合理的地方。天生的意向是人类在某一时期学到的经验，遗传到了现在，如果没有这种意向，就表明没有遗传了。那么为何已经学到的特性会在某一代突然消失，而不是流传下去，呈现在我们面前呢？不过，我们也不能由于过于重视遗传的经验以及成人的生活经验，而忽略了儿童的经验，事实上，我们需要进一步重视儿童的经验。这是因为它们发生在人还没有发育成熟的时候，因此更可能产生重大影响，导致病症。鲁伊[1]等人曾做过研究，如果针刺一个正在分裂的胚胎的细胞团，胚胎的生长就会受到很大的损害和影响；而如果以同样的方式针刺幼虫或者成年动物，它们受到的损害就比较小。

我们之前曾认为成人原欲的执着作用是精神官能症病原学上成因的代表，现在，我们需要将其分为两个部分：天性的意向和儿童期内学到的意向。同学们都喜欢图表式的说明，因此我特地将这种关系用如下图示表示：

$$\text{精神官能症的原因} = \begin{array}{l}\text{原欲执着作用} \\ \text{所产生的} \\ \text{倾向}\end{array} \quad \left\{\begin{array}{l}\text{性的组织（祖先的经验）} \\ \text{儿童期的经验}\end{array}\right. + \left.\begin{array}{l}\text{偶然的} \\ \text{（创造性）} \\ \text{经验}\end{array}\right\}$$

遗传的性的组织有时候侧重这一部分冲动，有时候侧重那一部分，有时候只有一种，有时候由很多种混合而成，于是，我们就有了很多不同的意向。性的组织和儿童的经验同前面所说的成人的意向和偶然经验非常相似，都是混合组成一种"互补系"。每一系中都有极端的例子，各成分间也有非常相似的关

1　鲁伊（1850-1924），德国解剖学家，胚胎发生机制的提倡者。

系。现在，我们或许是思考下面一个问题的时候了：两种原欲退化作用中，比较明显的一种（指的是退化到早期的性的组织）有没有受到遗传组织的控制。不过我们最好将这个问题暂时搁置起来，等到对于多种精神官能症有了深入研究之后再来回答。

现在，我们先来注意这个问题：通过分析可以知道，精神官能症病人的原欲是依附于儿童时期的性经历的。这些经历对于成人的生活和病症有非常重要的影响，实际上，其对于我们的分析治疗也是一样重要的。但是从另一方面看来，我们也不难知道这种观点会有出现错误的危险，这可能会使我们完全由精神官能症的观点来观察生命。当然，如果考虑到原欲在脱离新的地位之后，会退化到婴儿时期，那么，婴儿时期的经历的重要性就能够被减弱了，因为这个事实告诉我们，原欲的经历在发生的时候并不重要，其之所以重要，是因为后来发生了退化作用。你们应该记得，我们之前讲伊底帕斯情结的时候，也讨论过相似的问题。

这个问题不难解决。退化作用使原欲退回到儿童时代的性经历上面，因而增强了其病态程度，这么说虽然非常准确，但是，如果以这个结论为重点，难免会发生错误。我们还需要对其他观点进行论述。第一点，通过观察可知，幼儿时期的经历有着非常特殊的重要性，这一点在儿童时期已经非常明显。事实上，儿童也会患上精神官能症，不过由于儿童的精神官能症是紧随创伤经历发生的，所以退化时间很短，转移作用程度很小，甚至完全没有。与研究儿童的梦一样，我们研究儿童的精神官能症能够帮助我们避免在成人研究中陷入误区。儿童精神官能症的表现远比我们想象的更加平常，因此我们往往会将其忽视，认为这是一种调皮的破坏行为，并常常以威压来禁止他们的行为。不过，如果回想一下，我们还是能够辨认出这种精神官能症的，它们最经常的表现形式是焦虑。以后我们会发现这种症状的意义。我们在分析成年人的精神官能症的时候，通常会发现它们是儿时精神官能症的遗留，只是由于幼时的症状比较隐蔽，或者说只是雏形而已。前文我们已经说过，有的儿童神经质会伴随其终身，从不间断。在少数例子中，我们虽然可以分析儿童精神官能症的情形，但是通常都需要借助成年病人来推测儿童的精神官能症。不过为了避免错误，我们在推测的时候会非常谨慎小心。

第二点非常难解释，那就是如果儿童期没有吸引原欲的地方，原欲为什么要退化到儿童期呢？只有当我们假定某些阶段的执着作用还附着有原欲的时候，这些执着作用才有意义。最后，我或许可以说，幼儿时的经历和后来的经历与之前我们研究的其他两组现象非常相似，都是在强度以及病原重要性上有一种相互辅助的关系。有些例子中，疾病起因全都是因为儿童期的性经历。这些经历再加上一般的性组织以及不成熟的发育，就能够产生病症。另外，还有的病例，其疾病起因是后来的心理冲突，我们之所以在分析的时候看重儿童期的经历，是因为退化作用的存在。因此，我们能够得到两种不同的极端，那就是"发展的停滞"和"退化作用"，两者会有不同程度的混合。

有的人认为，如果教育及时干预了儿童的性发展，就能够预防精神官能症，他们应该会觉得我们之前的观点非常有趣。确实，如果一个人只是注意到了婴儿时期的性经历，那么他一定会觉得如果延缓性发展，不让儿童被其迷惑，那么就能够尽可能预防精神官能症。但是我们应该知道，引起精神官能症的因素远比这复杂，如果只注意到其中一个因素，预防性治疗一定不容易产生好的效果。事实上，先天因素是没有办法控制的，因此在儿童期内进行严格控制并不会得到什么有效的结果。另外，即使控制，也绝不像教育专家想象的那么简单，因为这种举动还容易产生其他不容忽视的危险。如果对儿童控制得过于严格，过分压抑儿童的性欲，结果反而弊大于利，严重的话还会使儿童在青春期无法抗拒性需求。所以说，我们还难以确定在儿童期内进行精神官能症预防工作是不是有利无弊，或者说是不是能够通过改变他们的现实态度而防止精神官能症发生。

现在，我们回过头来讨论症状。症状可以使病人通过退化作用，退回到原来的生活状态，即退化到对象选择或者性的组织的较早阶段，进而获得现实中难以获得的满足。我们之前已经知道，精神官能症病人难以摆脱过去生活的某一个时期；现在我们还知道，那个时期正是他能够获得满足和快乐的时期。他们回顾自己的生活，一直想要找到这样的一个时期，他们甚至会通过记忆和幻想，回到婴儿时或者吸乳时期。症状就是用某种方式重现之前的满足情景，由于心理冲突的检查作用，这种重现不得不伪装，或者时常带有痛苦的感觉，或者与发病时的生活经历中的元素混合。因此，病人不仅不认为与随症状一起发生的是满足，还认为这是一种痛苦，这种痛苦甚至让他们逃避。这种变化是由心理冲突引起的，在种种压力之下，症状得以形成，之前视作满足的感觉，现在却会引起他们的抗拒和害怕。关于这种情感，大家都知道很多简单而有意义的例子：一个小孩原本非常喜欢吸吮母乳，几年之后却非常厌恶乳液，如果乳液上附着有薄膜，他的厌恶感甚至会变成恐惧。这层薄膜或许让他想起了之前热爱的母亲的乳房，但是由于混入了断乳时期的创伤经历，情况就不一样了。

对于症状就是源于满足途径的说法，还有一点也让我们感到诧异而难以了解。我们在日常生活中认为是满足的动作，没有一种出现在症状中。症状一般都和外界现实脱离，因为它们并不依赖于对象。我们知道，这种情况是因为病人丢弃了现实原则，转而遵从苦乐原则，并退化到一种扩大的自慰行为，这也是最早期的满足性欲的途径。为了适应替代活动，它们不去改变外界环境，而是从体内进行改变，也就是说以内心的活动替代外界活动，这个现象从生物学角度看也是一个非常重要的退化作用。如果我们将其和新的因素一起探讨，一定能多一点儿了解。我们在分析研究症状形成的时候，曾得出很多结果，从这些结果中，就能够发现新的因素。我们还知道更重要的一点，那就是症状形成的潜意识过程和梦的形成一样，具有压缩作用和转移作用。那么，症状也就和梦一样，虽然原本只是单纯的愿望的满足，但是在强力的压缩作用之下，这个满足转化成了一个独立的感觉或者冲动；在多重的转移作用之下，这个满足从完整的原欲情结转化成了一个很小的细节。所以，即使我们能够证明症状中存在原欲的满足，但是，要想深入探究，将它找出来却非常困难。

我在前面已经讲过，我们还需要研究一个令人惊异、迷惑的新因素。大家知道，通过症状的分析结果，我们已经大概了解了作为原欲附着对象的幼儿时期的经历，也知道了这就是症状的形成原因。现在我们又遇到了一个令人惊讶的问题，那就是婴儿时期的经历不一定都是可信的。事实上，大多数事例中，它们都是不可靠的，甚至是与事实完全相反的。如果我们分析发现，幼儿时期的经历值得相信，那么它们就能够成为我们研究的可靠的基础；如果我们发现它们是病人幻想的，是虚构出来的，那么我们就需要另找出路，通过别的方法进行研究。根据我们的经验，精神分析中通过回忆重新建立的幼儿时期的经历，有时候确实是不存在的，有时候却是真实的，不过大多数时候都是真假参半。那么，如果症状表现出来的经历是真实的，我们就能够推测出它们对于原欲执着作用的重要影响；如果这些经历只是病人臆想出来的，我们就不能将其当作是病因，并认为其在病原学上占有重要地位。不过，我们也难以找出一个合适的方法进行取舍，或许下面这个类似的现象能够给我们提醒。我们在分析之前，意识中保留的儿童期的模糊记忆同样可以伪造，或者至少也是真假参半，其中经常会看到谬误之处。所以，我们应该相信，应该对这种意外失望负责的是病人，而不是精神分析。

通过思考我们就不难知道，怪异困惑之处其实就是我们轻视了现实，忽略了现实和想象之间的差距就像是天上地下一样。如果发现病人用他们幻想或者虚构的故事来浪费我们的时间，我们通常都会忍不住愤怒。在我们看来，幻想和现实之间的差别，远大于天壤之别，另外，我们对于两者的价值判定也相差很大。其实，即使病人本身正常联想思考，我们也会对其抱有相同的态度。当他们提供的信息能够符合我们的期望（也就是症状是基于儿童时期的经历形成的），我们就会怀疑，我们研究的对象究竟是事实还是幻想。我们只有通过之后的一些线索才能够解决这个问题，并想办法使病人知道哪些是幻想，哪些是事实。然而，如果我们在一开始就告诉病人，说他现在想到的就是他想要掩饰的儿童期经历的幻想，就像是一个民族在一段早已忘记的历史中掺杂神话一样，那么他们对于这个问题的兴趣一定会因此而降低，我们得到的结果恐怕就令人失望了。要知道，他们其实也是希望得到事实，而不只是得到幻想。因此，这个问题很难解决。即使我们在开始的时候让病人相信我们研究的是他早年的真实经历，那么等到分析完成的时候他们又会指出我们的错误，讥笑我们太容易受骗了。事实上，经过较长一段时间之后他们就会发现，幻想和事实对于我们来说作用其实是一样的。我们对于他们的幻想唯一应该采取的态度，就是认为儿童时期的经历，无论是事实还是幻想，都无关紧要。确实，病人会创造出一些幻想，但是，幻想和事实对于精神官能症具有相同的意义。与物质的现实对应，这些幻想是心理的现实，对于精神官能症来说，心理的现实是唯一的决定性因素，关于这一点，大家之后就能逐渐了解。

我们需要特别重视病人儿童期内时常发生并且似乎从来没有消失的事件，因为这些事件对于精神官能症患者具有几种特殊的意义和价值。以下面这些事件为代表：（1）窥视父母性行为；（2）被成年人引诱；（3）对于阉割的恐惧。如果你们认为现实中这些事情是不会存在的，那就错得离谱了，这些事情毫无疑问是存在的，年长的亲戚们都能够证明。比如，当小孩子开始把玩性器，却不知道隐蔽这种行为的时候，他的父母或者保姆就会恐吓他，说要砍掉他的性器或者犯错的手。如果询问小孩父母，他们大都会承认这个事情，因为他们觉得这种恐吓是应该的，是他们的义务。这种恐吓能够在很多人的意识中留下清晰的记忆，特别是当其发生在儿童期后期的时候。如果恐吓的人是孩子的母亲或者是其他的女人，她们会将处罚的行使权委托给别人，比如父亲或者医生。德国法兰克福有一位儿科医生霍夫曼曾经撰写了风靡一时的《斯特鲁韦尔彼得》（Struwelpeter）一书，这本书之所以出名，是因为作者对于儿童的性及其他情结都有彻底的分析。作者在这本书中以割掉大拇指作为对吸吮指头的惩罚，实际上，这就是阉割的替代。通过对精神官能症患者的分析可以知道，阉割的恐惧似乎很常见，但事实并不一定是这样。我们需要承认，因为受到成人的暗示，儿童知道，通过自慰获得满足是不被社会允许的。另外，他们见过女性生殖器，深受触动，这种知识就成了恐惧的基础。另外，无论穷人或者富人家的小孩，他们虽然自己没有了解和经验，但是都可能是父母或者别人性交的旁观者。那么，我们也应该相信，小孩可能会在后来了解到当时感受到的印象，并引起自己的反应。但是如果他们详细描述自己实际上从来没有看到过的性交动作，他们经常会说这种行动由后面进行，毫无疑问，他们的这种幻想是基于观察动物

（比如狗）的交合而起，并且，这种描述的动机是因为他们在青春期的窥视欲没有得到满足。至于他在娘胎中观察父母的性交的描述，更是极尽幻想之能了。

对于被引诱，通常都不只是幻想，而是真实的回忆，因此更加有趣。不过令人庆幸的是，虽然我们认为这种回忆可能是事实，但从分析的结果来看，并不是这样的。相对于受到成年人引诱来说，孩子受到同龄或者更大一点儿孩子的引诱更普遍一点。如果是一个女人在描述自己小时候的经历，引诱她的人通常都是她的父亲，至于为什么会有这样的幻想，我们当然是完全能够确定的。如果一个人在儿童期受过引诱，他就会常常用幻想来隐藏自己的自慰行为，由于对自慰行为的愧疚，他就需要幻想自己那时候确实有一个非常爱恋的对象。另外，你们不要认为孩子受到父亲引诱这种事是完全虚构的，认为其没有事实依据。事实上，很多分析家治疗的病例中都确定无疑存在这样的事实。只不过这些事情可能发生在儿童期后期，但是儿童回忆的时候，将其转移到了儿童期的前期。

这些依据只能够给我们留下这样的感觉，那就是儿童期的很多经历是精神官能症的必要条件，但是那只是虚构的幻想。当然了，如果这些回忆真的存在也便罢了。如果它们并非事实，就一定是受到了暗示，然后才通过幻想虚构出来。事实或者幻想，无论两者谁更重要，其产生的结果是一样的，我们现在难以从两者之中发现任何不同之处。它们又是前文说过的互补系的一种，不过，它们最为特别。幻想为什么会存在呢？其材料来源于何处呢？无疑是本能。然而，怎样解释同样的幻想是由同样的内容构成的呢？对于这一点，我有一个答案，这个答案在你们看来，或者非常荒诞。我认为，这些"原始的幻想"（我希望用这个名字来称呼这些幻想以及其他的幻想）是系统发生学的结果。个体只要是遇到了自己当前的经验难以应对的事实，就会利用古人的经验。在我看来，诸如儿童期被引诱，看到父母性交而引起兴奋，对阉割的恐惧，或者是阉割等这些分析中描述的幻想，其实在史前的人类家庭中已经是事实了。那么，这只是运用史前的事实来幻想，并用以补充自己的真实经历而已。这就是为什么我们怀疑，无论与其他何种学科研究相比，精神分析都能够提供更多的最初期人类发展情形的知识。

　　既然讨论到了这些事实，我们现在就不得不详细地探讨幻想形成这种心理活动的起源和意义。虽然还没有人完全透彻地了解幻想在心理学上的地位，但是正如你们知道的，一般情况下，人们赞美幻想，对其有极高的评价。下面我就详细讲述这一点。我们知道，受到外界需求的训练之后，人的自我就逐渐知道了现实价值的重要性，进而遵从现实原则。但是，这是付出了很大代价的，人们不得不暂时或者永远放弃包括性在内的种种享乐的对象和目的。要想拒绝享乐是很困难的，人们必须获得一些补偿，然后才能够达到这个目的。于是，人就会产生一种心理，这种心理能够将每一种渴望和需求转化为满足。在这种心理活动中，原本被放弃的快乐来源和满足途径可以继续存在，不必受到现实的威压束缚或者受到"现实感"的制约。当然，幻想中欲望得到了满足，自然就会产生快乐，这一点是无疑的，其实，幻想者心里也知道这不是事实。人们能在幻想中享受自己早就因为束缚而舍弃的自由，他们不断变换自己的身份，一会儿是追逐享乐的动物，一会儿又是理性的人类。但是，人们还是会时常感到饥渴，因为他们实际获得的快乐毕竟少之又少。德国著名作家弗塔尼说过，"无论做什么事，都会有连带而来的副产品"。精神领域的幻想创造与"保留区"或者是"自然公园"完全类似。后者就是在农业、交通、工业的发展而使地貌迅速失去原始形态的地区，专门设立的保存原貌的地带。这些保留地带中，无论事物是否有害或是否有用，都能够得到自由发展。与之相似，幻想领域就是现实原则之下存在的保留区。

　　我们所熟悉的白日梦，就是幻想中最为著名的产物，它们就是野心、夸大以及性欲在幻想中的满足。由此可知，获得不受现实约束的满足就是幻想的幸福本质。我们知道，夜晚做梦的核心和模型就是白日梦。事实上，夜晚的梦也是白日梦的一种，只不过因为睡眠的时候心理活动方式发生了变化，本能兴奋能够自由活动而已。此外我们早就知道，白日梦不一定是意识的，潜意识也常常会出现在白日梦中。所以说，潜意识的白日梦是做梦和精神官能症的共同来源。

通过阅读下文你们就能够知道幻想在症状形成中的重要性。我们之前说过，原欲如果因为受挫而得不到满足，就会退回到原来放弃的、仍具有能量的位置节点。现在，我们并不是要收回这句话，而是加入一个连接的纽带。原欲是怎样退回到执着点上的呢？事实上，原欲并没有完全舍弃原来的对象，其幻想中还保留着这些对象及其附属品。原欲只需要隐藏在幻想中，就能够找到合适的途径退回被压抑的执着点上。这些幻想即使和自我相反，两者也并不发生冲突，幻想能够被自我容许，也就能够在某种条件下保持不变。这是一种数量性观念，现在这种稳定关系因为原欲流回幻想而被干扰了。因幻想有能力附加进来，于是勇往直前力求变成现实，到那时，幻想和自我的冲突就变得不可避免了。这些属于意识或者前意识的东西，现在一方面受到了压抑作用，另一方面受到了潜意识的诱惑。于是，原欲就从潜意识的幻想中进一步深入，进入到了幻想来源中，也就是退回到了自身的执着作用点上。

　　现在，我们应该用一个特定的名称来命名原欲返回幻想的这个症状形成的中间阶段。凯尔·杨柯曾创造了一个非常合适的名词"内向性"，不过他却在其他事物上面滥用这个名字，这一点令人遗憾。我们要坚持这样一个观点：原欲如果得不到现实的满足，就会过多依赖于原本没有妨害的幻想，这个过程就是内向性作用。一个发生内向性作用的人即使没有患上精神官能症，其心理也一定处于一种很不稳定的状态。如果他遭受约束压抑的原欲找不到别的发泄途径，那么，其内向性作用一旦受到干扰，他就会表现出精神官能症症状。内向性作用阶段的原欲的停滞现象，早就决定了精神官能症满足的虚妄和我们对于幻想和现实区别的忽视。

　　你们一定注意到了，我在最后的几句论述中提到了数量的因素，这是病原论的一个新的因素，也是我们必须经常考虑到的一个因素。分析形成病症条件的时候，只通过质的分析是不够的，也就是说，我们在分析病症形成过程的时候，不仅要运用纯粹的动力学概念，还需要从经济的角度考虑。我们需要明白，两种相反的力量即使有质的不同，也必须具备一定的强度才会互相冲突。与之相同，先天的本能冲动之所以能够致病，是因为其中一种本能比其他本能更占优势。也就是说，所有人的本能冲动性质都是一样的，只是在量上不同而已。而量的因素就是非常重要的抵抗精神官能症的因素。一个人是否会患上精神官能症，就看这个人得不到发展的原欲究竟有多少"数量"能够被自主掌握，就看这些原欲中"多少"部分能够从性的方面转移到不属于性的方面。心理活动的最终目的，从质的角度看，是一种追求快乐避免痛苦的努力；从经济的角度看，则是分配转移心理组织中的兴奋量，防止它们积聚成灾。

我已经讲了很多精神官能症的形成了，但是我需要告诉你们的是，今天我们所讲的都是基于歇斯底里症的症状。强迫症虽然与之在本质上大致相似，但还是有很多不同的。歇斯底里症中，自我反作用对于追求快乐满足的本能已经表现出了明显的反抗。强迫症中，这种反作用的反抗更加明显，它能够控制其他临床症状，表现出我们之前所说的"反向作用"。我们在其他精神官能症中还能够见到相似的、范围更广的反向作用。不过，我们对于那些精神官能症还没有透彻的临床研究。

到这里本讲就结束了，不过在大家离开之前，我还要再请大家注意一种幻想的生活，想必大家一定很感兴趣。实际上，艺术也是幻想与现实沟通的一条途径。艺术家也有一种反求于内在的倾向，这一点和精神官能症病人相差不大。他们受到强烈的本能推动，非常渴望得到荣耀、尊崇、权势、财富、名声以及女人的爱，但是，他们并没有获得这些满足的途径。于是，和其他欲望得不到满足的人相同，他们会逃避现实，运用他们的兴趣和原欲，在幻想中实现他们的渴望。这种幻想本来很容易令他们患上精神官能症，但是他们综合各种因素抵抗病魔。事实上，艺术家往往会因为精神官能症而无法发挥出自己的全部才能。或许他们的天赋中拥有某种强大的升华能力，或者拥有抵御压抑作用的弹性，这些天赋能够影响到他们的心理冲突。艺术家们并不是唯一的沉迷于幻想的人，幻想是世界上所有人共有的，任何一个人的愿望得不到满足的时候，都会从幻想中获得满足，但是，艺术家们创造了一种独特的回到现实的方法。没有艺术修养的人能够得到的幻想的满足非常少，在强大的压抑作用之下，他们除了意识中的白日梦之外，得不到任何幻想的快乐。而真正的艺术家就不是这样，首先，他们能够修饰自己的白日梦，减弱个人色彩，引起别人的共鸣。其次，他们还能够充分修饰，使得别人难以得知其中不道德因素的起源。他们还能够用奇妙的才能对特殊材料进行处理，使其恰到好处地表现他们幻想的思想。另外，他们还知道怎样用幻想的生活反映出相当强烈的快乐，以此来暂时控制压抑作用，使其难以发挥效力。将这些事情全都做到之后，他们不仅能够获得自己之前只有在幻想中才能得到的东西，比如荣耀、权势以及女人的爱情等，还能够使别人共享他潜意识中的快乐，感动别人，引起别人的共鸣和赞美。

第二十四讲·普通的神经过敏

诸位！前面的演讲中，你们一定发现我说的很多话难以理解。那么现在，我先暂且离开主题，听一下你们的意见。

我知道你们很不满意，因为我讲述的精神分析引论一定与你们想象的很不一样。你们想要听到的是一些生活中的事例，而不是这些理论。你们或许会说，那个楼上楼下小孩的故事，也许能够说明精神官能症的病因，但是非常遗憾，那个事例并不是真实的故事，而是我杜撰出来的。你们或许还会告诉我，我一开始讲述那两种症状（我也希望这不是想象出来的），并说明其经过和病人生活关系的时候，症状的意义显得更加清楚明白。你们期望我用这种方式继续讲下去，但是我没有，却给了你们一些既冗长晦涩，又不甚完整，需要补充说明的理论。我讨论了很多之前没有引入的概念。我先是丢弃了描述说明的方法，转而采用动力学观念，之后又舍弃动力学观念，转而采用所谓的经济的观念。那些专业名词非常难以理解，相似的名词交替出现，是不是仅仅为了调整音节？它们实际上是不是具有相同含义？我还给出了很多难以捉摸的概念，比如快乐原则、现实原则以及系统发生学上的遗传等，然后，我并没有向你们说明这些概念，而是很快就抛开它们。

我既然要谈精神官能症，为什么不先谈一下大家都知道而且很感兴趣的神经过敏或者是神经过敏的人的特征？比如他们不善与人沟通，不善应对外界影响，或者说他们令人难以理解的反应，以及他们的敏感、易激动，他们的善变、不稳定，还有他们不能做好任何事，没有处事能力等。我们为什么不先从日常生活中简单的神经过敏的形式说起，然后再逐步扩展到那些难以理解的极端的现象呢？

我绝不能自夸自己的叙述能力，说这些缺点都是有特别用意的，因此我当然不能否认你们的这些意见，更不能说你们是错的。我最初的本意是觉得换一种方式叙述对你们更有好处，但是一个人往往难以按照自己预定的计划进行，经常会有一些事物插入到讲述材料中，吸引我们的注意力，改变我们最初的想法。甚至于我在进行这种普通工作的时候，尽管已经非常熟悉材料安排，演讲的时候也难以完全符合。演讲的时候，有的话往往是说了之后，我们仍旧不理解为什么这样说而不是那样说。

最可能是这样的一个理由：这段文字不在我们的主题之内，我们要讲的是精神分析引论，也就是过失和梦的研究，而这段文字讨论的是精神分析本论中的问题，即精神官能症理论。我们的时间比较短暂，因此，我只能简单叙述一下精神官能症理论中包含的材料，以便你们通过上下文了解症状的意义，以及症状形成的体内和外界因素。这就是我要做的工作，也是精神分析现在能够提供的重要理论。所以，不得已之下，我才提出了很多关于原欲发展以及自我发展的理论。在听了之前的一些演讲后，你们已经大概知道了精神分析法的主要原理以及潜意识的压抑作用等概念。下面的这一讲中，你们就能够知道精神分析工作在这一点上是怎样有机衔接的。不过，我之前已经说明，我们所有的研究结果都是从转移性精神官能症这一类精神官能症中单独获得的，事实上，在这单独一类中，我们也仅仅详细分析了歇斯底里症状的形成机制。你们虽然还不能透彻地了解完整的知识，但我希望你们已经初步了解了精神分析的工作方法，它要解决什么样的问题，以及它已经有了什么样的成果。

你们希望我在开始演讲精神官能症的时候，先描述一下病人的行为，以及他们如何患病，如何想办法抵抗，又如何适应病症的。虽然这个问题非常有趣，也不难说明，但是由于种种缘故，我们不能着手讲述。如果这样进行研究的话，病人的潜意识就会被忽略，原欲的重要性也随之被轻视，我们只能通过病人的自我观点来判断一切事实，这是非常危险的现象。我们都知道病人的自我是存在偏见的，不可信任。由于压抑作用的存在，自我总是会否认潜意识的存在，那么，在与潜意识有关的问题上面，我们还怎么相信病人的自我呢？另外，性的要求是最先受到压抑，也是被重点压抑的，那么显然，从自我的角度就难以了解这些要求的范围及意义。如果了解压抑作用，我们就知道，自我是压抑作用冲突的胜利者，但绝不能成为冲突的判定者。如果完全相信自我的反馈，我们就免不了受到欺骗。如果由自我提供证据，那么，似乎一直都是主动的，看起来症候的发生，好像是由于它的愿望和意志。事实上，我们知道它大部分情况下都是被动的，而它一直想要设法掩饰这个事实。不过，它没有办法一直维持虚假的表象，比如强迫症患者的自我，就必须承认需要努力采取措施，抵抗一些压力。

一个人若不注意这些警告，甘愿受骗于这些自我表象，那么一切显然都可以顺利进行了；他也就不会抗拒精神分析对于潜意识、性生活及自我的被动性的侧重。阿德勒曾说过"神经过敏性格"并不是精神官能症症状，而是其诱因。他当然也会同意我们的观点，但是他一定没有办法解析梦的每一个细节。

你们或许会问，我们能不能在不忽略其他精神分析因素的情况下，同时注意到神经过敏及其症状形成的重要地位呢？我的回答是肯定的，我们当然有可能这样，这是早晚的事情。不过，我们在进行精神分析的时候，实在是不适合将这个目标当作我们的出发点。但是，为了包含这个研究，我们当然是可以先指出一点的。与其他精神官能症相比，自恋性精神官能症中的自我具有更重要的意义。通过分析此类精神官能症，我们就能够正确地估测出自我对于精神官能症的意义。

另外，自我和精神官能症之间，还存在一种非常明显的关系。各种精神官能症中都存在这种关系，不过其在创伤性精神官能症（这种精神官能症我们现在还没有完全了解）中更为明显。你们需要明白一点，各种不同的精神官能症都具有相同的因素，但是，在这种精神官能症形成过程中，这种因素更加重要；另一种精神官能症形成中，更重要的则是另一种因素。这就像戏剧中的演员，每一演员都会根据自己适合的风格去演一个独特的角色，比如主角英雄、密友、大恶人等。因此，促使症状形成的幻想，并不都是像在歇斯底里症中那么明显。事实上，对于强迫症来说，更重要的是自我的"反作用"；而对于妄想症来说，更重要的特点是如梦中所谓的"再度修饰"的作用。

对于创伤性精神官能症，尤其是由战争引发的创伤性精神官能症，自私自利以及保护自己利益的努力是最明显的。不过，仅仅是这些因素的话，还不足以致病，它们只是在病症出现之后起到维持作用。这些因素是为了保护自我，不让自己患上疾病。另外，除非确定不会再有危险或者虽然有危险但也得到了补偿，否则这些因素是不会消失的。

自我对于其他一切精神官能症的起源和延续都有类似的兴趣。我们已说过，症状也是受到了自我保护的，因为它毕竟可以给压抑一方面的自我满足。并且，症状也是一种缓解心理冲突的简便方法，有了症状，自我就不会再感到精神上的痛苦，这一点最符合苦乐原则。事实上，医生也不得不承认，某些精神官能症其实是一种最没有害处、最能被社会允许的解决心理冲突的方法。医生有时承认他们同情正在治疗的患者，你们听了应该会感到非常惊讶。事实上，一个人原本就不需要生活在种种生活情境中，而把健康当作最重要的事情，因为世界上不仅有精神官能症的痛苦，还有其他很多无法避免的真正的痛苦。一个人如果需要的话，就会牺牲其他的健康，他知道，一种痛苦可以帮他避免别的痛苦。另外，一个人的这种痛苦，也能让别的很多人免去其他极端的痛苦。所以，虽然我们说精神官能症病人都是因为逃避而患病，但是需要承认的是，他们的这种逃避有充足的理由。医生如果了解到这一点的话，就会默许病人的病症。

不过现在我们不去管这些特例，而是继续我们的讨论。一般情况下，精神官能症既然是由于自我的逃避而形成的，那么病人内心一定因为病症而得到了某些利益。某些时候，这些利益还是具有现实意义的外在利益。我们用一个普通的例子来进行说明。比如一位妇人经常受到丈夫家庭暴力的残忍对待，而她又有神经过敏的倾向，那么她就会通过神经官能症来逃避现实。她或者是太懦弱了，不敢违背传统，通过偷情获得满足；或者是不够坚强，不能背负外界压力和自己的丈夫离婚；又或者她没有独立生活的能力，认为自己找不到别的男人；再或者她在性方面还依赖于自己的丈夫，那么，她就没有别的办法，只能生病了。这时候，生病就是她抵抗、报复丈夫并保护自己的方式。她或许不敢公开抱怨自己的婚姻，但是却可以公开抱怨疾病的痛苦。医生也成了她的好友，原来十分粗暴的丈夫，现在也愿意饶恕她，为她花钱，允许她离开家庭，这样一来她就不再受丈夫欺凌了。如果病人通过病症得到的"偶然的"外来利益过多，现实中又没有别的事物可以替代这种方式，那么，你们就不要寄希望于治愈这种精神官能症了。

听了我说的"因为生病而获利"，你们一定会觉得我现在又是在为精神官能症是由自我希望和自我创造的主张进行辩护。请大家不要着急，我的话或许只有下面这个意思，那就是说自我非常欢迎那些它不能避免的精神官能症，因为它能够尽情享受病症带来的利益。不过，这只是一个方面。因为如果精神官能症是有利的，自我当然很乐意接受，而我们现在必须注意到，利益之外还有很多不好的地方，其中最明显的是，自我会因为精神官能症而蒙受很大损失。病症虽然能够解决冲突，但是有时候付出了太大的牺牲。因为与消除冲突相比，伴随症状的痛苦可能是有相当分量的，甚至伤害更大。自我难以获得两全其美的结果，因为它既想要通过症状消除痛苦，又不愿意放弃因为生病而必须失去的利益。由此可见，自我在这一点上一直都没有占到它想要获得的主导地位。

如果你们是对精神官能症病人非常熟悉的医生，你们就不会再期望病人能够愉快地接受你们的帮助，尽管他们非常痛恨疾病。事实恰好相反。难道你们不明白吗？不管是什么事情，只要能够增加因病而得的利益，那么就会增加因为压抑作用而造成的阻抗作用以及治疗上的困难。另外，还有一些利益不会随着症状而来，而是在症状之后出现。类似疾病一样的心理组织，如果持续了很长时间，就会具备独立实体的性质。它具有和自我保存本能相似的作用，能够结合包括与自身相反力量在内的精神生活中的其他力量。它一般不会放弃那些可以一再表现自身的有用和有利的机会，以便获得一种第二机能以巩固自身的地位。关于这一点，我们不需要从病例中举例，仅仅列举生活中的事例就行了。例如，一个原本有工作能力的工人，因为在工作时候遭遇事故而成为了残废，丧失了工作能力。不过，由于这个原因，他能够定期领到少数赔偿金，并且他也知道利用自己的身体进行乞讨。虽然新的生活方式比较卑贱，但是他只能通过这样的方式生存，因为他原本的生活方式已经不复存在了。如果你治愈他的残废，让他恢复正常的身体机能，那就等于是剥夺了他赖以生存的工具，因为谁也不确定他现在还能不能胜任原来的工作。我们将精神官能症的这种连带利益称为是"随病而来的第二重利益"。

我要强调一点，那就是除了之前所说的一些特例之外，你们既不要轻视随病而来的实际利益，也不要过于重视它们在理论上的重要性。这一点总是会让我想到欧伯兰德在《飞越》杂志中为了说明动物的智力水平而举的一个事例：一个阿拉伯人骑着骆驼行走在高山狭道上。他转过一道弯之后，突然看到前面有一头凶恶的狮子，狮子作势要扑向他。这时候，阿拉伯人一边是悬崖，一边是岩壁，他也绝不可能转身逃脱。阿拉伯人觉得自己无路可走，只好束手待毙。可是，他的骆驼并不这么想，它载着自己的主人跃下了深谷。狮子看到这个景象只得无可奈何地叹气。精神官能症能够给予病人的帮助，比故事中的骆驼也好不到哪去。虽然不足以应对生活，但是通过形成症状来缓解冲突只是一种自动程序，病人只能够放弃自己高明的才智，被动接受这个解决途径。如果说还有一种更加光荣的办法，那就是勇敢地面对，与命运搏斗。

此外，还有一点需要说明，那就是我为什么不以一般的精神过敏为出发点进行研究呢？或许你们会觉得，这是因为从这里开始研究的话，很难证明精神官能症是起源于性欲的。事实上，你们的看法是错误的，即使转移性精神官能症，我们也需要先进行分析，然后才知道它们是与性欲有关的。这里也是一样。

实际上，精神官能症的性生活起源是一个显而易见的事实，值得我们关注。这个事实我在 20 年前就已经知道了，当时我开始怀疑，为什么人们在讨论精神官能症病人的时候，会抛开所有与性生活有关的事实？我开始研究这件事的时候，病人对我非常不满，但是在我的努力研究之下，不久就得到了这样的结论：人的性生活如果正常，就不会产生实际意义上的精神官能症。不过，非常遗憾的是，这个结论一直到现在基本上都没有什么现实意义。其一，这个结论完全忽略了个体差异；其二，"正常"一词没有明确固定的意义。那时候，我甚至在精神过敏和某种不正常的性生活之间建立了特殊的关系，事实上，如果现在有材料的话，我仍能够重新建立这种关系。我发现，通常情况下，如果一个人长期愿意获得不完全的性满足，比如自慰，那么这个人就会患有一种实际上精神官能症；如果他用另一种同样不令人满足的性生活方式，精神官能症就会是另一种形式。所以说，我们可以根据病人症状的变化推测出他性生活方式的变化。对于这个结论，我非常肯定，除非病人愿意放弃说谎，印证这个结论。不过，到那时候，他们就不会再问精神分析家了，而是会去找那些不过问性生活的医生。

当然了，那时候我已经知道，精神官能症并不一定都是由性的问题引起的。有些人生病虽然确实是因为性生活受到伤害，但还有些人生病是因为损失财产或者最近受到了严重的身体伤害。当然了，我们随后就会弄明白这些不同的情况的原因，到时候，我们也会对自我和原欲的关系有进一步的了解。并且，对这个问题研究越深入，我们获得的结论也会越完美。一个人自我越强大，就越能够轻易地控制原欲，当自我没有能力控制原欲的时候，人就会患上精神官能症。自我的能力无论是因为什么，只要稍有减弱，就会使原欲增强，人就会有患上精神官能症的危险。另外，自我和原欲之间还有一些更为密切的关系，不过我们暂且搁置，等到时机成熟再进行讨论。有一点需要引起大家的注意，那就是无论哪种病例，也不管病因怎样，都是以原欲的能量为动力的，正因为这样，原欲也就产生了非正常的变化。

现在我要告诉你们一点：实际上的精神官能症症状和精神的精神官能症症

状绝对是不一样的，我们之前所讲的事例，大都是后者的第一个类别（也就是转移性精神官能症）。两者都是由原欲引起，都是因为原欲无法获得满足，因而变态的结果。相比之下，实际的精神官能症症状在心灵中并没有实际意义，只是会有如头痛，感到痛苦，某些器官非常容易受刺激，某些身体机能停止或者减弱等。它们都是表现在身体上的纯物质上的现象（包括歇斯底里症），和我们所知道的复杂的心理活动没有任何关系。因此，我们之前认为精神的精神官证与心理没有关系，其实，现在可以肯定的是，与心理确实没有关系的是实际上的精神官能症。然而，原欲难道不是心理活动产生的吗？它们为什么却是原欲的表现形式呢？其实，答案非常简单。先让我们复述一下反对精神分析的第一个理由。在反对者看来，我们并没有从心理学角度去解释一种病，而只是从心理学角度分析症状，因此，我们事实上基本不可能从理论上解释疾病。不过，反对者忽略了一点，性确实不纯粹是物质上的，但也不纯粹是心理上的，性同时影响着人的身体和心理。我们还知道，人的心理被性干扰，然后就会出现精神的精神官能症症状，那么也就是说，如果说人的身体被性干扰，就会导致实际的精神官能症，你们一定不会感到吃惊。

我们从临床医学的研究中获得了一个很重要的线索（这或许是不同的研究者公认的），我们可以借助这个线索了解实际的精神官能症。它们的症状细节及其身体系统和机能表现特征，都与异质的毒素的慢性中毒或突然排除（或者说酗酒和戒酒的状况）所发生的状况非常相似。两者可以与巴西多病类比，不过，巴西多病的毒素来自于体内新陈代谢，而不是体外。从这个病例中我们可以认为，如果人的新陈代谢被扰乱，体内的毒素就会超过人的处理能力，或者说心理状态不允许人处理这些毒素，于是，人就会患上精神官能症。实际上，远古时候的人就已经承认了我们关于性欲性质的比喻。比如，人们会用"沉醉中毒"来称呼"爱"，这种观点就相当于是把爱的动机转移到外部了，因为，沉醉是由酒精引起的。另外，我们还应该记得性敏感带和乐欲区的概念，并由此想到，不同的器官都可以产生性兴奋。我们还会有章节讲到"性的新陈代谢"以及"性化学"，不过现在尚未讲到。因此，我们还不知道这类物质是不是分为雌雄两种，或者仅仅是一种推动原欲的性的毒素。我们所构建的关于精神分析的理论体系只是上层建筑，现在还不知道它们的基础是什么，因此，我们还需要给它们以支持的基础。

之所以说精神分析是科学性的，并不是因为它的研究对象，而是它独特的研究方法。这些研究方法还可以用于研究文化史、宗教科学、神话学或者精神医学，这些研究中，它都可以保持自己的基本性质。人内心潜意识的发现，是精神分析的重要目的和成果。由于实际精神官能症症状可能是由毒素引起的，所以它们不是精神分析的主要研究对象，对其进行解释的工作也就只能由生物学或者精神医学来完成，而不是由精神分析去研究。比如我要讲的是"精神官能症研究引论"，那么正确的做法一定是先讲述实际的精神官能症的简单类型，然后再讲述那些由于原欲干扰而引起的更加复杂的精神官能症，这是毫无疑问的。那样的话，我需要先从各方面收集与前者相关的材料，对于后者而言，我应该将工作的重点放到通过精神分析研究病态上。但是，我要讲的并不是那个标题，而是精神分析引论，因此，我认为，相比于精神官能症的知识而言，我更应该向你们传授精神分析的知识。那么，我就不应该把精神官能症放在前面讲，因为它对精神分析的研究并没有什么实际意义。事实上，精神分析有关的知识应该被一般的受教育者重视，而精神官能症的相关理论仅仅是医学上的一章而已，所以，我也认为这样的讲述顺序对你们更有好处。

当然了，你们也有充足的理由希望我多注意一下实际上的精神官能症。确实，它应该引起我们的注意，因为它和精神的精神官能症在临床上有很紧密的关系。我要告诉你们，实际的精神官能症有3种比较纯粹的形式：（1）神经衰弱；（2）焦虑性精神官能症；（3）忧郁症。这些名词看上去非常普通，但是含义很难确定，甚至引起了争议。有些医学家反对在临床上对精神官能症进行种类区分，因为精神官能症症状多种多样、纷繁复杂，难以区分。他们甚至认为连实际的精神官能症和精神的精神官能症也没有什么区别。我认为，他们的说法有失公允，绝非进步途径。上面所说的三种形式，有时候很纯粹，有时候则互相混合，甚至会具有精神的精神官能症的特征。当然了，我们不必因为这个就忽视它们之间的区别，这就像是矿物和矿石一样。矿物是晶体，和周围环境有区别，能够进行分类；而矿石则是矿物的混合物，不过，混合起来并不是偶然的，而是根据一定的条件。与矿物学相比，我们原本对于精神官能症的发展过程所知有限，但是，我们像提取矿物元素一样，将精神官能症的临床元素一一提取出来，那也不失为一种好的研究方法。

我们还要注意实际的精神官能症和精神的精神官能症之间的一个关系，就是说精神的精神官能症的核心症状或者初期症状通常表现为实际的精神官能症的形式。这一点对于我们研究精神的精神官症症状的形成，有非常重要的作用。这种关系明显表现在神经衰弱症与转移性精神官能症中的转移性歇斯底里症之间，以及焦虑性精神官能症与焦虑性歇斯底里症之间。另外，还可见于忧郁症与我们以后要讨论的一种妄想痴呆症之间。现在，我们暂且以一种歇斯底里性头痛或者背痛作为例子进行分析。通过分析可以得知，这是因为原欲幻想或者记忆通过压缩作用和转移作用达到替代满足。不过，身体上的痛可能是由于性的毒素造成的，是性兴奋的体现，并非是虚拟的痛楚。歇斯底里症的共同核心是性兴奋的体现，虽然我们并不愿意相信，但这就是事实。其实，性兴奋对于病人身体的影响，都是歇斯底里症状的表现，它们就好像是牡蛎用以制造珍珠的沙土原料。性交时所有性的兴奋的暂时表现，都可以作为精神的精神官能症症状的最合适而便利的材料。

诊断治疗的时候，我们还会发现一些很有意思的过程。一些人虽然有精神官能症倾向，但是并没有患病，然而，他们一旦身体上出现了病症，比如发炎或者受伤，他们就会表现出精神官能症症状。这是因为潜意识幻想把这些实际症状当作了表现的工具。这种情况下，医生要么会搁置精神病症，用一种疗法先治疗病人的身体疾病；要么会搁置病人的身体疾病，用另一种疗法治疗已经表现出来的精神症状。有时候先治疗身体疾病更有效果，有时候先治疗精神症状更有效果，对于这种病症，暂时还没有通用的治疗方法。

第二十五讲·焦虑症

诸位！我觉得你们一定会认为我之前关于普通神经过敏的一讲是破碎的、不完备的，这是因为"焦虑"是大多数神经过敏的病人最害怕的负担和烦恼，也是这类病症的特征，而我却唯独没有讲述这一点。我想，这是最让你们惊讶的一点了。事实上，焦虑或者恐惧会加剧到令人难以忍受，并导致病人产生无意义的担忧。对于这一点，我绝不会一掠而过，我会明确提出焦虑的问题，同大家详细讨论。

相信无论是谁，都体会过焦虑或者恐惧的感受，准确地说，应该是体会过这种情绪。因此，我们完全不必描述这种情绪。我们并没有正式讨论为什么神经过敏的人会比常人更容易感到焦虑不安，或许我们觉得不值得讨论，因为他们本来就是这样。似乎"神经过敏"和"焦虑不安"两个词的意义本来就是一样的。其实不然，很多容易焦虑不安的人并不是神经过敏，而症状很多的精神官能症病人，也未必就有焦虑不安的表现。

然而，不管怎样，焦虑是这些问题最重要的核心，我们只要了解了焦虑的问题，就能够分析出全部的心理活动，这是毫无疑问的。我虽不自诩能给你们一个完满的答案，但是相信你们一定期望精神分析能够采用一种与学院派医学不一样的方法来研究这个问题。学院派精神医生注意的是焦虑不安在解剖学上的起因，大家都知道，如果延髓受到刺激的话，人就会焦虑，因此，医生们会告诉病人，他们之所以患上精神官能症，是因为迷走神经受到了刺激。之前，我也认为延髓是非常适合的研究对象，并花费了大量的时间和精力对其进行研究。但现在我要说，神经通路刺激的有关知识，实际上是焦虑心理学上最无关紧要的事情了。

一个人即使花费很多时间讨论焦虑，也可能从来没有联系到神经过敏这个名词，他也不会将焦虑称为是神经过敏。其实，与精神官能症的焦虑不安不同，这种焦虑是"实际的焦虑"，通过这个分别，你们一定能够马上体会到我的用意。实际的焦虑或者恐惧是人对外界危险的预料或者将要到来的伤害的反应，因此是自然而合理的事情。焦虑和逃避是相互关联非常密切的反射关系，人对于外界的知识和压力不同，引起焦虑的情景和对象也不相同。比如，原始人会害怕炮火或者日食月食，而文明人就不会焦虑这些，因为他们既能够掌握炮火，又能够预测天象。不过，有时候由于先进的知识能够让人预测到将要到来的危险，那么知识反而会导致我们产生恐惧。比如原始人在森林中看到足印，就会感到恐惧，因为他们知道这表示野兽就在附近，而白人不知道这表示什么，因此丝毫没有感觉。又比如一个经验丰富的航海家如果看到天空乌云密布，他就会非常恐慌，因为他知道这是暴风雨的前兆，而乘客们则丝毫不以为意，因为他们并没有意识到危险将至。

不过，细细追究的话，关于实际的焦虑是合理、有利的观点是需要纠正的。因为当危险来临的时候，唯一对人最有利的行为应该是冷静思考，估算自己能够运用什么样的力量和将要到来的危险抗衡，并决定逃跑、防御或者进攻，权衡哪种做法是最有希望的。而恐惧没有丝毫帮助，没有恐惧的话，思考反而能够达到更好的效果。所以，你们应该知道，过分的恐惧实际上是最为有害的行为，它不仅会让你无法做出应对，甚至让你失去躲避的本能，什么也做不了。对于危险的反应通常有恐惧的情绪和应对的反应两种成分，比如动物受到惊吓的时候，会恐惧并躲避。不过，事实上对生存有利的成分是"躲避"，绝不是"恐惧"。

因此，我们势必会认为焦虑不安对生存无益。不过要想对于这个问题有更深刻的了解，我们需要更深入地对恐惧的情景进行分析。首先，我们要注意对危险的"戒备心"，这种心理能够让我们的知觉更加敏锐，并且促使肌肉紧张。显然，这种戒备心理对于生存是有利的，能够防止发生严重的后果。另外，这种戒备心理能够产生两种反应，一种是肌肉活动，通常是躲避动作，更聪明一点儿的是抵抗的动作；另一种反应就是我们所说的焦虑不安的恐惧情绪。恐惧情绪发展的时间越短，或者说强度越低，那么焦虑的戒备心就越能够顺利地转化为行动，之后的发展也就会对个体安全更加有利。因此，在我看来，我们所说的焦虑或者恐惧中，焦虑的戒备心似乎是有益的成分，而焦虑的发展则是有害的成分。

在这里，我并不打算讨论焦虑、恐惧、惊恐等名词在普通习惯上，是否有相同的意义。在我看来，焦虑是对于情景而言的，并不关注对象；恐惧则着重于关注对象；而惊恐则有非常特殊的含义。惊恐也是对于情景而言的，但特指突然发生的、没有焦虑这种心理准备的事件。所以，我们也可以这样说，那就是，如果有焦虑，惊恐也就不会发生了。

你们一定觉得"焦虑"这个词过于空泛，指向不明。一般来说，这个词是用来表示人察觉到危险之后的心理状态，这个心理状态也是情绪的一种。那么，从动态意义上来讲，情绪是什么样的呢？它的性质非常复杂。首先，情绪包含某种行动的兴奋或发泄。其次，情绪包含两个内容，其一是已经完成的动作的知觉；其二是动作引起的感觉，这种感觉就是情绪的主要基调。当然了，我绝不能说我已经完全说明了情绪的本质意义。不过，对于某些情绪，我们似乎已经有了比较深入的了解，知道了它们就是某种过往经历的重现。这种经历并不是个体拥有的，而是起源很早的人人皆知的物种早期经历。我可以这么说，情绪的构造就像是歇斯底里症一样，是记忆的沉积物，这样说你们可能更容易理解。也就是说，歇斯底里症可以说成是新形成的情绪，而正常的情绪则是已经稳定遗传的非常普遍的歇斯底里症。

你们不要觉得我刚才所说的情绪的观点是普通心理学界的共识，其实不然，这是精神分析衍生出来的观念，是精神分析的结论。在精神分析家看来，心理学对于情绪的理解根本说不通，比如说詹姆斯—朗格学说。当然，我也不是说我们关于情绪的所有认识都是正确的，这仅仅是精神分析关于情绪研究的第一个成果而已。现在，让我们继续讨论吧！我们相信自己已经知道了引发焦虑情绪的过往经历究竟是什么，那就是关于出生的印象，其中包含痛苦、兴奋以及身体感觉，这就是生命处于危险之时惊恐或者"焦虑"的最初的印象来源。出生的时候，由于新血液供给（也就是体内呼吸作用）已经停止，孩子受到的刺激突然增加，由此产生的毒性也就引起了焦虑，这就是生产之时焦虑的起源。"Angst"（焦虑）一词通"angustiae"、"Enge"，意即狭小的地方或狭路，在这里侧重的是呼吸紧张，而这种紧张而吃力的呼吸是一种具体情境（指子宫口等）所引发的结果，因此，这种反应后来几乎总是与一种情感相伴而起。另外，还有一点非常耐人寻味，那就是第一次的焦虑是因为与母体分离。我们相信，有机生物体经过了无数代之后，内心深处隐藏着重复引发第一次焦虑的倾向，所以，任何人都不能避免产生焦虑不安的情绪，即使传奇故事中"太早脱离母体"、没有出生经历的迈克多弗也不例外。不过我们并不能随便判定除了哺乳动物之外的其他动物的焦虑起源是什么，我们完全不知道它们有什么样的情绪与我们的惊恐相当。

可能你们会觉得我说的焦虑情绪的起源是假想虚构的，其实不然，我是从人们最直白的心灵感受中获得的。多年以前，我曾与一些家庭医生一起吃饭，当时一个妇产医院的助理正在跟我们讲他们毕业考试中的趣事。主考官问考生："分娩的时候如果在羊水中看到婴儿的排泄物，说明什么?"一个考生回答："说明孩子受到惊吓了。"自然，那个考生受到了嘲笑，她也没有通过考试。但是，对于这个女人，我内心中隐隐感到了同情。我觉得她以其女人纯粹的、正确的知觉看到了一个重要的关系。

现在我们再来讨论精神官能症患者的焦虑。患者的焦虑具有什么特殊表现和情境呢？很多。首先，这种焦虑是一种常态，这种焦虑不安"游移不定，没有固定对象"，病人会在任何适当的思想上附加焦虑，进而判断力下降，并抱有期望心，希望出现与他们焦虑相对应的结果。我们可以将之称为期望的恐惧或者焦虑性期望。患上这种焦虑症的人会将看到的偶然事件或者不明确的事情当作是凶兆，认为将会有危险的事情发生。还有很多人，虽然在其他方面不能说是有病，但是也有这样的害怕灾祸的心理，比如多愁善感或者悲观的人。但是，过度的期望的恐惧是实际精神官能症中焦虑性精神官能症的必备性质。

与此相反，还有另一种特殊恐惧性的焦虑症，这种焦虑的对象和情境一般都是固定的，而且在内心也受到了一定的控制。最近，美国著名心理学家霍尔[1]努力用希腊语命名这些不同的恐惧症。它们类似于埃及的 10 种灾祸，只是数目更多。下面各种对象或者内容都能够引起恐惧，大家需要注意一下：黑暗，天空，空地，猫，蜘蛛，毛虫，蛇，鼠，雷电，刀剑，血，封闭空间，人群，孤独，过桥，远足或航海等。这些形形色色、多种多样的事物可以大致分为三类。第一类是常人也会感到畏惧的对象和情境，它们确实具有不同程度的危险性，对于这些事物存在强烈的恐惧是可以理解的。比如说，大多数人在看见蛇的时候，都会因为畏惧而逃避，事实上，对于蛇的恐惧是人的共性。达尔文说过，他看到玻璃瓶中的蛇扑过来的时候，也会惊慌躲避。第二类大多是一些情境，这些情境确实有一定的危险性，但是我们会忽略这些危险。比如我们知道，在火车中比在屋里更加危险，可能偶尔会发生火车相撞；另外，坐船的时候船如果沉没，乘客也会死亡，但是，我们一开始并不会将这些危险放在心上，我们出去游玩的时候不会毫无根据地担心类似的危险。又比如说我们从桥上经过的时候，如果桥梁坍塌，我们势必会摔下去，但是我们平时并不会在意，因为这种事情发生的概率很小。又如独处也有危险。某些时候，我们不愿独居，但并不是我们从来都不喜欢独居。另外，诸如人群、封闭空间、雷雨等都是这样的。对于这些恐惧来说，我们并不是不了解它们的内容，而是不了解它们的程度，因为随之产生的焦虑是没有办法测量的。另外，我们在某些情形下感到焦虑的事情，病人虽然也是以同样的名称称呼，他们反而并不感到害怕。

第三类我们完全不能够了解。比如一个强壮的成年人，竟然会害怕走过自己居住城市内的街道或者广场；一个强壮的女人，如果一只小猫靠近她或者挠她的衣服，或者看到一只小老鼠从房间内溜过，她竟然会被吓得惊声尖叫，甚至几乎晕倒失去知觉。从这些人的忧虑中，我们能够看出什么样的危险呢？这种"动物恐惧症"，绝不是在一般人的恐惧上程度增强那么简单。我们能够举出反例，比如很多人看不到猫也就算了，如果看到，一定会抚摸它，引起它的注意。另外，

1　霍尔，美国心理学的创始人之一，是邀请弗洛伊德到美国的第一人，对精神分析在美国的发展贡献极大。

虽然大多数女人都害怕老鼠，她们却会以此作为自己亲密的人的昵称。当然了，很多女孩虽然喜欢称呼自己的情人为"小老鼠"，但当她们看到这种纤细灵巧的小动物的时候，还是会被吓得大声叫喊。一个人怕走过桥梁和广场的行为就像是小孩子，小孩子因受成人的教导才知道这种情境下会发生的危险。而患空间恐惧症的人，如果走过空旷之地的时候有朋友引导，他就可以免除焦虑。

这两种焦虑，其中一种是"自由浮动"的期望的恐惧，另一种则是依附于某个对象的恐惧，二者相互独立，没有关联。两者之间绝不是说一种是另一种的进化结果，另外，除了偶然情况之外，它们绝不会合二为一。焦虑再强烈，也不一定就会形成恐惧；反之，终生患有空间恐惧症的人，也不一定就会有悲观的期待的焦虑。很多恐惧症都是长大之后学到的，比如害怕旷野，害怕坐火车等。还有一些恐惧是天生就有的，比如对黑暗、雷电和动物的害怕。相比而言，前者病态比较严重，后者则是个人的特征行为。无论任何人，只要患有后者中的一种，我们就可以推测他也有同一类别的另一种恐惧症。在这里，我需要申明一点，那就是这些恐惧症都应该属于焦虑性歇斯底里症，也就是说，它们和转化型歇斯底里症有非常重要的关系。

第三种精神官能症焦虑非常难以解释，因为其焦虑和危险之间并没有什么明显的关联。我们发现，这种焦虑有时候是伴随歇斯底里症发生的；有时候是由某种刺激条件引发的，我们虽然知道这种条件能够引发情绪，但是并不知道这种情绪属于焦虑；又或者这种焦虑毫无来由，不仅我们找不到任何条件和缘由，连病人也摸不着头脑。即使通过多方面的研究，我们也找不到危险或者哪怕是一丝丝的危险迹象。从这些自发的病症看来，我们说的复杂的焦虑可分成许多成分。我们或许能够用一个非常明显的症状来代表一个病症，比如用战栗、衰弱、头晕、心跳加速、呼吸困难等。这时候，我们所说的焦虑的一般情感反而隐而不见，不被注意了。不过，这些症状和焦虑的临床症状以及起因相同，能够称为是"焦虑等同物"。

现在我们知道，"真实的焦虑"是对危险的一种反应，而精神官能症的焦虑和危险几乎是没有关系的，那么，就有两个问题：这两种焦虑到底是不是存在某些关系呢？我们该怎样了解精神官能症的焦虑呢？

　　我们可以通过临床观察来找出一些线索了解精神官能症，现在我们就一起来讨论一下它的意义：

　　第一，期望的恐惧或者一般的焦虑都和性生活的某些过程，或者说原欲满足的某种方式密切相关，这一点很容易就能看出来。与此相关的最简单而耐人寻味的例子，就是那些性兴奋经常受阻的人。通常，他们强烈的性兴奋得不到充分发泄，性行为不能完美结束。比如订婚之后结婚之前的男人；丈夫性能力不足的女人；或者为了避孕而匆匆结束性交的时候，往往都会遇到上面所说的事情。这时候，人的原欲满足的兴奋会消失，取而代之的是焦虑感，在焦虑感的作用下，期望的恐惧或者焦虑不安的病症就会随之形成。男人的焦虑症大多是由于性交中断引起的，因此，医生诊断这种病症的时候，一定要先确认一下有没有这个原因。大多数的事例都证明，如果性的不正常行为能够得到改善，就可以治愈焦虑性精神官能症。

　　据我所知，即使一直以来厌恶精神分析的医生，也不否认性欲节制和焦虑不安的关系。不过，他们对于这种关系还是有一些歪曲的观点，他们认为焦虑不安的人之所以会在性方面小心翼翼，是因为他们本就有瞻前顾后的习惯。不过，通过对于女性性机能的研究，我们就能够证明这一点是错误的，因为性行为发生的过程中，女性一般都是被动的，她们跟随男人的行为。一个女人如果对性爱越有兴趣，越有满足的能力，她们对男人的虚弱或者性交中断就越会感到焦虑不安；相反，如果女人对性没有兴趣或者要求不强烈，那么，即使遇到相同的情况，她们也不会产生同样严重的结果。

　　现在，多数医生都主张控制性欲。然而，原欲如果追求发泄却又得不到满足，并且难以通过升华作用加以转化，那么，节欲的结果可能就是引起焦虑不安。至于是不是会致病，那就是量的问题了。即使我们抛开疾病，只谈品格的培育，那也不难看出，节欲和焦虑不安、瞻前顾后常常是相伴而生、如影随形。与之相反，无所畏惧的冒险精神则通常和性的自由包容有很大关系。虽然文化等多种因素能够使这种关系发生变化，但是对于多数人来说，焦虑和节欲之间存在着密切的关系，这一点是不可否认的。

其实，我并没有将标志原欲和焦虑不安的关系的所有发现告诉你们。比如说青春期和停经期，人的原欲会异常增加，这种情况对于焦虑不安就会有影响。另外，我们也能从很多兴奋情况中发现性兴奋和焦虑不安的混合，并看到焦虑不安取代性兴奋。由此所产生的印象是双重的：第一，是原欲增加，却没有正常的发泄满足的机会；第二，我们还不了解性欲是怎样导致焦虑不安的发生的，这是身体历程的问题。我们只能说，性欲消失之后，焦虑不安的感觉就随之产生了。

上述第二个线索是通过对精神神经病，特别是歇斯底里症的分析发现的。大家都知道，这种病的症状之一就是病人长期或者发病的时候会出现无对象的焦虑不安情绪。病人说不清楚他们害怕什么，于是，他们常常会借助二次修饰作用联系别的最恐怖的对象，比如死亡、发疯或者灾难等。通过分析他们的焦虑或者分析焦虑发生时候的情景，我们就能够知道是什么样的正常心理历程在受阻的情况下，被焦虑替代了。也就是说，我们可以推测，潜意识中的历程似乎没有受到压制，他们毫无阻碍地进入到了意识中。这个历程确实应该附带某种情绪，不过现在这些情绪全都变成了焦虑，这让人难以理解。所以说，我们看到的歇斯底里的焦虑不安，可能对应的是潜意识中的其他性质相似情绪，比如懊悔、惭愧或者尴尬等，或者是一种"正面"的原欲冲动，或者是一种对抗的、攻击性的情绪，比如愤怒和气恼。从这里看来，焦虑不安就像是一种通行的钱币，能够用来兑换一切受到压抑作用的其他情绪。

第三，这个线索就是一些病人的强迫性动作，他们似乎可以通过这些强迫性动作消除自己的焦虑不安。他们会一直坚持进行一些强迫行为，比如不停洗手等，完全不能够停止，因为他们一旦被禁止或者自行停止这种行为，就会感受到一种强烈的恐惧，这种感觉让他们屈服并继续保持强迫行为。由此我们可以知道，他们的强迫动作背后隐藏的是焦虑的情绪，事实上，强迫动作正是他们逃避焦虑和恐惧的一种途径。也就是说，在强迫症中，症状代替了焦虑不安的情绪。与此相似，我们也可以从歇斯底里症中发现这样的关系，压抑作用会产生一种单纯的焦虑，或者一种混有其他症状的焦虑，又或者是没有焦虑的症状。所以，抽象地说，人之所以会有症状，是为了逃避焦虑不安的发展。那么显然，焦虑对于精神官能症具有非常重要的意义。

通过对焦虑的精神官能症的观察，我们可以知道，原欲如果得不到正常的满足，人就会产生焦虑不安的情绪。这个过程的基础是身体历程。通过对歇斯底里症以及强迫症的观察，我们又可以知道，原欲如果受到了心理反抗，也会失去正常的发泄途径。这些就是我们所知道的精神官能症的起源，这个结论虽然不是很明确，但是短时间内我们也找不到更好的增进理解的方法。接下来，我们要做的第二步研究似乎更加困难，因为我们要明确精神官能症的焦虑（变态扭曲的原欲）和"实际的焦虑"（对于危险的反应）之间的关系。可能有人会觉得这两者难以建立联系，但是，要明白，两者给人的感觉是一样的。

我们可以借助自我和原欲的关系，来说明想要得到的关系。我们早就知道，焦虑是自我对于危险的反应和躲避之前的准备。如此，我们就可以进一步猜测，在精神官能症的焦虑中，自我是不是也会像躲避外界危险一样，试图躲避体内的危险。这样的话，我们就能够明白"有所虑必有所惧"的含义了。相似之处并不只是这些。我们在遇到外界危险的时候，会肌肉紧张，站在原地做出防御姿态。与之相似，症状的形成就是我们对焦虑的反应。

不过现在我们又遇到了难以理解的地方。那就是，焦虑是为了逃避原欲，但是焦虑的起源却也在原欲内。要知道，原欲基本上可以说是一个人的一部分，并非属于外界。这是焦虑发展中"形势动力学"（topographical dynamics）的问题，现在还有不明白的地方，比如这个过程耗费的究竟是哪一种精神能力？或这些精神能力是属于哪一个系统的？关于这些问题，我也不能做出明确的答复。但是我要结合另外两种线索，通过直接的观察和分析研究来帮助我们进行联想。现在，我们将研究的目标转向儿童的焦虑以及恐惧症中精神官能症的焦虑的来源。

焦虑是儿童非常常见的一种心理现象，我们难以确定它们是实际的焦虑还是精神的焦虑。不过，如果研究了儿童的焦虑，我们就会发现之前对焦虑的区分是存在很大问题的。首先，我们会毫不惊讶地发现他们会对陌生的事物或者很多熟悉的事物感到害怕，而在我们看来，这些事物完全不值得恐惧。如果儿童的恐惧症全都或者部分可以作为人类发展初期的遗留，那么我们原本希望的结果就能够得到印证。

其次还有不能忽视的一点，那就是不同儿童的焦虑心理不是完全一样的。有一些小孩对于各种对象和情境非常恐惧，这种情况下，他们年龄稍大一点儿之后，就很可能会变成精神官能症病人。也就是说，实际的焦虑如果程度过大，就会成为精神官能症倾向的一种标志。所以说，焦虑心理其实比神经过敏更加原始。我们可以得出结论，儿童或者成人之所以会害怕原欲的力量，是因为他们对于任何事物都感到害怕。这样的话，我们就能够将焦虑起源于原欲的主张推翻了。按照逻辑，我们可以通过对实际的焦虑形成条件的研究，得出下面的结论：对于自身软弱的认识，也就是阿德勒所说的自卑感，如果长大之后仍旧存在，就会成为精神官能症的真正诱因。

这句话看似非常简单，却需要引起大家足够的重视。可以确定的是，这个结论会推翻我们之前用以研究精神过敏的理论。确实，这种"自卑感"或者说焦虑倾向以及症状形成在年长的时候似乎也存在，那么，为什么会有"健康正常"这种例外的现象发生呢？关于这个问题，我们需要加以说明。首先，我们通过对儿童焦虑心理的细致观察，可以得到什么结论呢？首先，小孩子是对陌生人感到害怕，小孩无论害怕哪一种情景，归根结底还是情境中的人使然，与之相应的情景只是后来发生的事，并不重要。关于儿童为什么会害怕陌生人，有人曾说是因为儿童认为陌生人心怀恶意，儿童自身非常弱小，远远比不过强壮的对方，所以觉得对方会威胁到他们的生命、安全或者快乐。实际上，这种认为儿童害怕外界强大力量的观点是一种极其肤浅的认识。儿童之所以会害怕并躲避陌生人的面孔，其实是由另一个原因造成的。那就是他们见惯了母亲的面孔，因此希望自己看到的是亲爱而熟悉的面孔，但是，当他们看到陌生人的时候，这种愿望就得不到满足，于是转为失望，然后就成了恐惧。另外，他们的原欲集聚很久得不到发泄，于是借助恐惧发泄出来。这就是儿童焦虑的最初的模式。还有，他们出生时候的最原始的焦虑条件（和母体分离）在这里也能够体现，这难道是巧合吗？

儿童最初害怕的两种情景就是黑暗和孤独，其中，黑暗常常伴随终生。这两种情景的共同点就是儿童盼望着保护者或者母亲出现的欲望。我曾听到过一个害怕黑暗的孩子喊道："妈妈，你跟我说说话吧，我好害怕啊！"妈妈回答："这又有什么用呢？你又看不到我。"孩子说："如果有人说话的话，房间就会变得亮一点儿。"也就是说，儿童对黑暗的恐惧正是由黑暗中的期望变成的。从中，我们看不出精神官能症焦虑是实际的焦虑中比较特殊的一种，我们只是发现，小孩的焦虑本质与精神官能症焦虑一样，都是原欲得不到发泄造成的，但是在形式上却与实际的焦虑相似。儿童在初生时似乎缺乏真正的"实际的焦虑"。并且，小孩对于后来会成为恐惧的情境，比如登高、水上的狭窄的桥或者乘坐火车轮船等，并不感到恐惧，知道的越少，害怕的就越少。虽然我们希望他们能够通过遗传获得这些本能，这样我们就能够更容易保护他们，使他们不受危险侵害。不过大家知道，儿童实际上并不知道危险，他们活动的时候丝毫不感到害怕，有时候甚至会夸大自己的能力。他们有时候会跑到河边，有时候坐在窗边，有时候把玩剪刀，有时候玩火。总而言之，他们总是会做一些可能会伤到自己的事情，这会让他们的监护人惊骇不已。我们不能让他们通过痛苦获得经验，因此不得不通过教育训练，让他们能够产生实际的焦虑。

如果有的孩子受到教育之后，很容易就会产生焦虑，甚至是对于没有警告他们的事物也怀有畏惧，那么，我们就能够推测，他们天生就有比别人更多的原欲需求，或者说他们是之前受到了过多的原欲的满足，因而被宠坏了。这也就不难理解那些成为神经过敏的人，儿童时期都是这样的。大家知道，如果一个人的原欲大量集聚无法发泄，并且他又不能长时间承受，那么这个人就会患上精神官能症。因此可以说，这里面有先天的因素，事实上，我们并不否认这种观点。我们之所以在这一点存在争议，是因为我们通过分析发现，先天的因素并不重要，然而一些学者却夸大了这一因素，并完全无视了其他的因素。

现在让我们总结一下从儿童焦虑心理的观察中获得的结论：儿童最开始的恐惧和实际的焦虑并没有什么关系，而是和成人的精神官能症的焦虑有密切关系。这种恐惧也是由原欲不能发泄引起的，这一点和精神官能症的焦虑是一样的；儿童如果失去了自己所爱的对象，就会用这种恐惧来替换外界的对象或者一些情境。

你们应该会很高兴知道一点，那就是我们现在知道的，并不比通过分析恐惧症获得的少。儿童的焦虑和恐惧症在这一点是一样的。总而言之，原欲如果得不到充分的发泄，就会转变成为以外界一些无足轻重的危险为对象的实际的焦虑。这两种焦虑相互一致的关系不足为奇，因为儿童的恐惧不只是之后的歇斯底里焦虑的原型，还是其发展的起始阶段。所有的歇斯底里恐惧，即使内容和名称不同，也都起源于儿童的恐惧，都是儿童恐惧的延续。两者唯一的区别就是运行机制不同。成人的原欲即使得不到完全发泄，也不一定会转变成焦虑不安，因为他们懂得怎样控制原欲，怎样将其转化到其他方面。但是，如果他们的原欲曾依附于某种受压抑的心理冲动，没有意识和潜意识的区别，那么他们就会出现和儿童一样的情况。这是因为他们由于退化作用，回到了儿童时代的恐惧，这时候，原欲和焦虑之间就建立起了一座桥梁，两者能够转化。你们一定记得，我们之前讨论过压抑作用，不过我们当时的讨论重点是易于辨认和陈述的被压抑的意向，而并没有讨论附着其上的情绪的去向。现在我们已经知道，这些情绪不管原来是什么性质，到时候一定都会转化成为焦虑不安。这是这些情绪的必然发展过程，也是压抑作用要达到的最重要的结果。不过因为我们现在还不能像确定潜意识观念存在那样，确定潜意识情绪的存在，所以，很难向大家证明这一点。情绪是精力发泄的一种过程。我们只有对于心理历程进行了透彻的研究和了解，才能说明什么可以和潜意识的情绪相当，然而这是我们现在没有能力进行的工作。不过我们现在只需要保留已知的观点就行了，那就是说，焦虑的产生和潜意识活动有密切的关系。

我已经说过，原欲能够转化为焦虑，可能换一种说法会更明白，那就是说在压抑作用的控制下，原欲需要通过焦虑的形式得以发泄。现在我要补充一句话，转化成为焦虑并不是原欲受到压抑之后的唯一出路和最终结果。精神官能症中，还有一种程序能够阻止焦虑的形成和发展。例如，在恐惧症中，精神官能症的历程就分为两个明显的阶段。第一个阶段，原欲在压抑作用控制下转变为焦虑，这个焦虑的主要对象来自于外界。第二个阶段，个体会建立防御界限和安全区域，以此隔离外界的一切危险。自我感受到了来自于原欲的危险，于是就希望通过压抑作用躲避危险。恐惧症就像是病人建立起来的抵御外界危险的堡垒，他们将原欲的危险当作是来自于外界的危险，并通过堡垒进行抵御。毫无疑问，恐惧症的这种抵御方式是有危险的，因为它将来自于内部的原欲的危险当作是来自于外界的危险，事实上，堡垒只能抵御外界危险，却不能抵御来自于内部的原欲的危险，因此，这个方式绝不会有什么效果。于是，其他的精神官能症就会通过别的方法来阻止焦虑的发生，这是精神官能症心理学中最吸引人的地方，不过遗憾的是，我们不能继续讨论这个内容。因为如果讨论这个内容的话，我们就偏离主题了，并且，我们也没有掌握关于这个内容的必须的理论基础。所以，我在这里只能进行简略说明。我已说过，自我在压抑作用之上设置了一种反攻的堡垒，堡垒必须保全，然后压抑作用才可持续存在。堡垒的作用，就是利用各种抵抗方法组织焦虑在压抑作用之后继续发展。

现在，我们在回过头来讨论恐惧症吧。我希望你们已经了解到了一点，那就是如果我们不关注恐惧症本身，只是想办法解释恐惧的对象，只是对它们衍生出来的各种对象或者情境感兴趣，那是绝对不行的。恐惧症的对象只是一个谜面，其重要性就像是梦的显意一样。我们要注意到一点，哈尔曾经指出，无论各种恐惧症的对象怎样变化，其中总有一些特别适合成为恐惧对象的事物，这或许是遗传作用造成的。另外，多数的恐惧对象和危险并没有太多关系，只是有一些"象征"意义罢了。

因此我们确信，焦虑的问题对于精神官能症心理学来说，具有非常重要的意义。此外，我们还明确认为，焦虑的产生和原欲的发展以及潜意识系统有密切的关系。还有一点，那就是"实际的焦虑"是自我本能保护自己的一种方式。不过遗憾的是，这一点虽然是事实，不容置疑，但是还不能够完美地契合于我们的理论体系中。

第二十六讲·原欲说和自恋症

诸位！关于性本能和自我本能的区别，我已经讨论过很多次了。首先，我们从压抑作用的角度知道了两种本能相互干扰的情形，也知道了性本能是怎样在表面上屈从，却另辟蹊径，从其他方面得到补偿和满足。其次，从一开始性本能和自我本能的需求就是不同的，因此，它们之后的发展过程也不相同，对于现实原则的态度也不一样。另外，我们通过观察可以知道，相比于自我本能，性本能和焦虑不安的情绪的关系更加密切。不过现在这个结论只是在某方面适合，还有待完善。我们可以通过一个值得关注的事实证明这个结论：饥饿和口渴都是保护自我的两种最重要的本能，但是它们并不会转化成为焦虑不安。与之相反，我们都知道而且经常见到，原欲如果得不到满足，是能够转化为焦虑不安的。

我们对性本能和自我本能进行的严格区分，是有非常正当的理由的，这一点谁也不能否认。事实上，我们说性本能是个体的一种特殊活动，这就已经是承认两者的区别了。现在需要考虑的问题是，这种区分有什么重要意义。这个问题的答案要根据下面两点而定：（1）我们能不能确定性本能和自我本能在身体和心理上的区别程度；（2）这些差异会不会引起重要的结果。当然了，我们并不是基于什么原因，非要说这两种本能存在本质上的差异。另外，即使有，了解起来也并不容易。因为它们都只是个体能力的来源而已，我们要想讨论清楚它们属于一种还是分为两种，需要根据一些生物学上的事实，绝不能仅仅依据这些概念。对此，我们现在还知之甚少，事实上，即使知道的更多，对于精神分析也没有多少帮助。

杨柯曾将所有的本能都称为"原欲"，认为这是各种本能的来源，不过，他的这种将本能来源合而为一的观点对我们的工作没有什么帮助。即使我们采纳他的观点，也绝对不能将性的本能从精神生活中剥离，于是，研究的时候还是要把原欲分为性的和非性的两种。所以说，我们还是要保留原欲这个词汇，像以前一样，将其用以专指性的本能冲动。

所以我认为，在精神分析中，没必要考虑是不是需要区别性的本能和自我的本能，实际上，这个问题本就不适合在精神分析中进行讨论。很明显，从生物学角度看，还有很多方面可以证明这个区别是非常重要的。因为不同的有机体的功能中，似乎只有性可以超越个体，成为不同物种之间的联系。其他的活动大都是有利于个体的，而性的活动不一样，它只是追求强烈的满足的快感，有时候甚至可能会使生命陷入危险或者覆灭的境地。即使如此，生命个体还是会保留这个本能，以此繁衍后代，延续种族。为了达到这个目的，个体就会保留一种和其他新陈代谢不同的生命活动。还有一些个体认为自身是最重要的，性和其他的身体机能一样，都是用来追求个体满足。不过从生物学角度看，个体性机能和物种延续这种永恒的主题相比生命很短，只是物种的附属物，可以说只是种质的寄身之处而已。

不过，我们是通过精神分析来解释精神官能症的，因此不需要对此进行深入的讨论。性的本能和自我本能的区别，已经能够帮助我们了解"转移性精神官能症"了。精神官能症之所以会发生，是由于性本能和自我本能冲突的情境所致。这个情景用生物学观点来说，是这样的，自我以独立的有机体的资格，抗衡其种族内一分子的有机体的资格，当然了，这样说不是很恰当，大家理解就行。这种冲突似乎只会发生在人类身上，也就是说，人类之所以比其他物种更加优秀，是因为原欲过于发达，他们的精神活动过于复杂多彩，因而具备了引起冲突的条件，进而有了患上精神官能症的能力。不管怎样，在这些方面，人类是远远超过动物的。人类患上精神官能症的能力，似乎是文明发展的能力的另一面。不过这种联想只会让我们分心，对于我们的工作没有帮助。

我们的研究仍旧是基于这样的假定，性本能和自我本能可以区别开来。这种区别在转移性精神官能症中很容易就可以发现，自我对于性欲对象投入的动力，就是"原欲"；而自我保持本能的其他投入，则是"兴趣"。我们如果推知了原欲的投入机制，并且知道了它的变化过程和最终去向，那么我们就可以了解到精神活动中其他能力的运行机制。这个研究中，转移性精神官能症可以作为最合适的材料。但是，我们仍旧无法完全了解自我及其机制和组织。于是我们不得不承认，需要先对其他的精神官能症进行分析研究，才能够进一步了解这些问题。

实际上，早就有人将精神分析理论推广至其他情绪的研究中了。1908年，凯尔·阿伯拉罕和我讨论之后，便发表了一个观点，他认为，原欲投入对象的缺失就是早发性痴呆症的主要特征〔见其著作《歇斯底里症与早发性痴呆的精神性欲的区别（The Psycho-Sexual Differences between Hysteria and Dementia Praecox）》〕。但是，这里又引出了一个问题：痴呆症病人的原欲离开了外界事物，它们的去向是哪里呢？对此，阿伯拉罕的回答是：原欲回归于自我。他认为，早发性痴呆症患者的原欲回归自身，于是他们就会产生夸大的妄想，这种夸大的妄想和我们常见的一种现象类似，那就是恋爱中的人夸大对方的优点。在这里，我们第一次通过用现实中的恋爱比拟精神官能症的情绪，并以此得到新的理论。

我要说的是，精神分析学保留了阿伯拉罕早期的这些见解，并将其当作是我们讨论精神官能症的理论基础。于是，下面这个结论就逐渐清晰了：原欲会依附于某个对象，并从对象中获得满足，但是，它也可以逐渐放弃这个对象，转而以自身替代。随后，这个观点又得到了完善。之前一个叫奈克尔的先生用"自恋症"来形容一种性变态心理。自恋症就是说一个成年个体会将原本用于爱人的拥抱或者抚摸，滥用于自己身上。现在，我们将原欲的类似发展称为是"自恋症"。

稍加思索我们就可以知道，世界上确实存在这种爱恋自身的现象，也就是说，这种现象必然不是偶然的或者没有意义的。事实可能恰恰相反，或许最原始的状态就是自恋症，之后才会发展成为客体的爱恋。然而，在此之后，自恋症不一定会消失。我们应该还记得"客体原欲"的发展，这个发展初期，儿童通过我们现在所说的自慰，从自身得到性冲动的满足，然后性生活倒退，不能够遵从现实原则，这种情形就能够用这种自慰的能力进行解释。因此可以说，自慰现象似乎就是原欲在自恋发展中的活动。

简单来说，我们对于"自我原欲"和"客体原欲"的关系已有了一个大致的印象，而这个观念还可借用动物学方面的比喻加以说明。大家知道，最简单的生命体是一团没有分化的原形质，这些原形质既可以通过所谓的"伪足"伸出体外，也能够收缩伪足，变成一团。这些伪足就好像是原欲依附于客体的部分，事实上，大部分的原欲都存留在自我之中。根据我们的推测，正常情况下，自我原欲可以轻易转变为客体原欲，客体原欲也可以回收，成为自我原欲。

现在，我们终于可以借助这些概念来说明所有的心理状态。或者退一步说，我们可以运用原欲的观点来解释正常生活中的现象，比如恋爱中的心理状态，生病时或者睡眠时的心理状态。关于睡眠状态，我们可以假定人具有脱离外界集中精神完成睡眠的愿望。另外我们已经知道，夜里做梦的精神活动，是我们在利己动机的控制之下，为了保证睡眠而产生的。现在，我们可以根据原欲的理论深入进行分析，我们在睡眠的时候，会收回所有的对于客体的投入，无论是原欲或者利己性的投入，都会被收到自我中。通过这个理论，我们对睡眠和一般的疲倦有了新的认识。另外，我们还可以通过这些证明睡眠和母体内生活相似之处，并扩展其在心理学方面的意义。睡眠的时候，原欲又回到了最初的阶段，体现为完全的自恋症，这时候，原欲和自我的利益是一致的，两者在得到满足的自我中合而为一。

在这里，我还要顺便说明两个观察。第一，自恋症和利己主义有什么区别呢？在我看来，自恋症是将原欲的满足作为一种利己主义。我们说到利己主义的时候，总是只看到个人利益，而自恋症则是满足原欲的需要。在现实生活中，这两种动机没有任何关系，即使一个人是绝对自私的，但是如果他的自我在客体上获得原欲满足，那么他的原欲对于客体就产生强烈的爱恋。那样的话，自我在利己主义驱使下就不会因为对客体的欲望而受到伤害。一个人既可能是自私的，也可能是强烈自恋的，而自恋症既可以出于直接的性的满足，也可能是出于所谓的与"肉欲"不同的"爱"。在这些情境中，利己主义是明显并且常存在的成分，而自恋症则是变动的成分。与利己主义相反的是利他主义，利他主义并不是指代原欲对客体的投入，它并没有从客体上获得性的满足的欲望，这是它与原欲对客体投入不一样的地方。不过，当爱情达到最高境界的时候，利他主义也可以成为原欲的投入。一般情况下，自我对于客体的印象往往会夸大，于是，性的客体就能够消解一部分的自恋症。在此基础上，如果再加上利他主义，使利己主义者有求于客体，那么，其性的客体对象就会忘记自我，成为最高尚的情感。

为了让大家从这些枯燥无趣的科学猜想中感受到一些轻松愉快的东西，我将会用诗来区分自恋和热爱。我在这里要引用大作家歌德《东西歌集》中丝莱佳及其情人之间的对话：

> 丝莱佳：
>
> 奴隶、战胜者和群众，
>
> 都不约而同地认为，
>
> 自我的存在，
>
> 是一个人的最真实的幸福。
>
> 如果他还有自己的真我，
>
> 那就不需要拒绝任何人；
>
> 如果他还是他自己，
>
> 那就可以承受任何损失。
>
> 海顿：
>
> 就算你是这样！
>
> 我却是不同的，
>
> 我从丝莱佳身上，
>
> 看到了人间所有的幸福。
>
> 如果她有意于我，
>
> 我愿意牺牲一切。
>
> 如果她离我而去，

> 我的自我就随之消散。
>
> 到那时，海顿也就没有了；
>
> 即使她青睐另一个幸福的人，
>
> 我也会改变我的身体，
>
> 在想象中和她在一起。

另外，我们可以通过这些扩展梦的学说的意义。我们现在还没有办法解释清楚梦是怎样引起的，为了做出解释，我们需要假定潜意识中被压抑的观念已经从自我中宣告独立，于是，自我为了保证睡眠，虽已撤回自身在客体上的投入，但这种观念仍能够保持活力，不受睡眠欲的控制。我们只有借助这个假定，才能够了解潜意识材料在夜间检查作用下怎样消失或者减弱，并通过修饰白天的经历，以此为材料生成不被本人允许的梦的意愿。反过来说，这些残余的经历和被压抑的潜意识材料之间存在一种联系，这种联系能够产生一种反抗睡眠意愿和原欲撤回的阻抗作用。所以说，我们应该将这个动力因素补充到我们之前所讨论的关于梦的形成的概念中。

还有一些情境能够将原欲从其依附的客体上剥离下来，比如器官性的疾病、痛苦的刺激、器官发炎等，这个作用非常明显。原欲在这些作用下，会回到自我，然后更多地附着于身体上的病痛部位。这个过程似乎可以帮助我们增进对于焦虑性精神官能症的了解，因此，相对于利己兴趣从客体上收回来说，原欲的撤回更值得我们惊异。在这类精神官能症中，自我会注意到那些表面上看不出病痛的器官。但是我们不准备再讨论这一点了，也不再讨论其他需要用原欲从客体撤回至自我来解释的现象了。因为我知道，你们现在一定会注意到两个问题，并提出抗议。第一，你们会说，我们讨论睡眠和病症的时候，实际上只要假定个人都有一种能够自由移动的一致的能力，这个能力既能够依附于客体，又能够集中到自我，并达到想要的目的，通过这种理论就足以解释睡眠和病症了，那么为什么非要坚持原欲和兴趣，以及性本能和自我本能的区别呢？第二，你们可能想知道，我在讨论病症的时候，为什么敢如此大胆，认为原欲脱离客体就是其起源。要知道，这种从客体原欲到自我原欲，或者说一般的自我能力的转化是一种正常的心理活动，我们每个日夜都在做。

下面，我将针对你们的质疑做出回答。你们的第一个质疑似乎是有理有据的，我们似乎难以通过对睡眠、病症以及恋爱等现象的研究，获知原欲和兴趣，以及性本能和自我本能的区别。不过，你们之所以这么认为，可能是因为忘记了我们最初的研究。事实上，我们就是以这些研究作为我们现在讨论心理情景的基础。我们已经知道了转移性精神官能症中的心理冲突，那就需要区分原欲和兴趣，以及性本能和自我本能。之后，这个区分就会经常引起我们的重视。另外，我们如果想要完全解释早恋中和早发性痴呆的问题，以及它们和歇斯底里症和强迫症的异同之处，就必须假定客体原欲能够转化为自我原欲。也就是说，我们必须认为自我原欲是存在的。在此之后，我们才能够得到一些不容置疑的理论，并用这些理论去解释病症、睡眠和恋爱的现象。如果我们将这个理论随机套用到各个方面，就可以验证其究竟能适用于哪些方面。现在根据分析，不能直接验证的结论只有一个，那就是原欲不管是依附于客体还是依附于自我，都仍旧是原欲，并没有转变为利己的"兴趣"；反过来，兴趣亦不会转变为原欲。不过，这个结论只是能够证明性本能和自我本能的区别，而这个区别我们早就验证过了，暂时似乎能够帮助我们的分析研究工作。另外，研究的自发性也促使我们坚持这个观点，除非我们以后能够证明其毫无意义。

你们的第二个质疑也引出了一个合理的问题，但其论点是错误的。确实，原欲从客体撤回到自我的现象并不是病态的，我们在每个夜晚都会发生这种情形，醒来之后便会倒过来，这就像是原形质伪足的收缩和伸出一样，是确切的事实。然而，如果原欲从客体撤回是被强制发生的，是被一种确定的强大过程逼迫的，那么，其结果必然不同。这样的话，原欲就找不到返回客体的路，因而发展成为自恋症。原欲的自由活动受到了限制，自然也就是病态的，那就必然会致病。自恋的原欲如果积累过多，超过了限度，人们似乎就不能忍受了。我们可以推测，这或许就是原欲依附于客体的原因。这之后，自我为了避免因为原欲累积过多而生病，也会分散原欲。如果我们准备对早发性痴呆进行更特殊的研究，那我或许可告诉你们，使原欲脱离客体而不能返回的历程其实和压抑作用有密切的关系，我们可以将其视为压抑作用的反过程。不管怎样，就我们所知道的而言，引起这些过程的条件和压抑作用几乎是一样的。如果明白了这一点，你们就不难了解这些新的事实了。那么，为什么在冲突性质相似，力量相同的情况下，其结果却和歇斯底里症相差甚远呢？这是因为方向不同。我们只有在原欲发展的不同时期，才能够发现其弱点。在症状形成中起重要作用的执着作用，发生在初期自恋阶段，这一点你们是知道的，早发性痴呆症最后便返回这个阶段。总而言之，我们需要假定，所有的自恋症的原欲发展上的执着作用发生的时期，远远早于歇斯底里症或者强迫症，我们要特别注意这一点。不过你们知道，事实上自恋症确实比转移性精神官能症严重，此外，关于后者的研究结论也足以帮助我们解释前者。大致来说，这两种现象的本质是相同的，有很多共同点。所以你们应该能够推知，我们只有具备了分析转移性精神官能症所需的知识，才能寄希望于对精神方面的疾病进行彻底的分析。

早发性痴呆症与自恋症不同，它们富于变化，不完全是由于原欲从客体返回，在自我中累积导致的。它们存在一种重建和恢复的倾向，努力想要从原欲中返回客体。其实，这就是为什么会有各种各样、繁杂奇怪的症状。它们的症状有时候看起来像是歇斯底里症，有时候像是强迫症，但是又有不一样的地方。早发性痴呆症中，原欲努力想要返回客体，这种努力似乎取得了一些效果，但是得到的只是原来客体的影子而已，就像是附加在原物上面的影像或者文字。在我看来，我们通过研究原欲返回客体的努力，还能够更透彻地了解意识观念和潜意识观念的本质区别，但是由于时间限制，我们不再深入讨论。

现在，我们已经可以在此基础上继续加深我们的研究了。自从有了自我原欲的概念之后，自恋症也有了解的可能。我们现在进行的工作，就是寻找这些病症的动力的成因，并凭借对自我的理解扩展到精神生活领域的认识。我们的目的是建立一种自我心理学，但是，我们无法根据自我察觉的材料建立这个理论。我们需要像研究原欲心理学一样，以自我扰乱以及分解组织的分析为根据。不过，目前为止，我们在这个研究方面还没有什么成果。我们研究自恋症的时候，不能够运用研究转移性精神官能症的方法，至于为什么这样，你们不久之后就知道了。我们研究自恋症病人的时候，经常会遇到困难，就像是前进的时候突然被一个大石头挡住去路。不过你们应该知道，我们研究转移性精神官能症的时候，也遇到过阻抗作用的阻碍。所以，我们需要做出改变，只是现在还不知道怎样做而已。当然，我们并不是缺乏关于这类病症的材料，我们拥有的材料非常丰富。现在，我们只能用从转移性精神官能症的研究中得到的知识，解释病人所说的话。我们研究的基础就是这两种病症的相同点，当然，其效果如何，以后才会知道。

此外，我们进行研究的时候，还会遇到其他的困难。可以说，只有那些深入研究过转移性精神官能症的人，才有资格对自恋症以及相关病症进行研究。但是，精神科医生从不研究精神分析，而我们精神分析家见过的精神官能症病例又太少，因此，当务之急是培养一些受过精神分析训练的精神科医生。美国现在正走在这样的道路上，他们中的一些领袖级别的精神科医生正在向学生们演说精神分析学，另外，一些医院以及精神病院中的主治医生观察病人的时候，也试图借助精神分析的理论。当然了，不管怎么说我们对于自恋症也算是初窥门径了，所以，现在我要复述一下我们对于此类病症的见解。

在精神医学分类中，妄想症的归属不是很明确，不过有一点可以确定，那就是它和早发性痴呆症有密切的关系。我曾据此建议将它们共同归纳为妄想性精神官能症。妄想症的形式内容不同，则名字也不同，可以分为诸如夸大妄想、受迫妄想、嫉妒妄想以及情色妄想或者被爱妄想等，我们并不寄希望于精神医学说明这些现象。试举一个不是很合适的老例子吧，精神医学曾凭理智的努力，想用这些症状互相解释。比如病人认为自己会受到迫害，于是猜测自己是重要人物，自然就有了夸大妄想。根据我们之前的分析可知，夸大妄想是由于原欲的付出从客体上收回，因而使自我膨胀。这就是第二次自恋症，人退化至早年的幼稚形式。不过，我们能够从被迫害妄想症的例子材料中得到一个线索。第一，就我们所知的大部分事例中，受迫者和迫害者是同性的。这个现象似乎原本可以解释成无害的，可是通过对一些例子深入细致的研究我们能够发现，病人健康的时候原本爱恋对方，发病后才将对方视作迫害者。这种病接下来的发展大家都能够推知，那就是一个被爱的人取代另一个，比如父亲能够被主人、老师或者有权威的人取代。大家在观察中一致认为，一个人之所以会有被迫害的妄想症，是因为他想要抵抗一种强有力的同性恋倾向，病症只是他的挡箭牌。所有人都知道，如果因爱生恨，那么这种恨就足以使被爱或者被恨的人的生命受到严重的威胁或伤害，这是压抑作用常有的结果，就像是原欲在其作用下会变成焦虑一样。

为了说明这个理论，我向大家陈述一个我最近看到的例子。一个年轻医生在一个地方恫吓了一个大学教授的儿子，他本来是这位年轻医生的朋友。之后年轻医生觉得自己必须离开那里，因为他认为自己的朋友具有超人的力量和像恶魔一样狠毒的心肠。他认为，正是由于这个朋友的恶意干扰，自己近年来才会遭遇工作和家庭两方面的困境。他甚至觉得这个邪恶的朋友和他的教授父亲会引起世界大战，带领俄国人进犯边境，他们会用各种方法伤害自己。因此，他认为，只要这个朋友存在，世界就不会安宁。但是事实上，他深爱着他的朋友，因为他曾有杀害朋友的机会，却由于手软而不能实施。通过与病人的交谈，我发现两人的友谊从学生时代就已经开始了。一天晚上，他们曾经发生过超友谊的关系，他们发生了一次彻底的性行为。按理说，病人当时年轻迷人，个性人品都不错，应该会与女人发生情感关系才对，但是他一直没有这个倾向。他曾和一个美丽而富有的女人订婚，但是后来女人嫌他冷淡，又与他解除了婚约。多年以后，当他第一次满足一个女人性需求的时候，他的病发作了。当时，那个女人感动而怜爱地将他拥在怀中，而他却感到一种犹如利刃断头般的铭心之痛。他在后来描述说，那种感觉似乎是解剖尸体的时候，将颅骨切开，使身首分离才能够有的。于是他认定那个女人是自己的朋友送来诱惑他的，因为他的朋友就是病理解剖学家。因为这个，我们就能理解他为什么认为自己之前受到朋友迫害了。

不过，有时候受迫者和被害者也会是异性。那么，这岂不是说，我们将病因解释为反抗同性恋原欲的倾向与事实矛盾？我曾有机会诊察过这种病例，发现它与我们的理论表面上看是矛盾的，但是事实上，却能够相互印证。有一个年轻女人一直认为自己被一个男人迫害，她和这个男人曾有过两次亲密关系。实际上，她最初的妄想对象是一个妇女，这个妇女或许是她的母亲的替代。年轻女子在与那个男人第二次幽会之后，才将原本在妇女身上的妄想转移到了男人身上。因此，在这个事例中，受迫者和迫害者性别相同的说法仍然是成立的。只是病人向自己的律师或者医生诉说的时候，忽略了第一次的妄想，正是因为这样，从表面看，病例和我们之前所说的理论才是相互冲突的。

从起源上讲，选择同性为对象比选择异性为对象和自恋的关系更加密切。所以说，同性恋冲动如果受挫，就很容易撤回，变成自恋症。关于爱的冲动的途径及其基本计划，我在这些演讲里还没有机会把我知道的全部告诉你们，现在也不能进行补充了。我要告诉你们的只有下面几句话：对象的选择或者原欲在自恋期之上的发展，可以衍生出两个类型。第一种是自恋型，病人为了取代自我，采用类似于自我的对象；第二种是恋长型，病人以能满足他们幼年生命需求的长者作为对象。其中，自恋型的强烈的原欲执着作用，也是同性恋倾向的一个显著的特征。

你们应该还记得，我在本篇的第一讲中，讲到了一个女人的妄想性嫉妒。现在，在演讲即将结束的时候，你们已经希望我用精神分析理论对其进行说明。但是我能告诉你们的与此相关的知识，并不像你们期望的那么多。妄想和强迫观念一样，不会受到逻辑辩证以及实际经历的影响，都能够用它们同潜意识材料之间的关系进行说明。这些材料受到了妄想或者强迫观念的阻碍，但正是因为这样，它们才有了表现出来的机会。实际上，二者的差异正是这两种情绪的形势和动力的差异。

另外，妄想症和忧郁症（这种病症能够分为多种不同的临床类型）一样，我们都能够大概窥探到其内部结构。我们已经知道，这些病人之所以会深深责备自己，其实都是因为自己失去了性的对象，或者是因为对方的一些缺点而不再珍惜。所以，我们认为，人之所以患上忧郁症，其实都是因为他们的原欲从客体上收回了。然后，在一种"自恋性的模仿作用"中，将客体置于自我本能中，然后投射到自我之上，用自我取代客体。不过，我只能向你们描述一下这个过程，却不能用形势或者动力学观点加以诠释。这种情况下，自我就成了被抛弃的、卑鄙渺小的客体的替代物，原本要加于客体的所有的残暴的报复行为，现在都会加于自身。由此我们就能够推知，忧郁症病人之所以要自杀，就是基于下面一种假设，就是说他们像是痛恨那个让自己爱恨交加的对象一样，强烈地痛恨自己。忧郁症中也有一种和其他自恋症相同的情绪，布洛林将其命名为"矛盾情感"，这也是我们惯用的一个名词。这个名词的意思是，一个人对一个对象，同时存在两种相反的情感（比如既恨又爱，又喜又怒）。不过我们的演讲中，不能对这种矛盾情感的内涵做进一步的讨论，这一点非常遗憾。

除了自恋症，我们早就知道另一种歇斯底里症的模仿作用形式。我希望我可以通过简明的言语，使你们清楚自恋症的模仿作用和歇斯底里症的模仿作用的不同之处。现在，我要告诉你们关于忧郁症的周期和循环形式，相信你们一定会感兴趣的。在非常有利的环境下，我们可以在两次症状发作的间隙，通过精神分析疗法，使症状或者相反症状（狂躁症）不再发作，我曾经做过两次这样的成功尝试。由此我们就可以知道，忧郁症、狂躁症以及其他病症中，都存在一种特殊的化解冲突的方法，从本质上讲，这种方法和其他精神病症类似。通过这点你们就能够了解，精神分析在这个领域还是大有可为的。

我还要告诉你们，我们还希望通过分析自恋症等病症，获得一些关于自我成分以及自我各种功能和因素构成的知识。事实上，我们之前的研究就有过这方面的努力，我们通过分析被监视的妄想发现，自我还有一种功能，那就是不断监视自我的另一部分，对其进行比较和批评，两者会互相抗争。所以在我看来，事实上，病人向我们诉说有人监视他们的每个举动，监视他们的所有思想的时候，他们已经解释了一个真理，这个真理之前还没有人能够明白其为真理。他错误地认为，这种可恨的力量来自于自身之外的人和对象。而我们认为，他在自身成长过程中，制作了一个衡量标准，然后用这个衡量标准去衡量自我在现实中的一切活动。另外，我们认为他创造这个理想标准，其实是为了恢复自己成长过程中被压抑和伤害的幼稚的自恋症和自我满足。这种自我批判的功能中，有一部分是自我的检查作用，也就是所谓的"良知"。它的作用和晚上做梦时候的检查作用一样，都是为了压抑抵抗不合适的欲望冲动的入侵。如果因为被监视的妄想，这个功能被分解了，我们也就知道了它们的来源，那就是因为父母老师以及社会环境的影响，以及对这些模版人物的效仿作用。

通过上文的叙述，我们就可以大致了解到精神分析对于自恋症研究得到的结论。不过遗憾的是，我们得到的结论还太少，甚至有一些概念，我们只有通过对新材料进行多年的研究，才能够完全了解。通过自我原欲和自恋性原欲的应用，我们才能够得到这些结果，并进一步将之前从转移性精神官能症中得到的结论推广到自恋性精神官能症中。不过你们或许会提出疑问，是不是所有的自恋性精神官能症，甚至所有的精神病症状，都能够用原欲理论来解释？我们是否可以从这些病症的发展中发现，心理生活中普遍存在的原欲因素是所有病症的成因？是否可以说，疾病完全不是由于自我本能失常或者变化而造成的？

然而诸位需要知道，我认为这些问题似乎并不是迫切需要解决，事实上，我们也没有解决这些问题的能力，只有安心等待未来的科学予以解答。根据我的推测，一旦证明了原欲冲动本能特有的能力就是致病能力，那么原欲理论就能够在分析实际的精神官能症，甚至是最严重的人格分裂的精神病中获得成功，这一点完全无需惊讶。因为我们可以确切知道，原欲的基本特质就是抗拒或者不愿意服从现实需求的制约。不过我认为，此时自我本能会再次介入，由于原欲是病态的，那么自我本能也不可避免地受其影响。即使我们承认，在严重的精神病中自我本能是最早分裂的，也看不出我们研究的方向会因此而出现错误。不过，这都等以后再讨论吧。

现在，我们回过头来说一下之前没有了解透彻的焦虑的问题。我们之前的讨论中，明确了焦虑和原欲之间的关系。然而，我们还知道，人们在自我保护本能的驱使下，面对危险也会产生实际的焦虑，这一点和原欲的观点是冲突的。然而，如果焦虑真的是由原欲引起，而不是源于自我本能，会发生什么后果呢？这样的话，焦虑会伤害自身，焦虑越强烈，造成的伤害就越大。这样的焦虑还会干扰自我保护本能，使我们难以做出躲避或者抵御的动作。因此，我们如果认为实际的焦虑也是由原欲而起，但是其动作却是自我保护本能，那么，我们就可以解决所有的理论上的困难了。这样的话，你们就不能够再认为我们逃走是因为恐惧，实际上，我们之所以害怕、逃跑，只是受到了本能的控制，这个本能是由察觉到危险引发的。从危险中幸存下来的人告诉我们，对于危险，他们只是见机行事，做出了合理的最佳方案，比如对着逐渐靠近的野兽举起枪，他们并没有害怕的感觉。

第二十七讲·感情转移作用

诸位！在我们的讨论即将结束之际，你们或许会抱有某种期望，我希望这些期望不会误导你们。要知道，精神分析最值得大家信赖的就是其治疗功效，因此你们应该不会认为我只是用这些复杂难懂的精神分析理论来敷衍，却一直不愿意谈重点。确实，我绝不可能漏掉这个方面，因为我们能够从中了解到一些新的事实，这些事实能够帮助我们明确一些之前一直研究的病症。

我知道，诸位最想了解的是精神分析治疗的程序和步骤，而不是一些理论基础。诚然，你们有权了解这些，但是我坚持认为由你们自己去探索研究会更好，我不应该直接告知你们。

大家试想一下，你们对于发病的条件和致病的心理因素已经有了基本了解，那么其中哪些起因能够影响治疗呢？

第一点是遗传因素。我们在其他部分已经强调过这一点，并没有什么新的理论要说，因此在这里不再多说。但是，不要觉得我们是轻视它，我们从事研究的人都明白遗传因素的重要性，只是这已经是既定事实，不是我们努力就能够改变的因素。

第二点是儿童时期的经历。我们一直认为这一点非常重要，但是也无可奈何，因为这也是既定事实。

　　第三点是"现实中的挫折"。比如贫穷、家庭纠纷、婚姻不幸、愤世嫉俗以及道德约束等，这些因素都是爱和幸福的缺失。毫无疑问，这些因素都可以得到有效的控制。然而，解决这些问题的时候必遵从维也纳民间传闻中的约瑟律例的套路才行：慈爱的君王只要点头，就能使人顺从，一切困难也迎刃而解。可是我们却不是什么大人物，完全没有这样大的权势，那么治疗工作该怎样进行呢？事实上，我们在社会上无钱无势，只能依靠行医糊口，甚至都不能尽可能多地治疗穷人。我们不像其他的医生，能够用其他办法救治穷人，我们的治疗方法耗费时间，而且令人生厌。

　　但是，诸位还会坚持认为，我们能够对上面所说的一个因素产生大的影响，那就是道德约束。如果我们能够给他们以勇气，甚至是直接鼓励他们反抗道德束缚，让他不惜放弃高尚的理想，不惜被世人唾骂，去追求自身的舒适健康，通过"任性地活着"去获得健康。可是，要知道，这样做是不符合道德的，人的存在是以社会的存在为前提的，如果这样的话，精神分析就会被社会抛弃。

　　你们这种错误的印象究竟是从何得来的呢？难道是从分析治疗劝病人"生活得自由一些"造成的？事实上我曾跟你们说过，纵欲和压抑以及享受和节欲之间的冲突会一直存在，绝不能通过一方压到另一方的方式解决。如果节欲的生活顺利，被压抑的性冲动就会萌生；另外，如果享乐占了主导地位，人就会产生一种节欲的倾向。总会有一方得不到满足，因此，绝不能以满足其中一方的方式解决冲突。当然了，一些内心冲突不是很强烈的人会自己找到解决办法。当一个年轻人被压抑的时候，他会寻求不正当的性交。还有一些女人会通过出轨满足自己。他们这样做并不需要经过医生的同意，更不需要请示精神分析专家。

　　我们研究这个问题的时候，往往会忽略一点，那就是精神官能症患者的内心冲突是病态的，和正常人不一样。正常人是两种相反意向的冲突，他们则是进入心灵的意识和前意识阶段的力量与留在潜意识阶段的力量之间的冲突。这一点非常重要。也就是说，冲突双方不可调和，绝不能够通过解决其中一方的方式化解。在我看来，唯一有效的方法就是让两者共同发展。

现在，如果在座各位还认为精神分析治疗必须给予患者生活上的一些忠告或者指引，那就是错误的看法了。事实上，判断的主体还是患者自己，我们只能担任顾问的角色。对于所有的重要的人生问题，我们在治疗的时候都要予以保留，留待患者自己决定，比如职业、经济的选择，结婚或者离婚等。你们必然不是这样想的。不过，如果我们的治疗对象是年纪较小的患者，或者是完全不能自立的患者，那就需要医生和教育者协同工作。我们对于这种情况，处理的时候会更加谨慎小心，因为我们的责任更重了。

当然了，我们虽然解释了为什么鼓励精神官能症患者"自由地生活"会受到指责，却并不意味着我们就是卫道士。我们的工作和卫道士是完全无关的，我们不是革命家，而是观察家，既然是观察家，就需要用批判的眼光看问题，而不能以传统性道德的观点对性生活以及其他问题给予积极评价。我们知道，要想合乎社会道德，往往需要付出很大代价，这种做法不值得赞赏，也并不明智。我们可以毫不隐瞒地指出这一点，甚至让患者也明了，以便他们对于性的问题和其他问题都能够不怀有偏见。如果病人接受治疗之后，能够自主选择，能够在享受性爱与绝对禁欲之间合理做出判断，那么，不管最终效果怎样，我们都问心无愧。我们相信，任何一个人，如果受过良好教育，都能够增强抵御不道德的危险的力量，即使他的道德标准不一定总是与社会标准相符。因此，我们不能夸大禁欲能够引起精神官能症的问题。实际上，因为欲望受挫或者情欲不满而引发的忧郁等病症，只有一小部分能够通过性交解决。

所以，精神分析的疗效不能用允许享受性爱的说法解释，我们需要寻求其他解释。驳斥你们的这一推想时，我曾说过一点，这一点或许能够给我们带来启发。治疗之所以收效，或许是由于我们意识的东西代替了潜意识的东西，也就是说将潜意识转化成了意识。我们的治疗将无意识的东西转化为意识内的东西，消除了抑制，除去了致病的因素，并将病态的冲突变成了能够得到解决的正常的冲突。我们在患者的心中引发了一种心理变化，这种心理变化的程度决定了我们的工作能够达到的成效。

我们工作的目的可以用各种概念进行阐述。我们使潜意识转化为意识，将抑制作用解除，将残缺的记忆补充。不过，你们对这样的阐述或许会感到不满，因为这些过程的意义相同，而你们认为这一定不同于精神官能症患者恢复健康的过程。或许患者接受了复杂的精神分析之后，变成了另外一个人，我们的治疗只是弱化了他的潜意识，强化了他的意识而已。

诸位如果这样想，就低估了患者的心理变化。

虽然本质上来说还是同一个人，但是精神官能症患者复原之后，确实像是变了一个人一样，也就是说，通过与自身条件相应的各种转变，他已经处于最好的状态了。这一点非常重要。如果诸位能够了解到，想要完成并充分发挥这一切，需要在精神生活领域进行一些细微的改变，那么也就明白各个阶段之间差别的重要性了。

现在，我暂时离开这个话题，我想知道你们是不是明白"原因治疗"的意义。一种治疗方法如果抛开疾病的症状，而以消除病因的手法进行治疗，就叫作原因治疗。那么，精神分析治疗算是原因治疗吗？这个问题并不容易回答，一方面，精神分析疗法确实不是直接为了消除症状的，因此具备一些原因治疗的相似点；然而另一方面却不然，我们在寻找病因的时候，远远超过压抑作用，并且还探查了本能的意向及其结构中的相对强度以及这些本能的发展中的失常现象等。如果我们能找到一种化学物质，通过这种物质增加或者减少原欲的量，消减这种冲动或者增强另一种冲动，那么这就完全属于原因治疗了。与此同时，我们的分析也是查找原因的不可缺少的第一步工作。可是，正如你们所知，现在还没有能够影响到原欲的因素。精神分析治疗的目的不在于症状，而是位于遥远的症状下层的另一点。而我们只有在非常特殊的情况下，才能靠近这一点。

那么，如果要使病人的潜意识进入意识，我们该怎么做呢？我曾经觉得这个工作非常简单，只要将潜意识中的信息找出来，然后告诉病人就行了。然而现在我知道，这种看法是一个浅薄错误的认识。他对于潜意识信息的认识和我们不一样，即使我们把知道的告诉他，他也没办法将其同化。即使他能够吸纳潜意识信息，也只会做出很少的改变。因此，研究潜意识里面的信息的时候，我们需要运用结构学的观点，从他的记忆中最初发生的压抑作用的那一点上寻求。要想使潜意识思想转变为意识，必须先消除这种压抑作用。这样一来，我们的工作就进入了第二个阶段。我们先要发现压抑作用，然后再消除其背后的阻抗作用。

那么，怎样消除阻抗作用呢？同样的道理，找出其所在的位置，并告诉病人。阻抗是用来抗拒不舒服的冲动，可能是由我们原本要消除的压抑作用造成的，或许是由之前强烈活动过的压抑作用造成的。所以说，我们还按照之前的工作程序进行即可。先通过分析，确定其存在，然后告知病人。不过有时候，这种工作需要逆向进行。反作用或阻抗作用不属于潜意识，而属于自我，自我不必是意识的，但是必须配合我们的工作。我们知道，"潜意识"一词在这里有两个含义，其一是一种现象，其二则是一个体系。我们这样说似乎只是在重复之前说过的话，因此看上去不是很容易理解。确实如此，我们之前就提到过这一点，我们认为，如果能够通过分析了解到阻抗作用的所在，那就有希望解除阻抗作用。但是，我们要想达到目的，可以借助哪一种本能动力呢？第一种动力是病人想要恢复健康的愿望，这能够让他配合我们的工作。第二种动力是病人的理智，我们可以通过分析帮助他们增强理智。如果我们能给病人一些提示，他自然更容易运用理智来察觉阻抗作用，并在潜意识中发现与阻抗作用相当的观念。现在我对你说两句话，一句是："抬起头看天空，你会看到一个气球。"另一句是："看天空，你能看到什么呢？"毫无疑问，你当然会在听到第一句话的时候更容易看到气球。又比如学生第一次看显微镜的时候，老师一定会告诉他们应该看什么，否则，即使那种东西在显微镜下，他们也会视而不见。

那么，我们现在就来看一些事实吧！我们的假说适用于很多种不同形式的精神官能症，比如歇斯底里性焦虑或者强迫症等。运用这个方法，我们就能够找到压抑作用、阻抗作用以及被压抑的意向，这样一来，自然可以克服压抑作用和阻抗作用，并将潜意识的观念转化为意识的观念。不过，我们在实际执行的时候就会发现，病人的心里会有两种倾向激烈交战，其中一种是帮助阻抗作用的倾向，另一种是消灭阻抗作用的倾向。其中，前者是病人的老倾向，正是它产生了阻抗作用，后者则是用来消除冲突的新的倾向。在这个分析中，我们获得了两点新的认识，第一点是让病人明白，旧的倾向足以致病，而新的倾向能够治病。第二点是告诉病人他的自我情况，自我的本能被压抑之后，已经发生了很大改变。原来的自我非常柔弱，害怕原欲受到压制，因而竭力逃避退缩。但是现在不同，自我更加强大而富于经验，另外还得到了医生的援助。因此我们期望，矛盾再度产生的时候，会收到比压抑作用更好的效果。事实上，我们对于歇斯底里症、焦虑性精神官能症以及强迫症的成功经验，已经证明了这一点。

不过，还有一些病症与此类似，而我们的治疗方法却不一定能够收到良好效果。这些病症中的自我和原欲也存在一种冲突，虽然其冲突与转移性精神官能症存在差别，但是也引起了压抑作用。另外，我们还可以从病人的生活中追溯到压抑作用的发生点，于是，我们自然坚信，能够给他们同样的帮助，并得到同样的效果。并且，我们认为消解冲突会更加容易，因为压抑作用形成到现在已经有一段时间了。然而事实却不是这样，我们无法成功克服病人的阻抗作用或者压抑作用，很多病人不受精神分析治疗的影响，比如妄想症病人、忧郁症病人或者早发性痴呆症病人等。这是为什么呢？当然，这绝不是因为智力不足。接受分析治疗的人都是具有某种程度的智力的，事实上，妄想症病人最聪明，他们能够推论演绎，难道他们的智力不足吗？其他推动的力量也并不欠缺，比如抑郁症病人，他们和妄想症病人不同，他们深知自己病症的痛苦，但却仍旧很难受影响。于是，我们又遇到了一个难以完全明了的事情，这一点让我们不得不怀疑，我们是不是能够具备治疗其他精神官能症的能力。

现在，如果专注于歇斯底里症和强迫症的研究，我们马上又会遇到一个令人感到意外的事情。病人略微接受一些治疗之后，就会对我们产生一种特殊的行为。这种情形令我们感到意外，即使我们已经尽可能注意到一切可能影响到治疗的力量，并充分估量自己与病人的关系，以求获得可信的结果。但是，仍然有突发的情形出乎我们的意料。这个令人意外的新的情形非常复杂，我先向你们描述其基本形式。本来，病人只需要将注意力放在自己身上，专注解决自己的心理矛盾就行了，但是，他们却忽然对医生产生了特殊的兴趣。他们的注意力从自己的病转移到了医生身上，他们对和医生有关的所有的事比对自己的事情都更感兴趣。于是，病人和医生的关系短暂地表现出和谐，他们听从医生的吩咐，尽量表现出自己的感激之情和美好品质。对此，分析家也非常高兴，他们会赞赏病人，觉得自己非常幸运，能够治疗这么友善的病人。如果医生见到了病人的亲戚，病人就会对亲戚说一些尊敬医生的话，于是，亲戚会认为医生有很多美德，会对医生大力称赞。亲戚们都会说："他很敬佩你，对你非常信赖，他甚至将你的所有的话都当成了神的旨意。"或许，这时候还会有人加上一句："他所说的所有的话都是与你有关的，并且他经常引用你的话，实在是太令人讨厌了。"

这时候，医生自然也会非常谦虚，认为病人尊敬他无非是两个原因。其一是希望自己恢复健康；其二是在治疗过程中，病人得知了自己之前不知道的知识，增长了见识。与此同时，治疗过程似乎异常顺利。病人能够明白医生的指示，集中精神配合治疗。于是，病人的回忆联想等分析所需的材料很容易就能够获得。这种情况下，连分析家自己都为自己分析结果的精确性感到惊讶，这些被外界的正常人斥责的心理学理论，如今竟然令病人如此信赖，这实在是令人高兴的一件事。分析工作既然顺利，病人的病情也就渐渐好转了。

但是，好景不长。分析突然就遇到了困难，病人表示自己再也没有什么要说的了。我们开始感到，他们已经对治疗工作失去了兴趣。即使有时候只让他叙述自己想到的事情，并不加以批判或者评论，他们也不会听从。他们好像是从来没有做出任何承诺，没有承认任何协议一样，再也不配合治疗了。显然，从表现上看，他们已经被一些隐秘的事情转移了注意力。这样一来，治疗也就难以继续进行。我们认为这是由于阻抗作用复发了，不过，这种情况究竟是怎样发生的呢？

如果能够了解情况，我们就会发现出现这种情况的缘由就是病人对医生产生了强烈的依恋，当然，这种情感并不是医生的行为和治疗的关系能够解释的。另外，两人之间的情况不同，这种感情的表现形式和目标也不相同。如果其中一人是少女，另一人是青年男子，那么产生爱恋就是很正常的事情。一个女人不仅经常和一个男人单独见面，还总是谈及自己内心隐秘的事情，与此同时，男人又以指导者的身份与之交谈，自然而然，女人就会对男人产生爱慕之情。当然了，因为女人患有精神官能症，那么她的爱的方式或多或少会有一些病态，这一点我们以后再说。两人的情况如果与我们上面所说的相差越大，依恋之情也就越难以理解了。如果一个年轻女子嫁错了人，并且医生尚未有婚恋对象，那么，女人有可能会对其产生强烈的感情，愿意与丈夫离婚并嫁于他。当然，这也是可以理解的。事实上，精神分析治疗中经常会有这样的事情发生。在这些情况下，女孩或者妇女对于治疗有一种特别的情感，因此往往会给出最令人惊讶的倾诉。她们一直都知道，只有爱情能够治疗她们的疾病，因此，她们在治疗最开始的时候，就期待发生这种关系，并从中求得在实际生活中难以得到的慰藉。她们之所以能够克服所有的困难，不顾一切表露内心的隐秘，就是因为这种希冀的存在。我想，我们可以补充一句："正是因为这样，那些难以接受的事才如此容易理解。"不过，对于这样的结果，我们不得不感到惊讶。我们之前所有的预测都不复存在。然而，在这个问题中，我们是不是忽略了最重要的因素呢？

确实，我们所知越多，就越不容易接受新的现象，虽然这个新的现象让我们科学的预测感到羞愧。关于这个问题，我最早想到的是一个妨碍治疗的新的障碍，这个障碍的起源与治疗的目的没有任何关系。但是，这种对医生的爱恋却是普遍存在的，即使我们认为不可能存在引诱的、非常荒唐可笑的情形下，也会发生这样的事情，比如说老年妇女和白首医生之间。因此，我们不得不承认这种干扰并不是偶然的，而是和疾病的性质有密切关系的。

我们将这个不得不承认的新事实称为是"感情转移"，意思就是说，病人将自己的感情转移到医生身上。不过，我们无法通过治疗时的情景解释这种感情的来源。我们甚至怀疑这种情感是通过另一种方式产生的，病人先在内心酝酿了这种情感，然后在接受治疗的时候，趁机转移到了医生身上。转移的情感有时候是非常热烈的爱恋，有时候则比较缓和，比如病人是少妇，而医生是老头，那么病人可能不会想成为医生的妻子或者情人，而是想成为医生的女儿。我们知道，只要稍作改变，原欲就能够变成一种理想的、与性无关的友谊。一些妇女知道怎样升华自己的情感，使其有存在的正当理由。但是，还有些人只能够通过丑陋的、原始的，并且是几乎不可能的形式表达出来。不过，大家都可以看到，这些情感的本质以及来源都是相同的。

当然，关于这个新的现象的范围，我们还要增加一点说明。比如，如果病人是男性，那么情况会是什么样的呢？我们似乎至少可以判断，他们与医生不会有与性别有关的情感了。事实上，男人的情形和女人一样，都会仰慕医生，都会夸大医生的能力，都会听从医生的指示，也都妒忌和医生有关的所有人。不过，感情转移的升华作用常见于男性与男性之间，就像是病人的同性恋倾向会通过别的方式表达一样，极少会发生直接的性爱。另外，分析家还发现，男性病人会有另一种表现，这种表现最初似乎和我们之前所说的相反，那就是敌视或者排斥的感情转移。

我们要清楚一点，那就是在治疗开始的阶段，感情转移作用就已经存在于病人内心，并且力量非常强大。如果这种力量促使病人配合治疗，那么就不会引起注意。相反，如果这种力量变成了阻抗作用，就会引起人们的注意了。正是由于两种相反心理的作用，它才会改变病人对于治疗的态度。其一，爱的力量过于强烈，因而带有性的意味，因此病人内心不得不产生抗拒。其二，友爱的感情变成了敌视的感情。一般情况下，敌视的感情都是在友爱的感情之后，并以其作为掩饰伪装。如果两种感情同时发生，就可以成为感情矛盾的典型代表，我们和其他人的最亲密的感情就是由这种矛盾情感支配的。所以说，敌视和友爱的感情看似相反，其实都是对对方的依赖，都是表达一种依恋之情。病人对于分析家的敌视，当然也能够当作是感情转移作用，因为治疗的情境，不是引起这种情感的原因。那么，我们用这个观点看负面的感情转移作用，也就符合上面所说的积极的感情转移作用的观点。

我们后面谈到精神分析的技术方法的时候，会详细说明感情转移作用的产生机制以及它们能够引起什么困难，我们怎样克服困难并从中获得信息等，在这里，我只做简单说明。我们是医生，当然不能答应病人那些由感情转移作用引发的要求，但是，更不能不妥善处理，甚至是生气地拒绝。我们只能是告诉病人，他们的这种情感并不是现在产生的，也与医生无关，而是他们心中很久之前的事情的重现。我们要想办法使他们将这种重演代为回忆，这样一来，他们所有的感情转移作用，无论是友爱的还是敌视的，都会由治疗的障碍变成我们了解他们感情生活的工具，如此，我们也就克服了感情转移作用。

为了不使各位被这种意外的情形震惊，我现在还要做一些补充说明。我们一定要记得，我们的分析工作就像是生物生长一样，一直在成长发展，绝不可能达到完美进而终止。另外，这种发展也不会因为治疗的开始就暂停下来，但病人一接受治疗，整个病的进程似乎就集中于对医生的关系上了。这种感情转移作用可以用树木来比喻，它就像是木质和皮质之间的形成层，随着组织生长以及树干变粗而生长。感情转移作用一旦发展到这个程度，病人回忆的重要性也就降低了。这样的话，病人的病症已经不是以前那种了，而是转变成为了新的精神官能症。

不过，我们更容易了解这种以新形式出现的旧病。因为我们从一开始就注意它，并关注着它的生长和发展，我们自身也是这个病症的焦点。病人的所有症状都丢掉了原来的意义，以适应新的意义，这个新意义包含在症状对感情转移作用的关系中。另外，只有能够适应这种状态的症状才能够存留下来。假如我们治愈了这个新的精神官能症，也就等于治好了原来的病，治疗过程才算是真正完成。完成之后，病人如能恢复和医生的关系，并从压抑欲望冲动的痛苦中解脱出来，那么，他们即使离开了医生，也能够保持正常的生活。

我们将歇斯底里症、焦虑性精神官能症或者恐惧性精神官能症称作是"转移性精神官能症"是准确无误的，因为感情转移作用对于它们都具有非常重要的意义。无论是谁，都不需要通过原欲的性质验证，而只需要体会分析中所得的感情转移作用，就能够明白，压抑原欲冲动，反而会引发疾病。所以说，只有明确了感情转移作用的意义，我们才能够断定，症状是原欲寻求补偿性的满足造成的。

那么，为了适应新的发现，我们就需要重新修正之前对于治疗作用的动的概念。分析治疗的时候，我们会在病人身上发现一种抗拒的意向和正常的冲突搏斗，现在，我们需要用一种强大的力量，使他朝着我们所期望的办法去做，这样的话，病人才能够康复。否则，病人会重新从意识状态回到抑郁中。病人的理解能力不足以助其察觉这种斗争，并采取措施控制斗争结果，这个结果完全由病人和医生的关系决定。病人的感情转移作用如果是正面的，他就会将医生当作权威，对其言听计从。如果感情转移作用缺失，或者是负面的，病人就不会再相信医生了。毫无疑问，病人之所以会一再复述自己的过去，完全是出于信赖，是出于爱。只有自己爱的人提出的观点，他们才会重视，如果缺乏爱的基础，医生的论点就不会产生作用，对多数病人也都不会产生影响。所以说，无论对于任何人，我们只有借助原欲的力量才能够影响到他们，对于理解力的影响也是一样的。因此，我们即使运用最有效的分析治疗法，也难以感化那些有自恋倾向的人。这一点正是我们忧虑的地方。

事实上，每个人都能够借助原欲的力量影响他人，精神官能症病人的感情转移作用只是比较明显的特例罢了。那么，你们一定会非常奇怪，为什么这么重要而普遍的理论，到现在为止还没有人发现并加以利用。其实不然，伯恩罕建立催眠学理论的时候，以他独到的眼光发现，每个人都有不同程度的"接受暗示"的动机，这也正是他建立学说的根基。其实，伯恩罕所说的接受暗示就是感情转移作用，只不过他只是选取了范围较小的正面的感情转移。但是，伯恩罕从没有说过接受暗示的现实意义和来源，他并不知道这是由性和原欲发展而来。因此，我们不得不承认，我们之所以放弃用催眠术进行研究，是因为想在感情转移作用中发现暗示的性质。

不过现在，我要停下来听一下大家的意见。因为我觉得似乎有人想要提出异议，如果我再不给诸位机会，只怕诸位会听不下去了。你们一定会说："你的话等于是说你与催眠专家一样，都是借助暗示来进行工作的。事实上，这一点我们早就猜到了。可是，既然需要通过暗示来获得结果，你为什么耗费大量精力、财力以及时间用以回忆过去，或是解释潜意识思想，或是还原被歪曲的事物呢？你为什么不像其他催眠专家一样，直接进行暗示呢？另外，如果你是因为直接暗示需要借助很多心理学真相，因此才采用原来的治疗方法，那么，如何证明这些发现是正确的呢？这些发现是不是通过直接暗示或者偶然的暗示获得的呢？你难道不能通过暗示，让患者接受你认定的一切正确的观念吗？"

这些问题非常吸引人，我必须要做出回答，但是等下次再说吧。因为今天已经没有时间了，而我还要对我们今天的讨论进行总结。之前我说过，我要向你们解释一下，为什么不能通过感情转移作用的方法治愈自恋性精神官能症病人。

诸位通过我下面几句简单的说明，就能够明白这个简单的道理，你们还会发现所有的事实又是怎样相互联系贯通的。我们在观察中发现，自恋性精神官能症病人没有感情转移的能力，或者说他们的感情转移是不完全的。所以说，他们对医生毫无兴趣，因此一定会拒绝医生，但这并不代表他们对医生抱有敌意。这样的话，他们就不会受到医生的影响，对于医生的话，他们反应冷淡，也不会留下什么印象。因此，我们的治疗方法虽然能缓解其他病人致病的冲突，克服压抑作用的倾向，但是对他们却没有效果。他们仍旧是老样子，虽然曾多次想依靠自己的力量重新站起来，但是只能招致更多的病态，对于这种情况，我们也没有什么好的办法。

我们通过临床观察可知，这一类病人不愿意将原欲转向他人，只会加于自身，这就是这类病症与另一类精神官能症（歇斯底里症、焦虑性精神官能症以及恐惧性精神官能症）的不同之处。事实上，我们在治疗他们的时候，也从他们的表现中证实了这个观点，所以说，我们在治疗上的所有努力都是无效的，我们无法治疗他们。

第二十八讲·精神分析疗法

今天的主题，想必诸位之前已经知道了。我之前说了，我们的治疗是以感情转移作用为基础的，比如暗示。对此，你们表示了质疑，那就是为什么我们不直接采用暗示的方法进行治疗。另外，随之产生的还有另一个问题，那就是，既然暗示如此重要，那么我们还能不能确定心理学的研究结论是正确的。现在，我来综合回答这两个问题。

直接暗示法就是直接抗拒病症出现的方式，是医生的权威和引起病症的因素进行的争斗。争斗过程中，医生只需要病人压抑症状的表现就行了，不需要注意这些动机。这时候，病人是不是处于被催眠的状态基本上没有什么区别。

伯恩罕的眼光敏锐而独到，他几次强调，催眠术的理论本质就是暗示，不过，催眠状态是暗示的结果，也就是受暗示之后的状态。伯恩罕在病人清醒的状态下对其进行暗示，但是，这与催眠状态下的暗示并没有什么差别。

那么，关于这一点，诸位想先知道什么呢？是实践结果还是理论研究呢？

先说实践结果吧！我曾师从于伯恩罕。那是1889年，我当时到南西拜访伯恩罕，然后还将他的关于暗示的著作翻译成了德文。我从事催眠疗法很多年，最初是结合"制止暗示"，后来将催眠疗法与浦鲁伊式问询法中探查病人的内心的方法并用。因此可以说，关于催眠疗法或者暗示疗法，我具有充分的实践经验，有资格探讨相关问题。

在过去的医生看来，治疗一种病达到的理想效果应该是迅速而不和病人冲突，并且疗效要可靠。但是，伯恩罕的治疗方法只符合了其中两项要求，那就是速度见效比其他疗法快得多，不让病人觉得厌恶不适。然而，作为一个医生，不能忽略症状的意义和内容，不能不考虑具体情况，总是采用一成不变的治疗方式，这样未免过于单调。这种简单的方式就像是魔术或者魔法一样，是工匠进行的机械工作，而不是科学研究，对病人并没有什么好处。综合来看，伯恩罕的治疗方法并不符合第三个要求，不够可靠。因为他的方法可能适合这种情况，但是不适合另一种情况；又或者对一些人效果好，但是对另一些人效果不好，至于为什么会出现这种情况，谁也不知道。

另外，这种治疗方法还有一个更大的缺陷，那就是效果不能持久。治疗之后一段时间，症状会复发，或者产生新的症状，医生不得不再次进行催眠治疗。但是，催眠术反复使用的话，病人可能会丧失自主性，很多有经验的人都这样警告过。催眠治疗绝不能像麻药一样，让人产生依赖性。当然了，有时候成效也会比较令人满意，病人持续好上一段时间，但是这种情况很少出现。

我曾有过这样一个经历：我用催眠的方法，治愈了一位妇女的重病。然而之后，病人由于一件偶然事件而讨厌我，于是她的病复发了。然后我和病人和解，她的症状就又好转了，不过再也不彻底了，只要我和她疏远，她的病症就还会发作。

还有一次，我多次用催眠疗法治疗一位女性病人的精神官能症。一天，我正在为她治疗，她突然伸出手，搂住了我的脖子。不管你是否承认，既然发生了这种事，我们就不能不研究暗示权威的性质和起源了。

好了，关于事例我们就讲到这里。由此可以看到，除了直接暗示法之外，未必没有别的方法代替。现在，通过联系事实进行解释。很多医生都推崇催眠疗法，因为这种疗法在进行的时候，病人和医生都不会觉得辛苦。医生可能会对有神经问题的病人说："你的问题不大，只是略微神经过敏，现在，我说几句话，你的苦恼就会随我的话在五分钟内消散。"然而，不用任何努力就可以治病，这让我们难以相信。虽然不同病症没有可比性，但是我们的经验告诉我们，这种疗法不适于精神官能症。当然了，我说的也不是全对，因为凡事总会有例外的情况。

通过对精神分析的了解，我们可以这样描述催眠与精神分析暗示之间的差别：催眠治疗遮遮掩掩，隐藏想法；精神分析则是除去伪装，暴露想法。前者相当于伪装，后者相当于进行手术解剖。催眠不能够直接暗示症状，反而增强了被压抑的冲动本能，也就难以帮助改善症状。分析的暗示则是为了改变内心冲突的形式，从源头上解决病症。催眠疗法并不要求病人做任何事或者任何改变，这样一来，如果又遇到了致病的新因素，也就无能为力了。分析治疗则要求病人配合，协同医生致力于消除内心冲突。只有内心冲突得到了解决，病人的精神生活才会改观，并达到更高的层次，这样一来，就有了抵御旧病复发的能力了。另外，克服心理冲突的方法是精神分析研究的基本成果，病人必须贯通这种理念，医生才能够以"教育性"的暗示进行治疗。也就是说，精神分析的治疗方法其实是一种"再教育"。

我希望现在你们已经了解了分析治疗的暗示和催眠治疗的暗示之间的区别。现在，我们已经将暗示的影响追溯到了感情转移作用，那么，你们一定了解到了值得注意的一点，那就是催眠疗法的结果容易反复，很不稳定。催眠治疗的效果完全依赖病人的感情转移作用，这是我们没有办法控制的。我们完全无法判断病人的感情转移作用是不是负面或者矛盾的，甚至不知道病人是不是采取了特殊的处理方式，并没有进行感情转移。

精神分析治疗的时候，我们能够以感情转移为起点，使其能够自由发展，成为我们治疗的助力。这样的话，我们就能够完全掌控并利用暗示的力量。当然了，病人也不会完全接受暗示作用，但是我们能够在其接受范围内将暗示引向正确的方向。

现在，诸位一定觉得，无论感情转移或者暗示两者的哪一种被当作是精神分析的原动力，其对病人的影响都会让我们怀疑所发现的客观性。对治疗有利，却对研究有害，这也是反对精神分析者经常提出的意见。虽然这些意见不一定正确，但是我们也并不能因为它们没有证据就置之不理。如果这些意见有正当理由，那么精神分析就是经过改装的行之有效的暗示治疗方法。所以，我们不需要过于重视对生活或者心理震动，或者对潜意识的分析。反对精神分析的人对于我们的理论，特别是与性相关的理论总会表示排斥，只要不符合他们自身的经历，他们就会质疑我们编造出来一大堆概念，然后"强置于病人心里"。

对于这些指责，我们用经验反击要比用理论辩解更有效。事实上，我从精神分析的病例中得知，我们绝没有办法将臆造的想法强加于病人身上。当然了，我们也很容易让病人盲目相信某种理论，相信庸医。那样的话，病人就会像小学生一样，听从医生。不过，这种情况对于病症没有丝毫帮助，只是理智受到了影响而已。

医生要想克服病人的排斥心理，解除病人内心的冲突，必须要让病人去做他们能够做到的事情。在进行分析的时候，医生所做的错误的干预都会消失，被正确的干预替代。所以，为了不使暗示的效果很快消散，治疗的时候必须小心谨慎。然而事实上，最初的效果一般都不会令人满意，最初的治疗很难解释清楚现象背后的一切隐意，也难以将记忆连贯起来并揭示出被压抑的本能最初的样子，所以说，即使最初的效果难以保持，也无关紧要。有时候，如果效果出现得太早，不仅对于分析工作没有好处，还可能会成为阻碍。为了扫除障碍，我们需要不断消除感情转移，那么，就会对效果不断造成破坏。总而言之，分析治疗与纯粹的暗示治疗是不一样的，通过其效果就能够看出两者的区别。纯粹的暗示治疗中，感情转移是受到保护的，不会被解除；而分析治疗则将感情转移当作是治疗的对象，解析其所有的形态，当治疗结束的时候，感情转移也就消除了。也就是说，分析治疗的效果并不是依靠暗示达成的，而是通过暗示，克服了心理冲突，这是病人内心发生变化的结果。

不过，接受治疗的时候，病人的抵触情绪能够转化成为负面的感情转移，他们需要不停地与抵触情绪做斗争，这样的话，暗示的作用就会削减。另外，我们还要明确指出分析中的很多细节发现，免得让人误认为它们是由暗示得来的，事实上，它们是从别的客观真实的原始材料中得来的。我们能够列举出一些绝对真实的事例来证明这些看法。比如，我们可以确定的是，早发性痴呆症病人和妄想症病人，他们并没有被暗示干扰。这些病人在翻译自己意识内的象征或者幻想等事情的时候，和我们对转移性精神官能症病人的无意识的动作的解释是完全一致的，这也就证明了，我们之前做出的说明是正确的，尽管我们曾遭到怀疑。我想你们如果在这些问题上相信精神分析，那就一定不会出现大的错误。

现在，我们要用原欲的观点来补充说明一下病人康复的过程。精神官能症病人之所以不能够享受快乐，不能做成事，看上去是因为其原欲没有实际的发泄对象，实则是因为他们需要耗费更大的精力去抑制原欲，防止其突然爆发。如果病人的自我和原欲之间不再冲突，他们能够控制自己的原欲，那么，他们的病也就消失了。所以说，治疗的主要目标就是释放被压抑的原欲，让病人自己能够支配原欲。

现在的问题是，精神官能症病人的原欲隐藏在哪里。原欲需要获得满足，因此有唯一对应的补偿症状，据此，我们就能够轻易地找到原欲，并将其消除，克服病症，满足病人的要求。我们需要回溯至症状发生的时间点，重现引发症状的矛盾，然后借助之前没有的力量，通过另一种方法解决矛盾，从而消除症状。不过，我们需要借助压抑过程的记忆痕迹，才能够部分修正压抑过程。

我们需要做的最重要的工作就是让之前的冲突再次发生，冲突发生之后，医生尽力激发出病人的心理力量，让他们做出与之前相同的举动，使感情转移成为冲突的核心，当然，这里所说的感情转移也包含医生和病人的关系。

治疗的时候，病人症状中的原欲被消除了，与此同时，一切原欲或者与原欲有关的冲突都转移到病人与医生的关系中。那么，病人就会以医生为幻想的对象，取代原有的各种不现实的对象，于是，病人原来的病症就变成了感情转移的人为性疾病，或感情转移的错乱。由于医生的暗示力量，这个新的冲突会通过正常的心理性矛盾过程，增强至最高的心理性阶段。由于新的压抑作用不存在了，病人的自我和原欲之间就不再有冲突，他的心理也就恢复了平衡。这样的话，原欲如果从医生身上移开之后，病人就能够自主支配，而不会再转移到以前的对象上面。在这个治疗过程中需要克服两种力量，一种是病人对原欲倾向的排斥，也就是压抑作用的起源；另一种则是对原来依附对象的依赖，不愿意离开原来的对象。

因此，治疗工作就可以分为两个阶段。首先，迫使原欲离开症状，集中到感情转移作用中；然后，原欲通过新的抗争，摆脱新的对象，进而获得自由。这种变化能不能获得成功，决定于通过再生的矛盾排斥压抑作用，如果能做到这一点，原欲才不会脱离自我，再次进入潜意识中。事实上，正是医生的暗示让病人的自我发生了变化，才使这成为可能。在暗示作用下，潜意识的事物转变成了意识内的事物，这样一来，潜意识削减，自我得到了增强。调整之后的自我为了使原欲认同某些满足，对于原欲的态度会变得更加友好。另外，由于部分原欲的升华，自我也获得了解脱，不必再回到原欲中。

这样的描述是一个理想化的过程，真实的治疗与此越接近，治疗效果就越好。然而，有时候原欲缺少动力，不愿意离开原来的对象，或者是不愿意转移到新的对象上，并有可能转变成为自恋症，这是治疗工作的唯一障碍。因此，为了控制不受自我支配的所有的原欲，使整个治疗过程更有效果，我们必须借助感情转移作用，将一部分原欲留在自己身边。

现在，我们还要说明一点，因分析而引起的原欲的分配，并不能使我们推想出之前发病时的原欲倾向的本质。有一种病例说明，如果病人对医生产生了强烈的恋父情结，那么他的精神官能症就能够被治愈。这种情结可以先建立起来，然后再消除，不过，如果病人之前潜意识里对父亲有这种情感，这个方法就不适用了。事实上，恋父情结只是我们战胜原欲的一个战场，原欲从别的战场被拉过来，但是，这个战场没有坚固的堡垒，也不会随时借助城门防卫，因此，只有移情作用再次被解体，我们才能在想象中推知疾病背后原欲的倾向。

最后，我们要借助原欲的理论谈一些与梦相关的事情。精神官能症病人的梦与他们的过失以及自由联想一样，能够显示出原欲的表现方式，因此能够帮助我们推测他们症状的意义。梦是一种愿望获得满足的方式，它能够告诉我们哪种愿望受到了压抑以及被自我压抑的原欲依附于哪种对象上。因此，梦的解析对于精神分析治疗有着非常重要的意义，是长期治疗中一项重要的治疗方法。我们知道，人在睡眠状态下，压抑作用会退化。由于之前形成强大压力的压抑作用减弱，在梦里出现的受压抑的欲望，比白天以症状形式表现的方式更加明显。因此，梦的解析就是认识被压抑的潜意识最好的途径，而潜意识就是原欲在自我压迫下躲避的处所。

然而，我们很难区分精神官能症的梦和正常人的梦，因为两者在本质上没有什么不同。另外，我们也不能用一种不适用于正常人的方法来解释精神官能症病人的梦。事实上，只有在白天，才能够看出精神官能症病人与正常人的区别，从梦中的情形是难以区分的。因此，我们需要将从精神官能症病人的梦和症状中所获得的那些结论移用于正常的人。其实，正常人的精神生活中也存在一些梦和症状的因素，这一点毋庸置疑，因此我们可以推测：正常人也受到了压抑，而且他们需要消耗一定的能力来维持压抑的力量。另外，他们潜意识的心里也蕴含着极具能量的被压抑的冲动，并且，其中的一部分原欲冲动不受自我的支配。也就是说，正常人其实也是潜在的精神官能症病人。我认为，正常人唯一可能的症状就是做梦。不过，如果仔细研究正常人的生活，我们会发现，在他们所谓的正常的表象之下，还有很多不起眼的症状特点。

因此我们可以说，实际情况的不同是健康范畴内的神经过敏与精神官能症仅有的小区别。也就是说，若要确定某个人是不是精神官能症病人，要根据其能不能充分享受生活，能不能积极完成事情来决定。之所以会出现这种差别，是因为两者的自由能量和受压抑的能量的比例不同，即为量的差别，而非质的差别。事实上，体质上的原因外，正是这个观点让我相信，精神官能症可以从根本上治愈，这一点不用多说你们也能够理解。

以上的结论是我们通过正常人与精神官能症病人的梦的一致性推出的。现在，我们还可以通过梦本身得到进一步的推论，也就是说，我们不能完全将梦当作"梦是远古时候人类思想的表现形式"，梦和精神官能症症状必然存在某种关联。一定要明白一点，那就是梦指出了原欲和冲动的对象，正是这些对象控制了病人的冲动，产生了某种结果。

现在，我们的论述就要结束了，但是各位一定难免会觉得失望，因为我们只讲述了治疗的一些理论性知识，却没有提到治疗的条件和想要达到的效果。其实，这些我本就没想要谈。我本来就没有想告诉各位实际的治疗方法，所以没必要谈到治疗条件。另外，由于种种原因，我觉得还是不说治疗效果比较好。其实在讨论开始的时候我已经说过，如果一切顺利的话，治疗的效果一定不会逊于其他的医疗方法。现在，我要补充一句话，那就是其他的医疗方法绝对不可能达到这样的效果。但是，近来批评精神分析的浪潮很大，如果我接着夸耀，只怕会被认为是想要通过夸大其词来打败辩论对手。我们的"朋友"在公共场合，就曾说过威胁性的言论。他们为了向公众说明精神治疗法完全没有价值，还收集了很多治疗失败或者治疗有害的案例。先不说他们恶意攻击的言论，只说他们收集案例的方式，已经不可能会对分析治疗有公正的评价了。大家都知道，精神分析建立未久，而要确立一门技术需要很长时间，而且还要一边分析一边积累经验。另外，因为我们最初这几年的研究成果，还不足以支持这个治疗方法，所以初始接触精神分析的医生还会遇到指导上的诸多困难，要想一一克服，就需要具备超过其他专业医生的自学能力。

在精神分析的初期，分析家对不宜采取分析治疗的病症也加以治疗，因此治疗上的尝试也就会以失败结束。但是，只有进行尝试，我们才会发现这些适合治疗的病症。比如妄想症和早发型痴呆症，一开始的时候，我们不了解它们，等到症状显露出来之后，分析工作已经难以收到很好的效果了。然而，我们通过各种病症上的治疗方法可以知道，方法上的尝试是非常必要的。事实上，一开始的失败是由于外界情况的障碍引起的，并不是由于医生的失误，而是对象选择的错误。

在我们所谈到的致病因素中，只有病人内在的冲突是其无法避免，却能够克服的。周围环境导致的冲突虽然在理论上没有什么价值，实际上却非常重要。就像是进行外科手术，精神分析也有权要求在最有利的环境下进行治疗。大家都知道，手术之前有很多准备工作，比如选择合适的房间，需要足够的照明，需要有熟练的助手，以及亲属不能在场等。想一下，如果在病人家属的注视下，在每割一刀就会随之产生一声尖叫的情况下，哪一种手术能够收到良好的效果呢？同样道理，在精神分析治疗中，亲属的介入也是很危险的，有时候情况会变得让我们无法应对。我们知道病人一定会有敌对心理，因此早就有了准备，但是怎样去防备外界突如其来的敌对状况呢？我们不可能向他们一一解释，并劝他们不要介入。病人会要他信任的人支持他，这看似没什么不妥，但是这样一来，我们就会失去病人的信任，这一点难以让病人的家属明白。

事实上，当我们进行精神分析治疗的时候会发现，和病人最亲近的人对病人的康复并没有太大兴趣，甚至希望他们一直处于那种状况下。如果对于家庭纠纷有所了解，相信你们就不会为此感到惊讶。也就是说，当精神官能症的病因是家庭中的纠纷的时候，健康的人往往不会关心病人的康复，而更在意自己的利益。比如一种很常见的情景，丈夫不愿意妻子接受精神分析治疗，因为他害怕自己之前做的坏事被揭穿。对此，我们并不需要感到讶异，但是，由于生病的妻子的敌对以及丈夫的不配合，我们的努力也就收不到效果，进而以失败告终。这种情况下，罪责不在我们，因为在当前条件下，我们要做的事情根本无法达成。

现在，我要举出一个典型的事例，我在其中扮演了一个痛苦的角色，因为我无法违背医生的道德。

很久之前，我曾为一个年轻女性做分析治疗。她在很长时间内感到不安，既不敢到街上去，也不敢一个人待在家里。后来，通过病人的描述我知道，她之所以会这样，是因为她曾撞见自己的母亲和一位富有的男性发生关系。不过，她很不成熟地，或者说很巧妙地将分析时的讨论内容向她的母亲进行了暗示。她暗示的方法是这样的：改变了对母亲的态度，坚称要想免除独处的恐惧，只有借助母亲的帮助，因此当母亲要外出的时候，她就会堵在门口。她的母亲之前也是一个神经过敏的人，她曾在一家疗养院接受水疗，事实上，她母亲正是在疗养院认识了那个男性，两人情投意合，十分亲密。在女儿的强烈要求下，这位母亲突然了解到了女儿不安的缘由，她知道，女儿之所以生病，是为了控制她，阻止她和爱人来往。于是，这位母亲决心立即停止这个对自己不利的分析治疗，并将女儿送到了精神病院，于是，这个少女又成了一个"精神分析治疗的牺牲者"。

这次不幸的治疗结果使我很长时间以来受到了严厉的批评，由此我知道，医生有义务为患者保密，这也是我一直以来沉默的原因。很长一段时间之后，我的一个同事去参观精神病院，又见到了那个患有空间恐惧症的少女。据说，她的母亲和那个富有的男人的恋情在全市已经人尽皆知了，并且，那个作为父亲和丈夫的男人似乎已经默认这种关系了。不过可惜的是，因为这一个"隐私"，这个女孩的治疗被耽误了。

欧战前几年，常常会有别的很多国家的病人来求诊，所以，无论我在出生地维也纳是不是受到好评，我的工作还能够继续开展。在此之后，我定下了一个规则，那就是如果病人连生活最基本的往来都没有办法处理，我是不会接受的。当然了，并不是所有的精神分析家都会像我这么做。由于我对病人家属的告诫，诸位也许会说，我们应该将病人与其家属隔离，将治疗限定在私人疗养机构中，以便于治疗。对这种说法，我并不赞同，因为对于病人来说，在治疗期间保持原有的生活状态是比较有利的，至少对于那些尚没有严重到无可救药的病人来说是这样的。当然了，有一个前提，那就是病人家属们不要因为病人的态度而破坏这个有利的条件，特别是不要和医生在职业上的努力进行不友好的对抗。然而，如何让那些不了解我们的人做到这些呢？你当然能够想到，社会风气以及病人周围的人的文化程度对治疗的效果有很重要的影响。

虽然我们知道，绝大多数情况下，精神分析的失败都是由于外界因素的障碍引起的，但是，上面所说的情形也让精神分析治疗褪色不少。有的赞同精神分析的人告诉我，为了抵抗那些收集失败病例的人，我需要多对成功病例进行统计。不过，我并不认同这种做法。我认为，如果统计只是将不同的事例进行排列组合，那么结果是没有什么意义的。实际上，治疗过的很多病例并不能进行简单对比。另外，由于时间太短，我们不能对于某些病例的效果给出确切的报告。还有一些病例，根本没办法查询，因为病人隐瞒了他们的病症和治疗。还有一个事实是反对统计的最大理由，那就是人类在处理事情的时候大都是非理性的，很难受合理的论证的影响。就像是新式治疗方法，有时候会引起疯狂的称赞，比如科赫发表的结核菌素；还有的时候则会受到严厉的斥责，比如加纳发现的为人类带来福音的种痘。

人们对于精神分析治疗的偏见，莫过于下面这个例子：当一个人治好了一项难以治疗的病症之后，人们却说："这不能代表什么，因为这种病过一段时间自然会好。"比如我之前遇到的一位女病人，她曾经得了4次忧郁症和狂躁症。在忧郁症稍微好一点儿的时候，她接受了我的治疗。三周后，她的狂躁症再次发作，这时候，她的家人以及请来的别的名医都认为之所以会发作，是因为我的分析治疗。如果你们曾了解到战争中一个民族对于另一个民族的偏见，你们就会知道，对于这种偏见，最好的办法就是静静地等待，等其随着时间慢慢消失。或许有一天，同一个人对于同一件事的看法会和过去完全不一样，至于为什么会出现这种状况，谁也不知道。

这个道理的最好的证明，就是现在对于分析疗法的偏见已经逐渐减少，精神分析学被越来越多的人接受，精神分析疗法也被很多国家的医生采用。我年轻的时候，曾经卷入催眠治疗法所引起的医学家愤怒风暴中。与此相同，现在很多自诩冷静的人在抗议精神分析。以前，催眠是治疗的原动力，但是这并不能满足人们的要求。现在我们的治疗方法就是催眠治疗的最正统的传承，当然了，我们也不能忘记从催眠治疗中获得的鼓舞和理论依据。

一般来说，对精神分析的攻击大都是针对分析的拙劣或者治疗突然中止造成的冲突加剧。而现在，对于这样的情形，我们已经知道了原因。所以，大家可以通过自己的理解，判断我们的努力是不是会对病人造成危害。当然了，精神分析也有可能会被错误地运用，特别是在缺乏善意的医生手中，感情转移会成为危险的工具。但是，医术本身就免不了会有缺陷，不拿起手术刀，怎么做一名外科医生呢？

好了，是时候结束我们的讨论了。我感到有些愧疚，因为在我看来，我同诸位的讨论还不够详尽。这句话并不是客套话，确实是这样，尤其是我偶然提到的一些问题，我本来说要详细解说，却没有机会实施。也就是说，我所讨论的问题还不完全，还需要经过完善和发展。还有一些地方，我本来是准备归纳结论的，后来却没有总结。但是，这已经足够了，因为我只是想为诸位引路，让大家关注精神分析，而不是让诸位成为精神分析方面的专家。